L'Écume
de l'espace-temps

Jean-Pierre Luminet

L'Écume de l'espace-temps

Odile Jacob

15, rue Soufflot, 75005 Paris

www.odilejacob.fr

ISBN : 978-2-7381-3971-9

À la mémoire de mon ami
Nicolas Witkowski (1949-2020),
qui a veillé jusqu'au bout à la réalisation de ce livre.

« Quel est le but qui vaudrait que l'on choisît de naître plutôt que de ne pas exister ? Spéculer sur le ciel et sur l'ordre du cosmos entier. »

ANAXAGORE, Vᵉ siècle av. J.-C.

Prélude

Un jour de printemps, il y a près de trente ans. J'ouvre le gros volume des *Cahiers* de Paul Valéry. Jour après jour, au fil de sa vie, le poète-philosophe y a consigné ses pensées. Feuilletant et picorant dans les nombreuses perles distillées çà et là, je glane des images tenues par l'esprit au travail. L'une d'elles arrête soudain mon regard : « Les événements sont l'écume des choses. Mais c'est la mer qui m'intéresse[1]. »

L'aphorisme est vertigineux. Il dit tout de ce que cherche le physicien sous la chair aride des équations. Ce que cherche aussi le poète sous la cape de velours de ses mots. Symbole de la profondeur, la mer est dépositaire de l'essentiel. Mais qu'est-ce que l'essentiel ? Pour le scientifique ordinaire, c'est la « réalité » du monde – si tant est que l'expression fasse sens. Pour le physicien théoricien, tout comme pour l'artiste et le créateur en général, la vraie réalité du monde n'est-elle pas plutôt la vie de l'esprit, elle qui s'écarte de toute sollicitation passagère liée aux événements extérieurs ? Dans la pensée de Valéry, la profondeur de la vitalité marine est suffisamment riche pour accueillir les manifestations les plus ténues et les plus éphémères de l'expérience. « Un petit fait d'écume, un événement candide sur l'obscur de la mer », note-t-il

1. Paul Valéry, *Œuvres*, t. II, Gallimard, « Bibliothèque de la pléiade », 1960, p. 1508.

encore dans ses *Cahiers*. Le contraste entre la mer et l'écume exprime le décalage saisissant entre l'unité associée à la permanence et l'accident associé à l'évanescence. Dans le contexte que je vais traiter, celui de la physique théorique moderne tentant d'unifier les lois de la gravitation et de la mécanique quantique, il traduit plutôt une complémentarité par laquelle les parties constituantes ne sont plus décalées, mais concordantes.

Je prends pour exemple une brillante hypothèse avancée par John Archibald Wheeler. Ce profond penseur et physicien de l'Institute for Advanced Study de Princeton, disparu en 2008, a dirigé les thèses de chercheurs aussi prestigieux que Richard Feynman, Kip Thorne (tous deux prix Nobel de physique) ou encore Hugh Everett, premier promoteur de l'hypothèse des mondes multiples. C'est à Wheeler que l'on doit des expressions aussi frappantes que « trou noir », « trou de ver », « un trou noir n'a pas de cheveux », « *it from bit* », ou encore « l'écume de l'espace-temps ». Au début des années 1960, il reprend le flambeau de l'ambitieux programme d'unification de la relativité générale et de la physique quantique que son prestigieux prédécesseur Albert Einstein n'a pas réussi à mener à bien. Il rêve de réduire toute la physique des forces et des particules à de pures structures géométriques, comme le génial Johannes Kepler avait tenté de le faire trois siècles et demi auparavant, malgré les faibles outils mathématiques dont il disposait.

Coauteur en 1939, avec Niels Bohr, de la première théorie de la fission nucléaire, Wheeler est expert en hydrodynamique des explosions thermonucléaires. Notant le parallèle entre la structure des équations de la mécanique des fluides et celles de la relativité générale, il soupçonne une analogie entre la turbulence des fluides et la géométrie de l'espace-temps. Les esprits les plus créatifs fonctionnent souvent par analogie. Wheeler imagine donc qu'au niveau microscopique la géométrie même de l'espace-temps n'est pas fixe mais en perpétuel changement, agitée de fluctuations d'origine quantique. On peut la comparer à la surface d'une mer agitée. Vue de très haut, la mer paraît lisse. À plus basse altitude, on commence à percevoir des mouvements agitant sa surface, qui reste cependant continue. Mais, examinée de près, la mer est tumultueuse, fragmentée, discontinue. Des vagues s'élèvent, se brisent, projettent des gouttes d'eau qui se détachent et retombent. De façon analogue, l'espace-temps paraîtrait lisse à notre échelle, mais, scruté à un niveau ultramicroscopique, son « écume » deviendrait perceptible sous forme d'événements évanescents : des particules élémentaires, des microtrous de ver, voire des univers entiers. Tout comme la turbulence hydrodynamique fait naître des bulles par cavitation, la turbulence spatio-temporelle ferait surgir en permanence du vide quantique ce que nous prenons pour la réalité du monde.

Dans cette conception, « le vide quantique est et reste la source réelle de l'espace-temps et de l'Univers ». Si je mets la phrase complète entre guillemets, c'est pour souligner qu'il en existe une fabuleuse anagramme[2] : « Qu'est-ce que la Terre devant ces vallées supérieures de pétillement d'étoiles ? »

Tout cela est superbement poétique, mais n'implique pas pour autant que ce soit physiquement correct. Cinquante ans après sa formulation, le concept d'écume du vide quantique posé par Wheeler fait toujours débat ; d'autres approches de la gravitation quantique se sont développées, proposant des visions différentes de l'espace-temps à son niveau le plus profond – la mer – et de ses manifestations à toutes les échelles de grandeur et d'énergie – l'écume. Même si aucune d'entre elles n'a encore abouti à une description cohérente (peut-être même que nulle n'y parviendra jamais), ces diverses théories ont au moins le mérite de montrer combien l'investigation scientifique de la nature est une prodigieuse aventure de l'esprit. Déchiffrer les fragments de réel sous l'écume des astres, c'est se détacher des limites du visible, se déshabituer des représentations trompeuses, sans jamais oublier que la fécondité de l'approche scientifique est souterrainement

2. Étienne Klein et Jacques Perry-Salkow, *Anagrammes renversantes ou le Sens caché du monde*, Flammarion, 2011.

irriguée par d'autres disciplines de l'esprit humain comme l'art, la poésie, la philosophie.

À l'inverse, certaines recherches scientifiques parmi les plus pointues peuvent nourrir l'imaginaire d'artistes, ! d'écrivains et de philosophes. En 1988, je décrivais déjà le modèle « d'écume de l'espace-temps » de John Wheeler à mon ami le compositeur de musique contemporaine Gérard Grisey, lors d'une conversation dans le parc de l'observatoire de Meudon où il était venu me rendre visite. Nous démarrions alors une collaboration autour de la « musique des pulsars », qui se concrétiserait trois ans plus tard dans une œuvre intitulée *Le Noir de l'Étoile* pour percussions, bande magnétique et retransmission de signaux de pulsars[3]. Gérard Grisey avait fondé quinze années auparavant le courant de la musique dite « spectrale », recherche fondée sur un traitement ultrafin du son, du timbre et du rythme, allant jusqu'à en faire entendre le « grain ». Il avait en cours de composition une autre pièce musicale pour quatre percussionnistes, deux synthétiseurs et orchestre de chambre. Scrutant l'intérieur du son, son « spectre », il entendait l'élargir aux dimensions du monde instrumental. Son travail sur les hauteurs, les timbres et les durées relevait en effet d'un univers microscopique, mais, par la magie de la synthèse instrumentale, engendrait une perception nouvelle à l'échelle macroscopique. Très frappé par cette image d'une écume de l'espace et du temps incessamment recommencée, Grisey a finalement décidé de baptiser sa pièce *Le Temps et l'Écume*. La création a été assurée en décembre 1989 par l'Orchestre philharmonique de Radio France (dirigé par David Robertson). Partition littéralement « enchantée », où l'auditeur est bercé entre rêve et réalité[4].

L'écoulement des fluides, tout comme le brasillement des flammes, fascine depuis toujours. À la Renaissance, Léonard de

3. Voir le chapitre « Art, espace et imaginaire » de mon livre *Illuminations. Cosmos et esthétique*, Odile Jacob, 2011.

4. Les amateurs de musique contemporaine pourront découvrir sur YouTube ces deux œuvres de Gérard Grisey : https://youtu.be/zO02H-R6IWo pour *Le Noir de l'Étoile* et https://youtu.be/CVkt26DB_-U pour *Le Temps et l'Écume*.

Vinci a dessiné les formes tourbillonnantes de l'eau, pressentant l'universalité de ces phénomènes. La référence aux tourbillons et aux mouvements marins est aussi présente chez René Descartes et Isaac Newton, deux géants de la pensée scientifique. Dans le *Scolie général* de la seconde édition de son œuvre maîtresse, les *Principia*, Newton affirme tenir avec la force gravitationnelle la cause des phénomènes célestes et terrestres, tout en admettant qu'il n'a pas réussi à découvrir la cause de cette cause. Il ajoute cependant qu'il n'en a pas eu besoin pour fonder une théorie générale de la gravitation : « Il suffit que la gravité existe réellement, qu'elle agisse selon les lois que nous avons exposées et qu'elle rende compte de tous les mouvements des corps célestes et de ceux de notre mer. » Les mouvements de la mer (notamment les marées) relèvent en effet de l'hydrodynamique couplée à la gravité. Newton consacre le second livre des *Principia* à la théorie du mouvement des fluides. Mais l'hydrodynamique qu'il propose ne se déduit pas strictement du cadre mathématique exposé au livre I. Certes, elle s'appuie sur les trois lois de la mécanique classique, mais elle n'est pas entièrement déterminée par elles : il faut lui adjoindre des hypothèses propres à l'hydrodynamique. Newton n'a pas réussi à les poser de manière satisfaisante ; il lui manquait des connaissances qui n'apparurent que plus tard, avec les travaux de mathématiciens comme Euler, Navier et Stokes, à partir desquels on a commencé à pouvoir les décrire et les comprendre. Aujourd'hui, on tente d'établir une connexion entre la turbulence fluide, la théorie quantique des trous noirs et la structure profonde de l'espace-temps. Quels dessins Léonard aurait-il faits s'il avait connu la physique des espaces-temps courbes !

L'exemple de l'hydrodynamique oppose la simplicité du cadre à la complexité de son contenu, lequel se développe comme une arborescence dont les branches interagissent l'une avec l'autre. Cette brève analyse épistémologique[5] est utile pour appréhender certains aspects de la gravitation quantique. Le cadre théorique doté d'une

5. Loup Verlet, *Chimères et Paradoxes*, Éditions du Cerf, 2007.

structure (relativement) simple est celui du vide quantique, analogue à une bouillonnante mer d'énergie. L'arborescence qui en émerge – les événements dont parle le poète Valéry – est constituée d'un ou plusieurs espaces-temps que nous prenons pour la réalité matérielle. Dans ce scénario pour le moins explosif, la matière ne serait pas uniquement atomique, la gravité serait répulsive à très grande et peut-être aussi à très petite échelle, le nombre de dimensions de l'espace serait largement supérieur à trois, ou bien son tissu même serait granulaire, notre Univers ne serait pas unique mais ferait partie d'un « multivers », ensemble presque infini d'univers tous radicalement différents les uns des autres de par leurs conditions physiques variées. Telles sont les surprenantes propositions que certaines théories de physique fondamentale aujourd'hui en vogue considèrent le plus sérieusement du monde.

Cela nous ramène à Paul Valéry. La prescience – au sens aussi de pré-science – de son propos n'a plus lieu de nous étonner lorsqu'on connaît son parcours, rappelé par André Gide dans l'hommage rendu à l'occasion de ses funérailles nationales en 1945 : « Dès son adolescence une ambition secrète l'anime, telle que je ne puis imaginer de plus noble. […] Poursuivant intrépidement l'étude de l'astronomie, il prêtait à Lobatchevski, à Maxwell, à Riemann, une attention qu'il refusait aux œuvres littéraires. » Curieux de tout, Valéry s'intéressait notamment à la façon dont les grands scientifiques travaillaient mentalement. Lui-même fourmillait d'idées, et pour n'en laisser échapper aucune il noircissait à longueur de temps les pages de son carnet. Au cours des années 1920, il rencontra à plusieurs reprises Albert Einstein, qu'il admirait, et réciproquement. Le parfois facétieux père de la théorie de la relativité s'est souvenu plus tard d'un débat public au Collège de France en présence de Paul Valéry et du philosophe Henri Bergson : « Au cours de la discussion, [Valéry] m'a demandé si je me levais la nuit pour noter une idée. Je lui ai répondu : “Mais, des idées, on n'en a qu'une ou deux dans sa vie.” »

Lorsque ce fut au tour d'Einstein d'interroger un autre poète, Saint-John Perse, sur la façon dont il travaillait, l'explication qu'il reçut de l'auteur d'*Amers* ne manqua pas de le satisfaire : « Mais c'est la même chose pour le savant. Le mécanisme de la découverte n'est ni logique ni intellectuel. [...] Au départ, il y a un bond de l'imagination. » Dans son discours de remise du prix Nobel de littérature en décembre 1960, Saint-John Perse a appelé cela le « mystère commun ».

Prendre à bras-le-corps la question de l'énoncé poétique de Paul Valéry dans ses potentialités, mais aussi dans ses limites face au champ des équations qui échappent aux mots de l'ordinaire des jours, tel est le propos de ce petit livre. Il ne sera pas question ici d'initier le lecteur aux arcanes des théories abstruses et de toute façon encore incertaines de la gravitation quantique. Je me contenterai de tracer quelques lignes de pensée très générales, et en particulier de montrer comment les trous noirs – mes objets d'étude favoris –, reconsidérés dans ces cadres conceptuels nouveaux, jouent un rôle central dans le déchiffrage des mystères de l'Univers. La question que je me suis constamment posée durant son écriture est de savoir si le « réel », ou du moins ce qui est supposé en tenir lieu, plus ou moins efficacement exploré par la physique à l'aide du langage mathématique, peut aussi être dessiné par un langage verbal accessible au non-spécialiste. J'ai osé le pari de rendre moins innommable le vertigineux mystère du monde qui nous entoure et nous fait. Sa réussite serait que le lecteur, acceptant son étrangeté de forme et de contenu, y gagne à cueillir quelques pierres durables, au moins le temps d'un mouvement d'univers. Comme l'écrivit en 1605 Johannes Kepler à un confrère astronome : « C'est ainsi que nous progressons, à tâtons, dans un rêve, pareils à des enfants sages mais immatures. »

CHAPITRE 1

La libre invention de la gravitation quantique

> « Ma conviction est que nous sommes en mesure, grâce à une construction purement mathématique, de trouver les concepts, ainsi que les lois qui les relient, propres à nous ouvrir les portes de la compréhension des phénomènes naturels. »
>
> Albert EINSTEIN.

La mécanique quantique gouverne l'évolution du monde microscopique. Elle décrit les interactions locales entre des particules élémentaires supposées ponctuelles, au sein d'une géométrie de fond fixe – l'espace-temps plat de la mécanique newtonienne ou de la relativité restreinte[1]. Certaines de ses implications heurtent le sens commun : les résultats des mesures ne peuvent être calculés qu'en termes de probabilités, les particules présentent un double comportement ondulatoire et corpusculaire, position-vitesse et temps-énergie sont liés par des relations d'incertitude, les systèmes intriqués

1. Espace-temps dit de Poincaré-Minkowski, car décrit pour la première fois non par Albert Einstein, mais par Henri Poincaré en 1905 et Hermann Minkowski en 1908.

sont non séparables, etc. Cependant, ses développements dans la première moitié du XXe siècle ont conduit à la théorie quantique des champs, qui fournit une description des interactions électromagnétiques, nucléaires faible et forte au sein de modèles respectivement appelés électrodynamique quantique, théorie électrofaible et chromodynamique quantique, le tout aboutissant à un « modèle standard » de la physique des particules d'une très grande efficacité. Ses succès technologiques (lasers, transistors, supraconducteurs, etc.) ne se comptent plus.

À l'échelle astronomique, les effets quantiques ne jouent cependant aucun rôle, et la physique se réduit à sa version classique. En particulier, la gravitation règne en maître ; elle est décrite par la relativité générale, théorie géométrique de l'espace-temps qui modélise la gravité non pas comme une force agissant dans un espace de fond fixe, mais comme une courbure locale de l'espace-temps, dont la valeur se modifie en chaque point lorsque la matière se déplace. Elle aussi a montré une remarquable efficacité dans la description des phénomènes astrophysiques et cosmologiques : expansion de l'Univers, lentilles gravitationnelles, trous noirs, ondes gravitationnelles, etc.

Face à ces deux domaines aux échelles et aux cadres de pensée bien distincts que, par abus de langage, on nomme communément l'« infiniment petit » et l'« infiniment grand », le physicien peut adopter une attitude schizophrénique sans perdre aucunement de son efficacité explicative : selon qu'il traite de phénomènes à petite ou à grande échelle, il applique soit la théorie quantique, soit la théorie relativiste.

Si cette stratégie est tout à fait appropriée sur le plan pratique, elle n'est pas forcément satisfaisante sur le plan conceptuel. On voudrait que la physique dans son ensemble soit décrite de façon cohérente par un modèle unifié de toutes les interactions connues. L'histoire de la discipline a maintes fois démontré que l'unification réussie de théories en apparence disparates est une forme naturelle de progression de la connaissance, engendrant invariablement un aperçu plus complet et des questions plus fondamentales sur le fonctionnement de notre Univers. Dans cette optique, il pourrait exister une théorie d'ordre supérieur, la « gravitation quantique », dont la mécanique quantique et la relativité générale ne seraient que des approximations valides dans leurs domaines respectifs[2].

La nécessité d'une théorie de la gravitation quantique fut soulignée dès 1916 par Albert Einstein. Peu après avoir publié sa plus fameuse théorie, il remarqua que les effets gravitationnels entraîneraient les électrons à tomber en spirale vers les noyaux atomiques : « En raison du mouvement des électrons au sein des atomes, les atomes eux-mêmes doivent rayonner non seulement de l'énergie électromagnétique, mais aussi de l'énergie gravitationnelle, ne serait-ce qu'en quantités infimes. Il s'ensuit que la théorie quantique devrait modifier non seulement l'électrodynamique de Maxwell, mais aussi la nouvelle théorie de la gravitation [la relativité générale]. »

La quantification de l'énergie des orbites électroniques avait été introduite en 1913 par Niels Bohr afin d'assurer la stabilité des atomes, précédemment décrits par le « modèle planétaire » d'Ernest Rutherford. Sans elle, les électrons s'effondreraient en 10^{-11} seconde sur les noyaux par perte d'énergie purement électromagnétique, la gravité n'y jouant aucun rôle. Dans son raisonnement pour justifier une théorie des champs unifiée incorporant la gravité, Einstein invoque donc l'instabilité gravitationnelle des électrons. Toutefois, le calcul de l'instabilité gravitationnelle du simple atome d'hydrogène (un seul électron en orbite autour d'un proton), qu'Einstein s'est dispensé de faire, donne un temps d'effondrement de 10^{30} ans ! À cette époque, Einstein pensait que l'Univers était statique et avait donc un âge infini, auquel cas l'effondrement des atomes par effet purement gravitationnel pouvait se produire. S'il avait su que l'Univers

2. Si j'ai mis le verbe au conditionnel, c'est qu'il est peut-être trop impératif. Comme je le préciserai plus loin, certains physiciens mettent en question la nécessité d'une unification complète de toutes les interactions fondamentales.

n'était âgé que de 14 milliards d'années, son argumentation lui aurait paru moins solide...

Toujours est-il qu'à l'époque peu de théoriciens ont senti l'urgence d'unifier les interactions électromagnétique et gravitationnelle. Ceux qui ont tenté de le faire ont échoué, et la plupart se sont tournés vers des problèmes plus concrets de physique atomique et de développement de la mécanique quantique standard.

Ce n'est que plus tard, dans les années 1960, que l'apparente nécessité d'une théorie de la gravitation quantique s'est trouvée renforcée avec certains développements de la relativité générale, qui ont conduit à prédire l'occurrence inévitable de singularités dans les processus d'effondrement gravitationnel en trou noir, et dans les modèles cosmologiques de Big Bang. En faisant surgir l'infiniment petit dans la relativité, le phénomène des singularités implique la structure de l'espace-temps aux échelles microscopiques, et souligne les incompatibilités entre les deux théories. Par ailleurs, l'existence de singularités dans une théorie physique est généralement considérée comme une faille, appelant une théorie meilleure. De même, le paradoxe de l'information lié à la thermodynamique des trous noirs (voir chapitres 2 et 10), soulevé dans les années 1970, semble résulter de l'incompatibilité entre la relativité générale et la mécanique quantique.

Pour beaucoup, la compréhension réelle du Big Bang et des trous noirs ne peut donc faire l'économie d'une théorie de la gravitation quantique, dont l'une des vertus principales serait d'éliminer les singularités gravitationnelles.

Devant la difficulté du problème, les physiciens ont dû apprendre à transformer les théories classiques en théories quantiques. Pour ce faire ils ont développé des outils mathématiques – théorie des pliages et des nœuds, groupes, topologie, etc. – tellement abstraits et complexes que leur compréhension est réservée à quelques centaines d'experts à travers le monde, qui ont passé avec succès les durs apprentissages conjugués de la physique quantique et de la relativité générale.

À ce stade, il est fascinant de constater le pari fait sur la liberté d'invention des concepts fondamentaux. Einstein estimait déjà que les principes d'une théorie globale ne pouvaient être extraits de l'expérience : « Nous savons désormais que la science ne peut naître de la seule expérience immédiate et qu'il nous est impossible, lorsque nous en construisons l'édifice, de nous passer de l'invention libre, dont nous ne pouvons vérifier l'utilité qu'*a posteriori*, à la lumière de notre expérience[3]. »

En résumé, deux voies principales sont suivies depuis plus d'un demi-siècle pour quantifier la gravitation.

La première voie privilégie l'approche de la théorie quantique des champs, en vertu de laquelle les forces connues sont véhiculées par des particules appelées bosons[4] : le photon est le médiateur de la force électromagnétique, les bosons W et Z véhiculent la force faible, tandis que les gluons portent l'interaction forte. Les bosons sont des particules de spin entier. Le spin est l'une des propriétés quantiques fondamentales des particules, au même titre que la masse ou la charge électrique[5]. Comme d'autres grandeurs observables, sa mesure donne des valeurs non pas continues mais discrètes, plus précisément entières pour les bosons et demi-entières pour l'autre catégorie de particules, celles qui subissent les forces, appelées fermions. Les spins des bosons massifs comme le W et le Z peuvent prendre les valeurs –1, 0, ou +1, ceux des non massifs comme les gluons et les photons ne peuvent prendre que les valeurs –1 ou +1.

Si l'on suit cette approche, la gravitation doit être considérée au même titre que les autres interactions comme un champ de force s'exerçant entre les objets au sein d'un espace-temps extérieur passif. Elle est associée à un boson appelé *graviton*, dont le spin ne peut prendre que les valeurs –2 ou +2.

---

3. Albert Einstein, *Œuvres choisies*, t. V, Seuil, 1989-1993, p. 100.
4. À noter que la fameuse particule de Brout-Englert-Higgs est aussi un boson, bien qu'elle ne véhicule aucune force.
5. Le spin est souvent assimilé au moment cinétique ou à la rotation d'un astre sur lui-même. On parle par exemple du spin d'un trou noir en rotation, même si ce dernier n'a rien de quantique.

Dans une certaine mesure « c'est fantastique », car cela veut dire que nous savons déjà des choses sur une théorie de gravité quantique avant même de la formuler ! La contrainte majeure est qu'elle doit rester consistante avec la relativité générale, dès que l'on sort du régime des très petites distances, de la même façon que la relativité générale se réduit à la gravitation newtonienne en champ faible et sur des temps de mesure courts[6]. La grande question est : comment faire ?

Dans une première approche, les physiciens se sont dit qu'ils pourraient quantifier le champ de gravitation en utilisant la même technique qui avait si bien réussi pour les trois autres interactions du modèle standard, en l'occurrence la « renormalisation ». Il s'agit d'une technique mathématique assez bizarre, mais qui fonctionne curieusement bien pour éliminer certaines quantités infinies apparaissant dans la théorie. Or cela ne marche pas avec le graviton : contrairement aux autres bosons, il interagit avec lui-même, produisant de nouveaux gravitons qui interagissent également, et ainsi de suite, entretenant une sorte d'« autogénération » de la gravité qui aboutit à des infinis non renormalisables.

La théorie des cordes (chapitre 9), esquissée à la fin des années 1960, a été la première à fournir un cadre formel pouvant inclure le modèle standard des champs et des particules avec ses fermions et ses bosons, et une théorie quantique de la gravité avec ses gravitons. Pour échapper à la non-renormalisabilité, elle a dû être bâtie sur un cadre physico-mathématique différent. Son ingrédient de base stipule que les particules sont des objets étendus et non pas ponctuels, avec pour conséquence radicale que cela exige neuf dimensions d'espace et une dimension de temps, ainsi que l'introduction d'une interaction fondamentale supplémentaire dite scalaire, dont l'intensité est caractérisée par un certain paramètre de champ. Si, par un processus encore mal défini appelé

6. Le champ gravitationnel régnant dans le Système solaire est faible, mais se manifeste par de légères déviations de l'orbite de Mercure s'accumulant sur des périodes de plusieurs mois.

« compactification », on efface six de ces dimensions spatiales (ou du moins si on les rend totalement imperceptibles à notre échelle), et que l'on fait s'évanouir le paramètre définissant l'interaction scalaire, alors on retrouve la relativité générale.

Tout cela paraît fort beau, mais la théorie des cordes doit faire face à une foule de problèmes phénoménologiques. L'un est la prédiction d'un grand nombre de nouvelles particules, comprenant toutes les particules dites supersymétriques, dont aucune n'a jamais été trouvée alors qu'elles devraient être accessibles lors des expériences de haute énergie effectuées au CERN. Ensuite, prétendant se passer des « paramètres libres » qui plombent le modèle standard des particules, elle les remplace par un problème encore plus délicat. La théorie des cordes offre en effet de l'ordre de 10^{500} solutions possibles, peut-être même bien davantage, chacune se rapportant aux diverses valeurs moyennes de l'énergie du vide associée au champ de cordes. Or il n'y a aucun mécanisme pour les distinguer…

L'approche « cordiste » a néanmoins rassemblé l'essentiel des efforts théoriques des quarante dernières années, abusant même de sa position dominante. Ses principaux fondateurs ont obtenu les postes académiques les plus importants dans le domaine de la physique théorique, et ont fait travailler leurs étudiants sur le sujet, si bien qu'en dehors de la théorie des cordes il n'y eut pendant longtemps point de salut pour un jeune chercheur soucieux de s'attaquer au problème fondamental de l'unification. Mais, au bout de trente années de travail sur les divers modèles de la théorie des cordes, il a fallu admettre qu'à part de belles idées abstraites comme l'holographie (chapitre 10) ou le multivers (chapitre 11) elle n'avait pas abouti à grand-chose de concret.

La seconde voie vers la gravité quantique privilégie l'approche géométrique de la relativité générale : elle cherche à quantifier l'espace et le temps eux-mêmes. On sait qu'en physique quantique il y a des grandeurs comme l'énergie, la charge électrique, l'impulsion, etc., qui ne peuvent prendre que certaines valeurs « discrètes », alors qu'en physique classique elles sont continues. Il existe donc des quantités irréductibles de ces grandeurs, des « quanta ». Or, en relativité générale, la gravitation est modélisée comme une propriété géométrique de l'espace-temps. Si l'on veut quantifier la gravitation, il faut supposer l'existence d'unités élémentaires d'espace et de temps.

L'idée de base de la « gravité quantique à boucles » (chapitre 8) est qu'il existe des « atomes d'espace et de temps », à savoir des entités au niveau desquelles les effets quantiques modifient radicalement la texture même de l'espace-temps, qui ne serait plus lisse et continue, mais granulaire. Cela change du tout au tout la description de l'Univers à très petite échelle, assimilable à un réseau discontinu d'« atomes d'espace » interagissant et évoluant par petits sauts temporels correspondant à des « atomes de temps ». Les calculs issus de cette approche sont au moins aussi prometteurs que ceux de la théorie des cordes, et ne nécessitent pas l'introduction de dimensions supplémentaires.

Théorie des cordes et gravité quantique à boucles ont suivi des chemins parallèles sinueux et difficiles, et l'on ne sait toujours pas si elles parviendront à leurs buts respectifs. Dans les deux cas toutefois, la cause profonde des infinis et autres singularités apparaissant dans les théories classiques est censée être éliminée, car les calculs s'arrêtent à une certaine échelle de coupure : taille non nulle des grains d'espace, ou dimensions non nulles des particules, ce qui permet aux quantités physiques de prendre des valeurs finies. Dans les deux cas aussi, ces théories encore en construction remettent en question le fondement intégral de notre entendement de l'Univers. En effet, elles impliquent toutes deux, bien que de façons très différentes, le concept fascinant de multivers (parfois appelé plurivers). Il s'agirait d'un hypothétique ensemble contenant un nombre très grand d'univers « possibles », dont le nôtre ne serait qu'un cas extrêmement particulier. Le multivers, ensemble de toutes les réalisations d'univers, représenterait *tout* ce qui existe : l'espace au sens le plus complet du terme, le temps, la matière, l'énergie, et toutes les lois possibles de la physique, accompagnées des constantes fondamentales de la nature qui les déterminent.

Un autre point important à souligner est que la théorie des cordes est bien plus ambitieuse que la gravité quantique à boucles : elle prétend unifier en un seul schéma toutes les interactions connues – au point qu'elle est parfois qualifiée de « Théorie du Tout » – terme que j'estime quelque peu fanfaron. La gravité quantique en boucles n'a rien à voir avec un tel projet : elle n'inclut pas l'électromagnétisme ni les deux forces nucléaires. Elle cherche seulement à décrire les aspects quantiques de la seule interaction gravitationnelle, en quantifiant l'espace-temps qui en est le cadre et la manifestation – ce qui est déjà extrêmement difficile en soi !

Comme on a déjà beaucoup écrit pour le grand public sur la théorie des cordes, et à un degré moindre sur la gravité quantique à boucles, ce qui m'a le plus motivé pour écrire ce livre, c'est qu'il existe d'autres approches pouvant aussi conduire à une théorie de gravitation quantique. Elles sont certes moins développées que les deux susmentionnées, mais elles ouvrent chacune à sa façon des perspectives originales. Parmi elles, je citerai les ensembles causaux – en anglais les *causets* – (chapitre 12), la gravité à sécurité asymptotique (chapitre 14), les triangulations dynamiques causales (chapitre 13), la gravité émergente (chapitre 15) et surtout la géométrie non commutative (chapitre 16) – peut-être ma préférée. Nul ne sait si, parmi toutes ces théories, l'une est « suffisamment dingue pour avoir une chance d'être correcte », comme Niels Bohr aimait le répéter à ses étudiants.

Dans les courts chapitres que je leur consacrerai, je me contenterai d'en esquisser les idées de base, sans entrer dans aucun détail technique[7]. Je n'éviterai pas non plus quelques redites entre les différents chapitres, pour des raisons d'ordre pédagogique.

Avant de conclure ce chapitre introductif, posons-nous cependant la question iconoclaste qui invaliderait l'objet même de ce livre : sommes-nous certains d'avoir *vraiment* besoin d'une théorie

7. Qu'en outre je ne suis pas certain de maîtriser, si tant est que l'élaboration d'une seule théorie de gravitation quantique cohérente puisse être l'œuvre de toute une vie.

quantique de la gravité pour comprendre le fonctionnement de l'Univers au niveau le plus fondamental ?

Certains physiciens en doutent. La science est l'art de poser des questions. Les plus profondes sont celles qui semblent avoir une réponse évidente, mais fausse. Par exemple, à la question « pourquoi la nuit est-elle noire ? », la bonne réponse n'est pas « parce que le soleil est couché », mais « parce que la lumière voyage à vitesse finie depuis un temps passé fini, ce qui rend fini l'espace observable ainsi que le nombre d'étoiles qu'il contient ». Autrement dit, l'explication de la noirceur nocturne met en jeu un niveau bien plus profond de compréhension du cosmos. Pour d'autres questions, du type « pourquoi la masse du proton est-elle $1{,}67 \times 10^{-27}$ kilogramme ? », il n'est pas certain qu'il y ait une réponse. Il pourrait, certes, y avoir une explication très profonde du type « Théorie du Tout », mais il se pourrait tout autant que les masses des particules élémentaires soient ce qu'elles sont, un point c'est tout, sans aucune autre explication à chercher à un niveau plus profond ! De la même façon, la gravitation pourrait être une manifestation de la nature complètement indépendante des trois autres interactions connues, et non un aspect dérivé d'une théorie unifiée d'ordre supérieur. En d'autres termes, la quête d'une théorie unifiée peut venir non pas d'une propriété intrinsèque de la nature, mais d'un besoin psychologique des physiciens ! Il faut peut-être aussi se débarrasser de l'idée usée, bien que toujours séduisante, selon laquelle la beauté mathématique serait la clé de l'unification[8]. Les mathématiques sont notre outil le plus commode pour déchiffrer rationnellement l'Univers qui nous entoure, mais croire qu'elles sont nécessairement prophétiques peut faire prendre quelques vessies pour des lanternes.

Il se pourrait ainsi que la physique de demain évolue vers deux théories différentes mais interconnectées : d'un côté une théorie de Grande Unification (GUT pour *Grand Unified Theory*) pour

8. Voir par exemple l'ouvrage de Sabine Hossenfelder, *Lost in Maths. Comment la beauté égare la physique*, trad. fr. Les Belles Lettres, 2019.

les interactions électromagnétiques et nucléaires forte et faible – encore en construction au demeurant –, de l'autre une théorie de la gravitation indépendamment quantifiée, sans faire intervenir de dimensions supplémentaires ou de multivers.

Sur un plan plus philosophique, la conception unitaire de la science relève d'une forme de fondamentalisme théoricien, dans lequel la science serait conçue comme une pyramide de disciplines construite à l'envers à partir de sa pointe : au sommet inversé de la pyramide, une physique unifiée, modèle de la scientificité, soutiendrait tout l'édifice.

On peut lui opposer la vision peut-être aussi riche d'une réalité morcelée, mouchetée « comme une peau de léopard[9] », qui appelle une science désunie. Ce n'est toutefois pas la philosophie que j'adopterai dans ce livre.

9. Pour reprendre la jolie expression de la philosophe Nancy Cartwright dans son ouvrage *The Dappled World* (*Le Monde moucheté*), Cambridge University Press, 1999.

CHAPITRE 2

L'Univers selon Stephen Hawking

Lorsqu'on aborde des sujets aussi fascinants que les trous noirs, la théorie cosmologique ou la gravitation quantique, on est inévitablement conduit à citer Stephen Hawking. Avec d'autres chercheurs beaucoup moins réputés que lui, il a travaillé sur ces trois thèmes, y apportant quelques contributions remarquables. Celles-ci ont été d'autant plus mises en avant dans les médias qu'il a été et reste le physicien le plus connu du grand public, élevé au rang de mythe de son vivant. Lui rendre hommage en ce début d'ouvrage après sa disparition en 2018 est non seulement juste, mais parfaitement pertinent. En effet, l'évolution de ses travaux scientifiques s'étalant sur une cinquantaine d'années permet de brosser un panorama assez complet des principales questions que soulèvent les théories de gravitation quantique, dont j'aborderai plus en détail certains aspects dans la suite de ce livre. Le présent chapitre, bien plus qu'un hommage et qu'une introduction au sujet, va donc être assez volumineux, d'autant que j'y ajoute quelques souvenirs d'ordre personnel…

Souvenirs, souvenirs

« Je suis dans un fichu état, avouez-le. »

Roger MARTIN DU GARD, *Les Thibault*.

Stephen Hawking (8 janvier 1942-14 mars 2018) rappelait souvent avec malice qu'il était né trois cents ans jour pour jour après la mort de Galilée. Il ne se doutait probablement pas qu'il mourrait un 14 mars, jour anniversaire de la naissance d'Albert Einstein. S'il ne fut pas « le nouvel Einstein » que les médias ont voulu présenter, il reste un scientifique de premier plan, qui tout au long de sa carrière a su poser avec perspicacité des questions de physique fondamentale auxquelles il a apporté des réponses importantes, sans toutefois les résoudre complètement. Ces questions, restées ouvertes, sont au cœur de la problématique complexe liée à la gravitation quantique, et continuent à faire travailler des dizaines de théoriciens en quête d'une théorie unifiée.

Mon premier contact avec les travaux de Stephen Hawking remonte à 1975, année où j'ai quitté mes études de mathématiques pures à l'université de Marseille pour suivre un DEA de physique théorique et de cosmologie à la faculté de Montpellier sous la direction d'Henri Andrillat. De fait, je n'ai guère fréquenté les cours, car durant les précédentes vacances d'été j'avais déjà lu et assimilé l'excellente monographie sur la relativité générale et la cosmologie qu'Andrillat avait publiée en 1970. Du coup, j'ai pris l'initiative de me lancer dans la lecture de deux tout nouveaux ouvrages de haut vol parus en 1973 : *The Large Scale Structure of Space-Time* de Stephen Hawking et George Ellis, et *Gravitation* de Charles Misner, Kip Thorne et John Wheeler. Ces livres émanant des deux grandes écoles anglo-saxonnes de physique théorique de l'époque, celle de Cambridge en Angleterre et celle de Princeton aux États-Unis, allaient vite devenir de vraies bibles de la discipline, en traitant la théorie d'Einstein selon des angles différents mais complémentaires.

Si la partie technique de ces livres était trop ardue pour ma formation de l'époque, j'en avais quand même retiré un immense intérêt pour les méthodes de physique mathématique développées par l'école de Cambridge, créée par Dennis Sciama (1926-1999) au début des années 1960, et dont les plus remarquables représentants étaient Roger Penrose (né en 1931), Stephen Hawking, Brandon Carter (né en 1942) et George Ellis (né en 1939). Ces méthodes permettaient notamment de traiter de manière originale des sujets comme la structure globale de l'espace-temps, les propriétés des trous noirs et les singularités inhérentes à la théorie de la relativité générale.

À la fin de cette année de DEA, j'ai d'ailleurs rédigé un gros mémoire intitulé « Groupes d'isométries en relativité générale ». C'était en fait de la pure géométrie différentielle appliquée à la théorie gravitationnelle d'Einstein, directement inspirée par la lecture du livre de Hawking et Ellis. C'est alors que le professeur Andrillat m'a vivement conseillé d'aller poursuivre mes études à l'observatoire de Paris-Meudon, où existait depuis peu un Groupe d'astrophysique relativiste. Recruté par le CNRS, Brandon Carter venait de quitter Cambridge pour en prendre la direction, et il sut faire confiance au jeune étudiant enthousiaste que j'étais[1]. Collègue et ami personnel de Stephen Hawking, il m'a dirigé vers un sujet de thèse riche mais complexe concernant les singularités qui apparaissent dans certains modèles de la cosmologie relativiste. C'est ainsi que l'on désigne les points de l'espace-temps où certains paramètres physiques deviennent infinis. Le centre des trous noirs est une singularité de l'espace-temps, un point où la gravité devient infinie au même titre que la courbure ou la densité de matière-énergie, ainsi

1. Il a beaucoup contribué au développement de ce groupe, devenu par la suite le Département d'astrophysique relativiste et de cosmologie (DARC), maintenant intégré au Laboratoire univers et théories (LUTH) de l'observatoire de Paris. Il y est aujourd'hui directeur de recherches émérite.

que le début de l'Univers tel qu'il est décrit par la théorie du Big Bang. Par essence, on ne peut appréhender les singularités avec les outils de l'astrophysique, seulement avec ceux de la physique mathématique.

En 1963, les Russes Isaak Khalatnikov et Evgueni Lifchitz avaient posé le problème de la nature de la singularité du Big Bang. Les équations de la relativité générale ne peuvent être résolues dans toute leur généralité, de sorte que, pour trouver des solutions exactes – décrivant par exemple l'espace-temps autour d'un astre sphérique, l'émission d'ondes gravitationnelles ou la structure de l'Univers dans son ensemble –, il faut effectuer les calculs dans le cadre d'hypothèses simplificatrices. C'est ainsi qu'en cosmologie relativiste on suppose que l'Univers est homogène et isotrope, c'est-à-dire très symétrique. Les solutions exactes qui en découlent, découvertes par Alexandre Friedmann et Georges Lemaître entre 1922 et 1931, prédisent une singularité originelle, le fameux Big Bang. Khalatnikov et Lifchitz se sont donc légitimement demandé si c'était à cause des hypothèses simplificatrices qu'une singularité apparaissait au départ de l'Univers. Autrement dit, la singularité cosmologique n'était-elle qu'un artifice dû à la trop grande simplification du modèle, et disparaîtrait-elle si ce dernier était supposé moins symétrique ? Ils n'avaient pas résolu le problème. Or, entre 1965 et 1967, Penrose et Hawking démontrèrent l'occurrence inévitable de singularités en relativité générale, indépendamment des symétries supposées de l'espace-temps (j'y reviendrai plus en détail au chapitre 7). Ces désormais fameux théorèmes sur les singularités, les rendant en quelque sorte obligatoires[2], obligèrent les Russes à revoir leur copie. En collaboration avec Volodia Belinski, ils trouvèrent en 1969 une solution des équations d'Einstein montrant précisément ce qui se passe lorsque l'Univers n'est ni homogène ni isotrope : en remontant dans le passé cosmologique et en s'approchant du Big Bang,

2. Dans le cadre de la relativité générale « classique », c'est-à-dire non quantifiée. On le verra, l'un des objectifs de toute théorie de gravitation quantique est précisément d'éliminer les singularités, qui apparaissent comme des aberrations physiques.

la géométrie au voisinage de chaque point de l'Univers se met à osciller de façon violente et chaotique, de plus en plus vite, de sorte qu'une infinité d'oscillations nous séparent du moment singulier où toutes les distances sont réduites à zéro. Belinski, Lifchitz et Khalatnikov émirent alors une conjecture, dite BKL, selon laquelle ce comportement oscillatoire à l'approche de la singularité cosmologique initiale était générique, c'est-à-dire valable pour notre Univers réel. Le sujet de thèse qui me fut proposé par Carter fut donc d'étudier la conjecture BKL, ce qui me convenait parfaitement.

Au bout d'un an, j'ai obtenu une bourse du British Council me permettant d'aller travailler trois mois à l'Université de Cambridge, dans le laboratoire où œuvrait Stephen Hawking. C'était aussi l'occasion rêvée de croiser en fin de séjour quelques-uns des ténors de la discipline, venus du monde entier participer à un colloque sur la relativité générale – Subramanyan Chandrasekhar, Steven Weinberg et Kip Thorne, futurs prix Nobel de physique, le génial Russe Yacov Zel'dovich, James Peebles, Clifford Will, Roger Penrose, Brandon Carter, Werner Israël et quelques autres pointures.

Hawking, qui avait été élu en 1974 à la Royal Society, était déjà connu dans le petit monde de la physique théorique pour ses travaux sur les singularités et l'évaporation quantique des trous noirs, mais sans plus. J'étais néanmoins très impressionné d'avoir un bureau au DAMTP (Department of Applied Mathematics and Theoretical Physics), laboratoire prestigieux situé à l'époque dans une ancienne usine reconvertie, dans Silver Street. Encore plus impressionné le premier jour où, assistant à un séminaire au DAMTP, j'ai vu arriver Stephen Hawking en fauteuil roulant, la tête inclinée de côté, un rictus sur le visage mais le regard extraordinairement vif.

Dans les mois qui ont suivi, j'ai eu l'occasion de mieux le connaître. Je me souviens notamment d'un repas à la cantine de l'université, montrant les extraordinaires difficultés auxquelles Stephen était en permanence confronté pour accomplir les actes les plus simples de l'existence. Je me souviens aussi du jour où, voulant assister à un séminaire nécessitant un déplacement en voiture,

Stephen avait demandé si je pouvais le conduire avec mon propre véhicule. Je l'avais donc soulevé de son fauteuil roulant et pris dans mes bras pour le déposer sur le siège avant, m'étonnant de son poids qui ne devait guère dépasser les 40 kilos. Mais mon incapacité à communiquer vraiment avec lui était embarrassante.

À cette époque en effet, son élocution était déjà fortement altérée par sa maladie, de sorte que seules les personnes le connaissant très bien comprenaient ses paroles, ce qui pouvait créer des malentendus. C'est ainsi que, vers la fin de mon séjour à Cambridge, une réception entre chercheurs était prévue dans un des collèges de l'université. J'étais arrivé à l'avance dans la salle, et il n'y avait encore personne. C'est alors que, par l'une des grandes ouvertures vitrées donnant sur les pelouses de l'université, je vis arriver de loin Stephen dans son fauteuil motorisé. Il avait décidé de se déplacer de façon autonome, utilisant les pelouses et allées internes de l'université pour passer sans trop d'encombre d'un collège à l'autre. Sauf que, dans les derniers mètres du parcours, la pelouse présentait une certaine déclivité. Stephen arrêta donc son fauteuil et remua la tête pour attirer l'attention. Ne voyant personne pour lui venir en aide, je me dirigeai vers lui et lui demandai s'il désirait accéder à la salle de réception. Je ne compris rien à sa réponse, mais je supputai que oui. Je me plaçai donc derrière son fauteuil roulant et commençai à le pousser pour l'engager dans la pente. Le fauteuil se bloqua aussitôt, Stephen ayant actionné le frein tout en émettant un flot d'explications excitées, auxquelles je ne compris goutte, sinon qu'il s'agissait de protestations. Gros embarras de ma part. Gary Gibbons, un proche collaborateur de Stephen heureusement arrivé entre-temps, nous tira finalement d'affaire. Après avoir échangé quelques mots avec lui, il prit tout simplement le fauteuil et contourna la ligne de plus grande pente pour le conduire dans la salle de réception, m'expliquant par la suite que Stephen aurait risqué de basculer en avant s'il avait suivi mon imprudente trajectoire. Franchement j'aurais pu y penser, moi qui avais déjà étudié les géodésiques de l'espace-temps…

Par la suite, ces sérieuses difficultés de communication se sont considérablement aggravées. En 1985, Stephen a définitivement perdu l'usage de la parole à la suite d'une pneumonie nécessitant une trachéotomie. Il a fait alors équiper son fauteuil d'un système informatique lui permettant de s'exprimer. Il a d'abord eu recours à des lettres sous forme de cartes, clignant de l'œil ou cliquant du pouce pour choisir la bonne lettre et épeler les mots, reproduits par un synthétiseur vocal au timbre si caractéristique que Stephen l'a gardé jusqu'à la fin. Il fallait être très patient pour avoir des phrases entières ! En 1997 la société Intel, géant de l'informatique, s'est intéressée à son cas, jugeant que le savant britannique, entre-temps devenu mondialement célèbre, serait un parfait ambassadeur de la marque… C'est ainsi qu'en 2001, lorsque Stephen a perdu la motricité de son pouce au point de ne plus pouvoir taper qu'un ou deux mots par minute, l'entreprise a conçu un système infrarouge, fixé à une branche de ses lunettes et détectant les contractions de sa joue, puis, en 2009, une nouvelle interface basée sur la reconnaissance faciale des mouvements de ses lèvres et sourcils.

Pour en revenir aux années 1970, l'année d'après mon retour de Cambridge, en 1977 donc, j'ai bel et bien soutenu ma thèse sur le sujet des singularités en cosmologie, sans pouvoir résoudre la conjecture BKL (elle n'est toujours pas résolue quarante ans plus tard !), mais en étudiant leur occurrence et leur nature dans certains modèles de la cosmologie relativiste dits « spatialement homothétiques ». Ce n'est qu'après, à partir de 1978, que je me suis mis à travailler sur les trous noirs, puis la cosmologie, et enfin la gravitation quantique, suivant ainsi le même cheminement que Stephen Hawking, mais sans y prendre garde, et en orientant davantage mes travaux vers l'astrophysique plutôt que vers la physique mathématique.

Dans la suite de ma carrière de chercheur, j'ai nécessairement recroisé à plusieurs reprises Stephen, notamment à l'occasion de séminaires qu'il venait donner en France. Lors d'un de ses passages à l'observatoire de Meudon en 1986, Brandon Carter avait organisé chez lui un dîner où il m'avait également convié. Il m'avait appris auparavant que Stephen, féru de musique classique, avait pris des places à l'Opéra de Paris pour assister le lendemain à une représentation de *Tristan et Isolde*. J'étais alors passé chez moi chercher dans ma grande bibliothèque de partitions la réduction pour chant et piano de l'opéra de Wagner. Arrivé chez Carter, j'avais ouvert la partition pour la montrer à Stephen. Trente ans après, je me souviens encore combien son œil avait brillé d'excitation.

Au-delà de ses prouesses de chercheur, Stephen Hawking avait beaucoup d'humour et de chaleur humaine. Il est devenu un phénomène médiatique sitôt après la publication en 1988 de son livre de vulgarisation *A Brief History of Time* (*Une brève histoire du temps*) – ouvrage plutôt mal ficelé et difficile à lire, pourtant phénoménal best-seller vendu à plus de dix millions d'exemplaires dans le monde, dont le mérite essentiel est d'avoir suscité nombre de vocations de chercheurs en astrophysique et en cosmologie.

Une anecdote cocasse en dira plus à ce sujet que de longues analyses. Fin 1988, quelques mois donc après la publication du livre de Hawking, je me rends à Tokyo pour intervenir dans une conférence internationale sur l'astrophysique relativiste. Un soir, avec mon collègue et ami Jean Audouze qui dirigeait l'Institut d'astrophysique de Paris, nous nous rendons dans un petit restaurant spécialisé dans les *yakitori*, ces petites brochettes cuites au gril offrant un large choix de compositions. Pour faire notre assortiment, nous nous retrouvons devant une longue carte de menus exclusivement rédigée en japonais. Le personnel du restaurant ne parlant pas un mot d'anglais, nous remarquons une table où deux convives, visiblement étrangers comme nous mais parfaitement à l'aise, discutent dans la langue de Shakespeare. Nous nous approchons pour leur demander s'ils peuvent nous aider. L'air quelque peu condescendant, ils commencent par nous expliquer qu'ils sont professeurs d'anglais dans un lycée de Tokyo et qu'ils maîtrisent assez bien la langue japonaise. Puis, par pure politesse, ils s'enquièrent de ce que nous faisons ici.

« Nous sommes astrophysiciens et nous participons à un colloque international.

– Ah bon ? Alors vous avez peut-être entendu parler de Stephen Hawking ?

– Bien sûr, nous travaillons dans le même domaine que lui, et nous le connaissons personnellement.

– Comment, vous connaissez Stephen Hawking ? Mais c'est un véritable dieu, on vient de lire son livre ! », s'exclament-ils.

Dès lors, leur attitude à notre égard est subitement passée du léger mépris à la béate admiration, au point que non seulement ils nous ont traduit entièrement le menu en nous recommandant les meilleures préparations, mais ils ont tenu absolument à régler notre addition !

Ayant moi-même publié mon premier livre de vulgarisation sur les trous noirs en 1987 (j'en avais envoyé un exemplaire dédicacé à Stephen), j'ai été régulièrement sollicité pour donner mon avis sur *Une brève histoire du temps*. Le lecteur intéressé trouvera sur ma chaîne YouTube la vidéo numérisée d'une interview donnée en 1989 par mon collègue Thibault Damour et moi-même sur la nature et l'importance des travaux de Hawking[3].

En février 1993 sortit sur les écrans un documentaire d'Errol Morris évoquant la vie et l'œuvre de Stephen Hawking à travers son best-seller. Bernard Pivot m'invita aussitôt dans son émission *Bouillon de culture* pour en parler (un extrait vidéo est également visible sur ma chaîne YouTube). Un reportage avait été tourné pour l'occasion dans le bureau de Stephen Hawking au DAMTP, et un travelling sur sa bibliothèque scientifique s'était arrêté sur mon livre de 1987, bien calé entre deux monographies sur la relativité générale, ce qui avait fait le bonheur du documentariste…

---

3. https://www.youtube.com/watch?v = Tg9_Z-LZ_v4. Voir aussi la remarquable et bien plus récente interview de Thibault Damour « Stephen Hawking est un sphinx qui nous lègue des énigmes », *Pour la science*, 2018, 487, p. 6-12, dont je reprends dans ce chapitre quelques éléments.

J'ai rencontré Stephen pour la dernière fois en 2007 à Ajaccio, dans le cadre des Rencontres grand public *Science et humanisme*. Hawking en était bien sûr la vedette invitée, mais j'avais été ému qu'il assistât en entier à la longue conférence que j'avais donnée le soir sur « La forme de l'espace, des trous noirs à l'Univers chiffonné ».

Les théorèmes sur les singularités

Au-delà de ces anecdotes personnelles, intéressons-nous maintenant à la nature des travaux de Stephen Hawking. Ils tournent essentiellement autour d'une interrogation aussi vieille que l'humanité : l'éternité du temps. Pour tenter d'y répondre de façon pertinente, le physicien britannique a convoqué tout l'arsenal de la physique contemporaine : la relativité générale (théorie de la gravitation), la mécanique quantique (théorie des particules élémentaires et de leurs interactions) et le problématique mariage des deux (la gravitation quantique), concentrant sa stratégie sur deux domaines clés de la recherche fondamentale : les trous noirs et la cosmologie.

Stephen Hawking a fait une entrée remarquée dans le monde de la physique théorique avec sa thèse de doctorat (PhD) soutenue en 1966 sur les propriétés de l'Univers en expansion. Il avait auparavant suivi des études de mathématiques pures à l'Université d'Oxford et commencé à s'orienter davantage vers la physique en 1961, en entamant sa thèse à Cambridge sous la direction de l'astrophysicien Dennis Sciama, au moment même où commencèrent à se développer les symptômes de la maladie de Charcot qui allait le clouer sur un fauteuil pour le restant de sa vie. L'année précédente, Sciama avait déjà engagé un étudiant venu d'Afrique du Sud, George Ellis, et en 1962 il recruta Brandon Carter, venu d'Australie, en même temps que le très britannique Martin Rees. Quatuor d'exception, puisque Ellis allait devenir l'un des meilleurs cosmologistes de son époque, Carter l'un des principaux théoriciens des trous noirs en rotation, et Rees astronome royal de Sa Majesté en même temps que directeur de la Royal Society ! À l'époque, Rees était le seul astrophysicien du groupe, et il savait parfaitement ce qu'il voulait faire, contrairement aux trois autres qui s'intéressaient à la pure physique théorique, sans objectif précis. Sciama, dont ce n'était pas la spécialité, eut donc la bonne idée d'adresser Carter et Hawking à Roger Penrose, qui avait sept ans de plus qu'eux et enseignait les mathématiques au Birbeck College de Londres. Stephen pouvant encore se déplacer sur ses jambes en se faisant aider, le duo prit ainsi chaque semaine le train pour la capitale afin de discuter avec Penrose et d'assister au séminaire du King's College londonien dirigé par Hermann Bondi – cosmologiste d'origine autrichienne, connu pour avoir développé avec Fred Hoyle et Thomas Gold la théorie de l'Univers stationnaire, alternative aujourd'hui abandonnée à la théorie du Big Bang.

On doit à Roger Penrose de nombreuses contributions à la théorie de la relativité générale, à la physique des trous noirs, à la cosmologie, aux mathématiques pures et même aux sciences cognitives[4]. À cette époque, il avait forgé de nouvelles méthodes mathématiques mettant en jeu les propriétés globales de l'espace-temps de la relativité générale, sans qu'il soit nécessaire de résoudre les équations du champ d'Einstein. La relativité générale prédit que les étoiles très massives s'effondrent sur elles-mêmes sans limite. Leur champ gravitationnel devient alors si grand qu'il emprisonne la matière et la lumière à l'intérieur d'un trou noir, zone de non-retour délimitée par une surface appelée « horizon des événements ». En 1965, Roger Penrose démontra que, au-delà de l'horizon, l'effondrement gravitationnel doit inévitablement se poursuivre pour atteindre un stade « singulier » où la densité devient infinie.

4. À mon avis, elles marqueront même davantage l'histoire des sciences que celles de Stephen Hawking…

À cette époque, les simulations numériques sur les piètres ordinateurs disponibles ne permettaient pas de déterminer l'évolution de l'effondrement gravitationnel du cœur d'une étoile massive. Seule une solution analytique (obtenue en résolvant à la main les équations du modèle) était connue, moyennant une hypothèse simplificatrice, à savoir que l'étoile possédait une parfaite symétrie sphérique. Cette solution, dite de Schwarzschild, indiquait que la formation d'un trou noir était possible, mais on ne pouvait affirmer qu'un écart à la symétrie sphérique, ou bien la prise en compte de la rotation de l'étoile (situation bien plus réaliste), permettait d'arriver à la même conclusion. On pouvait par exemple envisager que la rotation de plus en plus rapide de l'étoile en effondrement éjecte une grande partie de sa matière, empêchant ainsi la formation d'un trou noir. Le théorème de Penrose de 1965 a permis de résoudre le problème. À la question « Le temps a-t-il une fin ? », la réponse est donc oui dans le cadre de la relativité générale classique : le futur s'arrête aux singularités cachées au fond des trous noirs.

Le jeune Hawking s'est servi de ce résultat pour démontrer qu'il en allait de même dans le passé, avec la singularité cosmologique au début de l'Univers. La même question se posait de savoir si la singularité initiale apparaissant dans les solutions cosmologiques des équations d'Einstein, dites de Friedmann-Lemaître, n'était pas due aux symétries supposées, à savoir l'homogénéité et l'isotropie, et si elle ne disparaîtrait pas dans des conditions plus réalistes. Utilisant les techniques développées par Penrose, Hawking a démontré que les lignes d'Univers – les « lignes de vie » d'un objet dans l'espace-temps – n'ont pas de passé au-delà d'un certain point singulier : le Big Bang précisément.

Pour ce faire, Hawking a utilisé ce qu'on appelle des « conditions fortes » sur la nature de l'énergie. Ce sont des hypothèses que l'on ajoute aux équations d'Einstein et qui postulent, entre autres, que la densité de masse (ou, ce qui revient au même, d'énergie) est positive et très supérieure à toute pression ou tension présente dans la matière. Il y a différents choix possibles. Stephen était jeune et, déjà à l'époque, très ambitieux. Il voulait un théorème. Il a donc pris toutes les hypothèses nécessaires pour que son résultat soit inéluctable ! Cela dit, ces conditions sur l'énergie paraissaient parfaitement naturelles à l'époque, et les observations cosmologiques semblaient aller dans ce sens. Depuis, des contre-exemples à cette hypothèse du théorème de Hawking sont apparus. Notamment, la découverte en 1998 que l'expansion de l'Univers s'accélère a nécessité l'introduction d'une forme énigmatique d'énergie, dite « sombre », qui serait responsable de cette accélération (chapitre 5). Or l'énergie sombre n'obéit pas aux conditions fortes sur l'énergie de Hawking. Néanmoins, l'importance du théorème de Hawking a été de démontrer que l'existence de la singularité cosmologique ne dépendait pas des symétries du problème, mais de certaines conditions sur la nature de l'énergie cosmique.

Penrose et Hawking ont synthétisé leurs travaux dans un fameux article publié en 1970 où, en utilisant des équations plus générales que celles fournissant des solutions exactes, ils montrèrent que les singularités étaient inévitables en relativité générale classique (c'est-à-dire sans effets quantiques), quoique sous une forme plus compliquée qu'un simple point de densité infinie.

Comme je le rappelle dans l'un de mes essais[5], le père fondateur de la cosmologie moderne, Georges Lemaître, avait abouti à la même conclusion dans un article de 1933, lequel, publié en français, était cependant tombé aux oubliettes. Les théorèmes sur les singularités, redémontrés par Penrose et Hawking à l'aide de techniques mathématiques plus sophistiquées, ont marqué un vrai tournant de la physique gravitationnelle, ouvrant de profondes questions relevant autant de la métaphysique que de la relativité générale : le temps existe-t-il encore au niveau du Big Bang, l'espace disparaît-il, à quoi correspondent les points singuliers de l'espace-temps, y a-t-il eu « quelque chose » avant l'espace et avant le temps ?

On ne sait toujours pas y répondre, mais ce sont les objectifs majeurs des théories de gravitation quantique.

---

5. *L'Invention du Big Bang*, Seuil, « Points sciences », 2004.

Les trous noirs primordiaux

Après son théorème sur la singularité cosmologique, Hawking s'est penché sur l'étude des trous noirs. Mon ancien directeur de thèse Brandon Carter, qui allait apporter à la théorie des trous noirs des contributions fondamentales, a récemment déclaré avec humour et trop de modestie : « [Stephen] était vraiment plus fort que moi ! Heureusement pour ma carrière, il avait commencé par s'intéresser au problème du Big Bang en cosmologie, et non aux trous noirs [...]. Je n'ai pu obtenir des résultats personnels à propos des trous noirs et avoir une antériorité sur lui que parce qu'il ne s'y intéressait pas encore[6] ! »

Rappelons que, dans la théorie de la relativité générale, ces concentrations extrêmes de matière et d'énergie que sont les trous noirs apparaissent comme une conséquence incontournable de l'effondrement gravitationnel. Je précise d'emblée qu'il ne faut pas faire la confusion trop souvent répandue entre trou noir et singularité. Un trou noir se définit par son horizon des événements, surface immatérielle au-delà de laquelle les particules et les rayons lumineux restent piégés sans possibilité de retour. La taille et la forme de l'horizon des événements sont parfaitement définies par les équations d'Einstein (elles ne dépendent que de la masse et du moment angulaire du trou noir), et elles n'aboutissent à aucune absurdité physique – c'est-à-dire à l'apparition de quantités infinies –, contrairement à la singularité gravitationnelle éventuellement présente au centre du trou noir. L'occurrence de cette dernière ne résulte que de l'extrapolation irréaliste du calcul des trajectoires franchissant l'horizon des événements. Or, si la quantification de la gravité est censée éliminer l'infini des singularités, elle n'élimine certainement pas

6. Cité dans Christiane Vilain, « Stephen Hawking étudiants à Cambridge », *Reflets de la physique*, 2018, 58, p. 30-32.

les horizons des événements qui définissent les trous noirs. Nous le verrons d'ailleurs, toutes les approches en gravitation quantique – théorie des cordes, gravité quantique à boucles, géométrie non commutative, ensembles causaux, etc. – prédisent l'existence d'objets analogues aux trous noirs de la relativité générale classique.

La théorie des trous noirs a connu un rebondissement avec la découverte d'une nouvelle solution exacte des équations d'Einstein publiée en 1963 par Roy Kerr, mathématicien néo-zélandais. Cette solution à symétrie axiale s'est avérée représenter la structure de l'espace-temps engendrée par un trou noir en rotation. Seule était connue jusqu'alors la solution établie pour un corps statique et à symétrie sphérique, découverte par Karl Schwarzschild dès 1916.

La solution de Kerr a déclenché une période de « renouveau de la relativité générale », initiée à Cambridge en Angleterre autour de Roger Penrose, à Princeton aux États-Unis autour de John Wheeler, et à Moscou autour de Yacov Zel'dovich. En France, à cette époque, la plupart des scientifiques ne croyaient pas du tout aux trous noirs, et personne ne travaillait sur le sujet !

La formation de trous noirs dits « primordiaux » a été évoquée pour la première fois par Zel'dovich et Igor Novikov en 1966. Zel'dovich (1914-1987) a été avec Wheeler l'un des esprits les plus féconds de la seconde moitié du XXe siècle dans le domaine de la physique et de l'astrophysique. Il fourmillait de tant d'idées originales, qu'il lançait ensuite « à la pelle » (à charge à ses étudiants, collaborateurs et collègues de les développer), que Stephen Hawking, après l'avoir rencontré en 1973 lors d'un voyage à Moscou, lui a déclaré : « Avant de vous voir, je pensais que vous étiez un auteur collectif, comme Bourbaki[7]. » L'une de ses fécondes idées fut qu'au cours des premiers instants ayant suivi le Big Bang, bien avant l'apparition des premières étoiles et des premières galaxies, l'univers primitif était constitué d'un plasma très chaud dans lequel régnaient

7. Nicolas Bourbaki fut un mathématicien imaginaire, sous le nom duquel un groupe de brillants mathématiciens français a publié des ouvrages influents à partir de la fin des années 1930.

des pressions et des densités gigantesques, au point que des trous noirs de diverses tailles ont pu se former, non pas par effondrement gravitationnel, mais par condensation irréversible d'inhomogénéités écrasées par la pression extérieure.

Le concept de tels trous noirs, naturellement baptisés « primordiaux », fut repris par Stephen Hawking dans un article de 1971, puis développé par l'un de ses collaborateurs, Bernard Carr.

Leurs calculs montraient que les trous noirs primordiaux avaient pu se former sur une plage temporelle de quelques secondes, leur masse étant directement proportionnelle à leur date de création. C'est ainsi qu'un trou noir primordial créé au temps de Planck (10^{-43} seconde après le Big Bang) aurait la masse minimale de 10^{-5} gramme, alors qu'un trou noir formé une seconde après atteindrait 100 000 masses solaires.

Hawking ne se doutait pas que l'hypothèse des trous noirs primordiaux connaîtrait deux rebondissements, l'un théorique, l'autre astrophysique. Pour le premier, la formation de trous noirs microscopiques ayant à peine la taille d'une particule élémentaire allait conduire Hawking lui-même au concept hypothétique de « trou noir quantique », car à cette échelle doivent intervenir certains phénomènes de physique quantique, absents dans les objets macroscopiques, poussant ces microtrous noirs à s'évaporer au cours du temps plutôt qu'à grossir. J'y reviendrai longuement plus bas, car il s'agit là certainement de la contribution la plus importante de Stephen Hawking à la physique théorique, qui a soulevé nombre de questions fondamentales non encore résolues.

D'autre part, les observations astronomiques ont montré que des trous noirs supermassifs de plusieurs millions ou milliards de masses solaires résident au centre de la plupart des galaxies, pouvant notamment expliquer l'intense énergie émise par les radiogalaxies, les quasars et plus généralement les galaxies à noyau actif. Or les observations les plus récentes indiquent que les premiers quasars se sont formés plus tôt qu'attendu dans l'histoire de l'Univers (disons 500 millions d'années au lieu de plusieurs milliards). On voit mal alors comment les trous noirs supermassifs qu'ils abritent auraient eu le temps de se former par croissance de petits trous noirs de masse stellaire, initialement créés par effondrement gravitationnel d'étoiles. L'idée que des trous noirs primordiaux massifs (ceux de 100 000 masses solaires) aient pu constituer les germes initiaux autour desquels les premières galaxies se seraient agglomérées a donc refait surface au cours de la dernière décennie.

La thermodynamique des trous noirs

Au début des années 1970, Stephen Hawking s'est attaché, en collaboration avec d'autres chercheurs, à la mise en place d'une « thermodynamique des trous noirs » calquée sur les lois de la thermodynamique usuelle, autrement dit à les modéliser comme des systèmes physiques capables d'interagir avec le milieu extérieur, et d'évoluer au cours du temps.

Le premier résultat important datait de 1960, avec une hypothèse émise par les Russes Vitaly Ginzburg, Zel'dovich et Novikov, selon laquelle le trou noir à l'équilibre le plus général pouvait se décrire à l'aide d'au maximum trois paramètres : sa masse M, son moment cinétique J (grandeur qui décrit son état général de rotation) et sa charge électrique Q. Cette propriété est *a priori* très étonnante. Un corps ordinaire, disons un simple caillou, outre sa masse, son moment cinétique et son éventuelle charge électromagnétique s'il est aimanté, est caractérisé par une forme, des couleurs, une composition chimique, des milliards de particules élémentaires organisées d'une certaine manière, etc. Bref, sa description complète requiert la connaissance d'un nombre gigantesque de paramètres. Le trou noir, lui – et c'est précisément ce qui le distingue de tout autre type de corps matériel –, serait totalement décrit par les trois quantités (M, J, Q). Un trou noir statique ne dépend que de sa masse M, et il est entièrement décrit par la solution de Schwarzschild. Un trou noir statique chargé électriquement dépend de sa masse *M* et de sa charge *Q*, et se décrit entièrement par la solution de Reissner-Nordström, du nom des deux physiciens qui l'ont découverte indépendamment en 1916 et 1918. Un trou noir en rotation non chargé ne dépend que de sa masse *M* et de son moment cinétique *J*, et se décrit par la solution de Kerr. Enfin, le trou noir le plus général, donc en rotation et chargé, dépend de *M*, *J* et *Q*, et correspond à la solution de Kerr-Newman. Cependant, comme la répulsion électromagnétique d'une masse chargée pouvant s'exercer durant la formation d'un trou noir est très largement supérieure à l'attraction gravitationnelle (d'un facteur gigantesque de l'ordre de 10^{40}), il n'y a aucune situation astrophysique permettant à un trou noir de conserver une charge électrique. L'état final d'un trou noir réaliste se réduit donc à la solution de Kerr !

De nombreux chercheurs se sont attachés à prouver cette étonnante conjecture, exprimée par un aphorisme pittoresque proposé en 1971 par John Wheeler et Remo Ruffini : « Un trou noir n'a pas de chevelure[8] », sa démonstration mathématique étant donc appelée « théorème de calvitie » ou encore « théorème d'unicité ». L'unicité de la solution de Schwarzschild a été démontrée par Werner Israël en 1967, et celle des autres solutions des années plus tard par Brandon Carter, David Robinson et Pawel Mazur.

Un second résultat majeur concernant la façon dont un trou noir, à l'instar d'un système thermodynamique, peut échanger de l'énergie avec le milieu extérieur a été obtenu en 1969 par Roger Penrose. Étudiant ce qui se passerait lorsqu'une particule se désintègre en deux à l'approche de l'horizon des événements d'un trou noir de Kerr, il montra que l'on pouvait théoriquement ajuster sa trajectoire de façon que l'un des deux fragments tombe dans le trou noir tandis que l'autre s'échappe, emportant une énergie supérieure

8. Version « soft » de la traduction de l'original anglais « A *black hole has no hair* ». La version « hard » parle de poils plutôt que de chevelure…

à celle de la particule initiale. C'était la première indication que l'on pouvait extraire de l'énergie d'un trou noir en rotation.

Le processus de Penrose a été immédiatement étudié en détail à Princeton par le physicien grec Demetrios Christodoulou (18 ans à l'époque !) et son mentor Remo Ruffini. En 1970, ils démontrèrent que l'on pouvait extraire une partie de la masse-énergie d'un trou noir de Kerr, mais pas tout. Il reste toujours une « masse irréductible » qui, elle, ne peut qu'augmenter au cours du temps. La même année, Hawking généralisa leur résultat en démontrant que l'aire de l'horizon d'un trou noir (égale dans ce cas au carré de la masse irréductible) ne peut qu'augmenter au cours du temps : même en cas de fusion de deux trous noirs en un seul, l'aire finale est supérieure ou égale à la somme des aires des deux trous noirs parents.

Or, en thermodynamique, il existe également une grandeur qui ne peut qu'augmenter : l'entropie. Ce concept, découvert à la fin du XIXe siècle dans l'étude des gaz, mesure le degré de désordre régnant dans un système – ou, ce qui revient au même, la quantité d'information qui y est cachée. Or la deuxième loi de la thermodynamique stipule que le désordre d'un système isolé ne peut qu'augmenter au cours du temps. Dès lors, le parallèle entre l'aire d'un trou noir et son entropie semblait aller de soi. Mais le chemin pour le prouver restait semé d'embûches. Le physicien israélo-mexicain Jacob Bekenstein fut le premier à s'y engager en 1972, sous l'impulsion de son mentor John Wheeler. Il était étudiant en thèse à Princeton, et Wheeler lui avait demandé de réfléchir au problème suivant : si je verse une tasse de thé bouillant dans un trou noir, que devient l'entropie de l'eau chaude ? C'est ce type de questionnement à première vue fantaisiste qui permet parfois d'accomplir un bond en avant en physique fondamentale ! Reprenant les travaux de Christodoulou, Ruffini et Hawking, Bekenstein affirma que l'aire d'un trou noir était effectivement une mesure de son entropie. Pour cela, il suivit deux lignes de calcul différentes. D'une part, il confirma le calcul de Hawking selon lequel, lorsque le trou noir absorbe une particule, son aire augmente d'une certaine quantité, mais il insista sur le fait négligé par Hawking qu'en même temps de l'information était perdue derrière l'horizon des événements – en l'occurrence les « bits » d'information qui disent en quelque sorte si la particule existe encore ou non. C'était cohérent avec le fait que l'entropie est une mesure de l'information cachée dans le système.

Bekenstein considéra d'autre part une petite boîte remplie d'un gaz chaud. La température étant due au mouvement des molécules de gaz, si elle est très haute, le mouvement des molécules est très désordonné et l'entropie du gaz est grande. Si maintenant la boîte tombe dans un trou noir, on peut penser que l'entropie de l'Univers doit diminuer, puisque le gaz de la boîte ne peut être récupéré. Or la deuxième loi de la thermodynamique appliquée à l'entropie du système (trou noir + Univers) stipule qu'elle ne peut pas diminuer. Il faut donc que le trou noir ait lui-même une entropie, laquelle augmente quand le gaz y tombe. Mais, si le trou noir a une vraie entropie thermodynamique, il a aussi une température. Et, si le trou noir est d'une certaine façon « chaud », il doit produire un rayonnement !

La conclusion de Bekenstein était violemment iconoclaste car elle entrait en conflit avec la définition même des trous noirs… Cette année-là, au mois d'août, tous les protagonistes de l'affaire se retrouvèrent en France, à la fameuse école d'été des Houches dirigée par Cécile DeWitt. Bekenstein n'était présent qu'en tant que simple étudiant, et n'eut pas droit à la parole. Les orateurs étaient Carter, Hawking, Ruffini et quelques autres pointures. Lors d'un des exposés, Hawking, Carter et James Bardeen[9] montrèrent que la physique des trous noirs présentait en effet une série d'analogies avec la thermodynamique classique. L'une d'entre elles était que la pesanteur régnant à l'horizon des événements d'un trou noir, dite gravité de surface, semble jouer le rôle d'une température. Mais,

9. Physicien et cosmologiste d'origine américaine, fils du double prix Nobel de physique John Bardeen.

pour eux, il ne s'agissait que d'analogies. Ils étaient convaincus que, sur le fond, Bekenstein avait tort.

L'année d'après, les deux interprétations rivales furent publiées, par Bekenstein en avril 1973 sous le titre « Black holes and entropy », et par Bardeen, Carter et Hawking en juin sous le titre « The four laws of black hole mechanics ». Pourquoi quatre ? Parce que, outre la 2e loi de la thermodynamique concernant la croissance de l'entropie, il y en a trois autres. La loi n° 0 établit que toutes les parties d'un système en équilibre thermique ont la même température. La loi n° 1 établit que la chaleur est une forme d'énergie, et décrit comment s'échangent les différentes formes d'énergie dans un système qui évolue. La loi n° 3 établit l'inaccessibilité du zéro absolu (–273,1 °C). C'est toutefois la loi n° 2 qui est en quelque sorte le symbole de la thermodynamique, car c'est celle dont la portée est la plus universelle : elle établit que les systèmes deviennent de plus en plus désordonnés au cours de leur évolution.

Concernant la thermodynamique propre aux trous noirs, l'analogue de la loi n° 0 dit que tous les points de l'horizon des événements d'un trou noir à l'équilibre ont la même gravité de surface. Propriété *a priori* surprenante quand on songe que l'horizon des événements des trous noirs en rotation est aplati aux pôles par les forces centrifuges. Or, pour les astres ordinaires en rotation, comme la Terre, on sait que la pesanteur est plus forte aux pôles qu'à l'équateur. Au contraire, sur l'horizon des événements d'un trou noir, si aplati soit-il, il n'y a aucune variation de la pesanteur. La loi n° 1 dicte comment, dans toute transformation d'un trou noir, sa masse, sa vitesse de rotation et son moment angulaire varient en fonction de son aire et de sa gravité de surface. La loi n° 3 dit qu'il est impossible d'annuler la gravité de surface d'un trou noir en un nombre fini de transformations (en l'occurrence accélérer son moment angulaire jusqu'à une valeur extrémale impossible à atteindre).

À ce stade de cette histoire quelque peu embrouillée, il faut préciser qu'à cette époque, en Union soviétique, les physiciens russes avaient commencé à produire des résultats nouveaux en introduisant la mécanique quantique dans l'étude des trous noirs. Zel'dovich, encore lui, avait eu l'idée nouvelle que les trous noirs en rotation devaient rayonner des particules quantiques, et il l'avait démontré avec son étudiant Alexei Starobinski. En 1973, Hawking se rendit à Moscou et discuta du sujet avec Zel'dovich. C'est là qu'il comprit l'intérêt d'étudier les trous noirs d'un point de vue quantique. Il se dit alors en substance qu'en appliquant les méthodes de Zel'dovich sur un trou noir de Schwarzschild qui ne tourne pas, comme il croit que ce dernier ne rayonnera pas, il démontrera que les idées de Bekenstein sont fausses.

C'est en trouvant le contraire et contre son gré qu'en 1974 Hawking a fait sa plus grande découverte, celle qui restera comme un résultat essentiel de la physique théorique : l'évaporation quantique des trous noirs, qui rayonnent comme des corps incandescents dont la température est bel et bien donnée par leur gravité de surface !

L'évaporation quantique des trous noirs

> « Qu'advient-il du trou lorsque le fromage a disparu ? »
>
> Bertolt Brecht.

Dans la conception classique du trou noir, rien ne peut sortir de l'horizon. En mécanique quantique, au contraire, en raison du principe d'incertitude, une particule a toujours une probabilité non nulle de franchir une barrière de potentiel par effet tunnel. Appliqué à la théorie des trous noirs microscopiques, le principe d'incertitude crée des sortes de « tunnels quantiques » à travers l'horizon gravitationnellement infranchissable, permettant à des particules de s'en échapper et au trou noir de s'évaporer. Cette évaporation quantique du trou noir se manifeste effectivement sous la forme d'un rayonnement caractéristique dit « de corps noir », dont la température est proportionnelle à la gravité régnant à la surface du trou noir. Bekenstein (disparu dans l'indifférence générale en août 2015) avait parfaitement raison !

En physique, le concept de « corps noir » n'a *a priori* aucun rapport avec celui de trou noir ; il désigne très généralement une sorte de radiateur idéal en parfait équilibre thermique, caractérisé par une certaine température. Il émet sur toutes les longueurs d'onde, avec un spectre qui ne dépend que de sa température, et non pas de sa nature détaillée. Un four parfaitement opaque chauffé à une température donnée, dans la paroi duquel on perce un petit trou pour observer le rayonnement, donne une idée approximative de corps noir[10]. La surface d'une étoile en équilibre rayonne également comme un corps noir presque idéal – bien que dans le cas de notre Soleil elle nous apparaisse jaune, ce qui correspond à une température de 5 500 °C ! Les calculs de Hawking suggéraient donc que l'on pouvait attribuer au trou noir une température, fixée par l'accélération de la pesanteur régnant à sa surface.

L'évaporation quantique est totalement négligeable pour les trous noirs astrophysiques de masse stellaire ou galactique, lesquels s'accroissent au cours du temps, mais Hawking a montré qu'elle deviendrait dominante pour les « minitrous noirs » primordiaux de la taille d'un proton et moins massifs qu'un milliard de tonnes, leur temps d'évaporation devenant plus court que l'âge de l'Univers (14 milliards d'années). On l'a vu plus haut, de tels objets auraient pu se former au cours du Big Bang, lorsque la densité d'énergie ambiante était si élevée que la moindre fluctuation aurait pu se condenser en trou noir microscopique.

---

10. Le rayonnement de corps noir est par ailleurs l'une des sources historiques de la mécanique quantique. C'est en étudiant ses propriétés que Max Planck, en 1899, a été conduit à émettre l'hypothèse des quanta d'énergie.

Cette découverte théorique du rayonnement quantique des trous noirs – appelé depuis « rayonnement de Hawking » – a permis de comprendre que les trous noirs, outre leur intérêt astrophysique, jouent le rôle d'une pierre de Rosette dans le déchiffrage des liens énigmatiques entre gravité, quanta et thermodynamique. Elle a notamment ouvert la porte au fameux « paradoxe de l'information » que j'aborderai plus loin, et qui fait plus que jamais débat aujourd'hui dans la communauté spécialisée. C'est à ce titre qu'elle restera la contribution la plus importante de Hawking à la physique théorique moderne, et lui vaudra d'être nommé en 1980 professeur à l'Université de Cambridge, à la prestigieuse chaire lucasienne qui avait été auparavant celle d'Isaac Newton et de Paul Dirac. À cette occasion, et avec l'humour qui le caractérisait, Stephen Hawking, jouant sur le double sens du mot *chair* en anglais (chaire et chaise), a ri de son propre handicap en déclarant à propos de son illustre prédécesseur : « Je ne pense pas que la chaise de Newton fonctionnait électroniquement à cette époque. »

Si la découverte du « rayonnement de Hawking » est si importante, pourquoi son auteur n'a-t-il jamais obtenu le prix Nobel de physique ? C'est ce que se sont longtemps demandé nombre d'admirateurs du physicien britannique, ignorant la façon dont fonctionne le comité suédois d'attribution. Stephen a toujours travaillé aux frontières les plus spéculatives de la physique théorique, généralement hors de portée des vérifications expérimentales liées aux technologies d'aujourd'hui. Aux côtés de quelques autres esprits brillants de la discipline comme Roger Penrose, Edward Witten ou Andrei Linde, voilà qui le marginalise du courant principal des physiciens « pragmatiques » qui estiment qu'une théorie, si belle soit-elle, n'a de vraie valeur que si elle supporte la confrontation avec l'observation. Et ceux-là seuls sont éligibles pour le prix Nobel de physique… Hawking n'avait par conséquent aucune chance d'en être lauréat.

L'évaporation quantique des microtrous noirs reste une hypothèse théorique non démontrée expérimentalement[11]. Certes, Stephen a émis au moins une fois une prédiction théorique qui aurait pu être testée de son vivant par l'observation astronomique : l'évaporation des minitrous primordiaux, qui devrait se traduire par des bouffées caractéristiques de rayonnement gamma parfaitement détectables par les instruments actuels. Mais aucun indice n'a pu confirmer l'hypothèse : ou bien les minitrous noirs primordiaux n'existent pas ou bien, s'ils existent, soit ils ne s'évaporent pas, soit ils sont extrêmement rares…

Inflation

À partir des années 1980, Hawking a commencé à s'enthousiasmer pour un certain nombre de théories dont il n'était nullement l'initiateur – inflation cosmologique, supersymétrie, supergravité, théorie des cordes hétérotiques –, et dont le moins qu'on puisse dire est qu'elles n'ont pas tenu leurs promesses, ni même la route. Ces théories étaient au demeurant toutes issues de la physique des très hautes énergies, qui n'était pas la spécialité de départ de Stephen.

Je consacrerai plus loin un chapitre à la théorie de l'inflation en adoptant un point de vue très critique, bien que celle-ci fasse partie intégrante du « modèle standard de la cosmologie » actuel et recueille donc l'assentiment de la majorité de mes collègues. Elle a vu le jour à la toute fin des années 1970, avec l'étude des brisures de symétrie du vide quantique appliquée à l'Univers naissant. En bref, un champ de forces totalement inconnu (et aujourd'hui disparu, ce qui rend les choses encore plus difficiles à prouver) aurait propulsé le très jeune Univers dans une phase d'expansion

11. Bien que très récemment des physiciens aient prétendu avoir trouvé son équivalent dans des expériences relevant de la turbulence hydrodynamique et des phénomènes analogues à des « trous noirs acoustiques ».

ultrarapide, l'« inflation ». Quand celle-ci se serait achevée, au bout de seulement 10^{-32} seconde, la taille de l'Univers aurait augmenté d'un facteur de plus de 10^{50}, rendant sa courbure spatiale indétectable à l'échelle de l'Univers aujourd'hui observable et renforçant l'idée absurde – car de probabilité nulle – que l'espace serait strictement « plat ». Plus important, les fluctuations microscopiques du vide quantique auraient été amplifiées par l'inflation jusqu'à une taille cosmique, à l'origine des inhomogénéités du gaz chaud dont le rayonnement de fond cosmologique donne aujourd'hui l'image décalée. Ces inhomogénéités ont à leur tour été les germes qui ont donné, en se condensant, les grandes structures de l'Univers actuel, galaxies et amas de galaxies.

Au départ, le modèle était donc séduisant, d'autant qu'il était censé fournir pour la première fois une explication cohérente des tout premiers instants de l'Univers que la théorie classique initiale n'était pas en mesure de décrire[12]. Il était donc normal que Stephen Hawking, à l'instar de la grande majorité de ses collègues, s'engouffre dans la brèche. Grâce à son habileté mathématique et en parallèle avec des chercheurs américains, il montra en 1982 comment on pouvait calculer l'amplitude des fluctuations du vide quantique au sortir de la phase d'inflation, de façon à comparer les modèles aux observations lorsque les mesures du rayonnement de fond cosmologique deviendraient suffisamment précises pour dévoiler ces fluctuations[13]. Les résultats de Hawking eurent une grande répercussion chez les partisans du modèle inflatoire, même si l'on sait aujourd'hui que les mêmes calculs avaient été effectués quelques années auparavant en Union soviétique par Gennady Chibisov et Viatcheslav Mukhanov[14].

---

12. Nous verrons au chapitre 6 que tous les problèmes cosmologiques que l'inflation prétend résoudre soit n'en sont pas vraiment, soit peuvent être expliqués d'une autre manière…

13. Ce qui ne fut possible que trente ans plus tard, grâce aux télescopes micro-ondes *WMAP* et *Planck Surveyor*.

14. Je tiens à rendre justice à ces nombreux physiciens russes, pour la plupart oubliés des non-spécialistes, qui ont pourtant été précurseurs d'idées et de calculs

Le Big Bang quantique

De même qu'avec la théorie des trous noirs les liens entre la relativité générale et la physique quantique sont mis à l'épreuve en cosmologie, cette très ambitieuse science de l'univers considéré comme un tout. L'expansion observée de l'espace indique que, dans un passé lointain mais fini d'environ 14 milliards d'années, l'Univers a dû être petit, dense et très chaud. Cela pose donc la question d'un « début du temps », ou tout au moins d'un début de l'expansion cosmique : le fameux Big Bang, toujours si mal compris d'une partie du public qui y voit un équivalent scientifique au mythique « Fiat lux » de la Genèse, mais qui pour les physiciens pose plus pragmatiquement le problème des « conditions initiales ».

Comme on l'a vu, les premiers travaux cosmologiques de Hawking, publiés entre 1966 et 1970, avaient consisté à démontrer (avec son mentor Roger Penrose) que, moyennant certaines hypothèses assez plausibles, l'existence d'un « début du temps », à savoir un état initial de densité infinie dans le passé de l'Univers, découlait inéluctablement de la théorie de la relativité générale classique. Ils avaient remarqué que la géométrie d'un Univers en expansion à partir d'un point singulier initial est très similaire à celle qui décrit l'intérieur d'une étoile en effondrement gravitationnel pour former un trou noir, à condition d'inverser le sens du temps dans les équations.

La démonstration de l'occurrence inévitable des singularités en relativité générale n'implique toutefois pas qu'elles existent bel et bien dans l'Univers réel. Les singularités traduisent des limites absolues à la description de l'Univers, puisque les lois de la physique

---

repris ultérieurement par les chercheurs anglo-saxons, lesquels en ont retiré tout le bénéfice. Il est vrai que c'était en pleine guerre froide et que la plupart des résultats scientifiques produits en Union soviétique étaient publiés dans des revues en langue russe.

n'y sont plus valables. À son début supposé, le cosmos était plus petit qu'un atome et devait être gouverné par les lois de la physique quantique, de sorte que la théorie de la relativité classique devient invalide dans des conditions aussi extrêmes que l'instant zéro de l'Univers, aussi bien qu'au centre des trous noirs.

Les travaux ultérieurs des physiciens théoriciens ont donc consisté à incorporer la mécanique quantique dans les modèles d'univers relativistes de façon à éliminer les singularités et, par là même, à redéfinir les conditions initiales de l'Univers. La physique consiste essentiellement à découvrir les lois dynamiques qui gouvernent l'évolution d'un système – par exemple l'Univers – à partir d'un état initial. Si l'on connaît son état à un instant t_0, on doit pouvoir calculer son état à un autre instant t. Or le choix des conditions de démarrage du Big Bang, censées déterminer l'évolution ultérieure de l'Univers *via* une solution précise des équations d'Einstein, ne peut pas être fixé si l'espace-temps débute par une singularité. On s'est donc demandé s'il ne fallait pas ajouter, à côté des lois de la physique habituelle, une hypothèse non déductible des lois dynamiques, qui stipulerait quel doit être l'état quantique initial de l'Univers.

Plusieurs dizaines de théoriciens avaient déjà travaillé sur cette question, relevant d'un nouveau domaine baptisé « cosmologie quantique ». Les équations de base avaient été mises au point dès les années 1960 par John Wheeler et Bryce DeWitt. Désireux d'apporter sa contribution, Hawking commença donc à étudier la théorie et les techniques associées issues de la théorie quantique des champs (qui combine mécanique quantique et relativité restreinte) : les intégrales de chemin, inventées par Richard Feynman dans sa thèse de 1942 dirigée par John Wheeler, et qui lui avaient valu le prix Nobel de physique en 1965.

Puisque la formation d'un trou noir est l'analogue temporellement inversé de la naissance de l'Univers, les phénomènes associés à la physique des trous noirs (entropie, ondes gravitationnelles, création de matière et d'antimatière, etc.) peuvent être appliqués pour comprendre la physique du Big Bang. Or, avec ses calculs de 1974 sur l'évaporation quantique des microtrous noirs, Hawking était devenu expert. En 1983, il fut en mesure de proposer, en collaboration avec Jim Hartle de l'Université de Santa Barbara, une solution possible de la cosmologie quantique. Dans ce modèle dit *No boundary* (pas de frontière), l'espace et le temps ne sont pas infinis mais n'ont ni frontière ni bord – de même que la surface d'une sphère mais avec deux dimensions supplémentaires. Une image simple est la suivante : tout comme il est possible de voyager tout autour de la Terre sans jamais rencontrer de bord, le Big Bang ne serait pas plus le début de l'espace-temps que le pôle Nord représenterait le début de la surface de la Terre.

Comme la technique des intégrales de chemin ne peut être utilisée dans le cas le plus général des équations de Wheeler-DeWitt, Hartle et Hawking sélectionnèrent une solution très particulière en introduisant un « temps imaginaire » (au sens des nombres imaginaires en mathématiques, où $i^2 = -1$). Le procédé supprime la singularité en faisant émerger l'espace-temps classique d'un monde quantique, où la distinction entre temps et espace disparaît ainsi que, finalement, la notion d'espace-temps lui-même.

Le résultat n'est guère probant car les calculs ne sont pas bien définis, mais, même si au niveau technique le modèle *No boundary* ultrasimplifié n'est plus d'actualité, la question fondamentale que ses auteurs ont posée demeure. En ce sens, Hawking et Hartle ont rendu crédible la discipline de la cosmologie quantique, qui a pu ultérieurement se développer selon d'autres voies.

À noter que, tout en reconnaissant toujours le caractère spéculatif de sa théorie, Hawking ne manquait jamais une occasion d'en parler lors d'une intervention publique, tant il croyait fermement à son idée, qu'il considéra jusqu'à la fin comme la plus importante de sa vie…

Trous de ver et conjecture de protection chronologique

Je mentionne brièvement ici un tout autre sujet abordé par Hawking au début des années 1990, car je le développerai dans un chapitre spécial (le septième) un peu plus complexe.

Dès la fin des années 1960, grâce notamment aux travaux de Brandon Carter, on avait pu calculer que l'intérieur d'un trou noir de Kerr (en rotation, donc) n'est pas infiniment étranglé par une singularité ponctuelle, comme c'est le cas pour le trou noir statique de Schwarzschild, mais abrite une singularité en forme d'anneau couché dans son plan équatorial. Du coup, il existe (théoriquement du moins) des trajectoires au sein du trou noir qui peuvent éviter le « crash », soit en survolant l'anneau singulier et en ressortant de l'horizon des événements, soit en passant carrément au milieu en évitant le bord, pour déboucher sur un univers infini mais interne au trou noir.

L'idée que le fond des trous noirs en rotation n'est pas bouché mais ouvre des passages vers d'autres régions de l'Univers a engendré la notion fascinante de « trou de ver » – *wormhole* en anglais, là encore un terme forgé par l'imaginatif John Wheeler. Cette distorsion extrême de l'espace-temps pourrait connecter des régions très lointaines de notre Univers, voire, selon d'autres théories, d'autres univers. L'hypothèse des trous de ver « traversables » a vite fasciné les physiciens et, davantage encore, les écrivains de science-fiction, dans la mesure où, selon certains calculs, les trous de ver feraient office de « raccourcis » permettant de voyager d'un bout à l'autre de l'Univers en s'affranchissant des distances normalement impossibles à parcourir en raison de la limitation de vitesse imposée par la lumière. Ce qui permettrait à une civilisation suffisamment avancée pour maîtriser le passage à travers de telles « portes » de voyager vers les autres étoiles, voire les autres galaxies.

Cependant, même si ce type d'objet pouvait se former dans la nature, il serait extrêmement instable et se boucherait à la moindre perturbation, ne serait-ce qu'une particule élémentaire le pénétrant, *a fortiori* un vaisseau spatial. Mais, comme les théoriciens ne sont jamais à court d'idées, ils ont imaginé que l'on pourrait artificiellement stabiliser un trou de ver en y injectant une forme d'énergie répulsive, afin de le traverser sans encombre… En 1988, Kip Thorne[15] et ses collaborateurs firent les calculs, et montrèrent que non seulement il était théoriquement possible d'ouvrir un passage entre deux points de l'espace et de le traverser sans encombre pour voyager de façon quasi instantanée entre les étoiles, mais qu'on devait aussi pouvoir voyager dans le temps. Or cela viole une loi sacro-sainte de la physique, celle de la causalité, en vertu de laquelle la cause doit toujours précéder son effet.

Un voyage dans le passé aboutit à des paradoxes temporels dont la science-fiction a fait son miel. C'est pour contrer cette éventualité embarrassante que Hawking a émis en 1992 une conjecture dite de « protection chronologique », selon laquelle il existerait un mécanisme physique capable d'empêcher des trous de ver traversables de se former dans toutes les circonstances concevables, qu'elles soient naturelles ou artificielles. Et, pour asseoir ses dires, il a fait humoristiquement remarquer que la meilleure preuve de la non-existence des trous de ver est que nous n'étions pas envahis par des hordes de touristes venus du futur !

Autres travaux

À mon humble avis, l'extraordinaire créativité scientifique de Stephen Hawking a sensiblement baissé au début des années 1990, qui coïncident d'ailleurs avec la publication de son premier

15. Futur prix Nobel de physique (2017) pour ses travaux sur les ondes gravitationnelles.

best-seller *Une brève histoire du temps*, et sa subite transformation en icône médiatique. Depuis lors, il me semble ne plus avoir apporté de contribution majeure à la physique théorique (ses dernières propositions de résolution du paradoxe de l'information ne sont pas convaincantes), tout en prenant des positions, souvent péremptoires mais très écoutées de la communauté, sur certains développements apportés par ses pairs.

Dans l'un de ses ouvrages de vulgarisation publié en 1993, intitulé *Trous noirs et bébés univers*, il soutient par exemple que son hypothèse du « temps imaginaire » représente « un bond intellectuel du même ordre que de croire à la rondeur de la Terre », qu'elle « a des implications profondes quant au rôle de Dieu dans les affaires de l'Univers », et que « tous ceux qui sont dubitatifs ne l'ont techniquement pas comprise ». Il harangue aussi les historiens des sciences et autres épistémologues – selon lui, des physiciens ratés – qui se permettent de critiquer sa vision métaphysique de la création !

Au milieu des années 1990, il s'est enthousiasmé pour la « théorie M », une extension complètement hypothétique de la théorie des cordes proposée par le physicien de Princeton Edward Witten[16], censée être une « Théorie du Tout ». Y croyant ferme, Hawking prédit alors que la physique était pratiquement arrivée à son terme, déclarant que dans quelques décennies l'homme « connaîtrait la pensée de Dieu ». Avait-il oublié qu'en 1900 le grand savant anglais Lord Kelvin avait dit à peu près la même chose[17], sans se douter que, quelques années plus tard, la relativité et la mécanique quantique allaient bouleverser toute la physique classique connue de lui ? Certainement pas, car Hawking avait une bonne culture historique.

16. Au demeurant brillant mathématicien, médaille Fields en 1990.
17. C'est lors d'une conférence devant la Royal Institution de Londres que Lord Kelvin déclara que la physique était quasiment comprise : « La connaissance en physique est semblable à un grand ciel bleu, à l'horizon duquel subsistent seulement deux petits nuages d'incompréhension. » Ces deux problèmes non résolus étaient l'expérience de Michelson-Morley, incompatible avec la théorie de l'éther, et celui du rayonnement du corps noir. Cela dit et contrairement à une fausse légende, Kelvin appelait de ses vœux une nouvelle physique pour résoudre les deux nuages.

Je suppute plutôt que la pression médiatique sans cesse croissante le poussait à faire des déclarations de plus en plus fracassantes, au risque de se contredire à maintes reprises. C'est ainsi qu'à propos de son hypothèse du temps imaginaire il avait précédemment déclaré que c'était la seule manière d'entrevoir le commencement de l'Univers d'une manière totalement déterminée par les seules lois de la science sans faire appel à l'idée d'un dieu créateur. On ne voit donc plus comment une « Théorie du Tout » permettrait de connaître la pensée d'un dieu dont l'existence aurait été éliminée par la cosmologie quantique ! Et à propos de cette Théorie du Tout – dont l'échec est devenu patent au début du XXIe siècle, Hawking a fini par admettre dans un ouvrage publié en 2010 qu'il doutait désormais de son existence : « Il se pourrait que les attentes classiques du physicien d'une théorie unifiée de la nature soient intenables, et qu'il n'existe aucune explication unique. » Là encore, il n'était pas le premier à remettre en cause ce qui constitue aujourd'hui le courant principal des recherches en gravitation quantique, et c'est tout à son honneur d'avoir été capable de changer d'avis : après tout, seuls les esprits obtus (parmi lesquels certains physiciens réputés) ne changent jamais d'avis !

Un autre sujet important sur lequel Hawking a tenu des propos contradictoires est le « paradoxe de l'information » posé par les trous noirs, qui voit s'opposer les règles de la relativité générale et celles de la physique quantique. Là encore, j'y consacre plus loin un chapitre plus développé (chapitre 10). Je rappelle donc seulement ici que la question consiste à savoir ce que devient l'information avalée par un trou noir. Les travaux passés de Hawking sur l'évaporation quantique des trous noirs impliquaient qu'une partie de l'information tombée dans un trou noir était irrémédiablement perdue. Or cela contredit fermement l'un des postulats de la physique quantique appelé « unitarité », en vertu duquel il ne peut y avoir ni création ni destruction d'information. Hawking s'est donc penché comme beaucoup d'autres sur cette épineuse question. Pendant des années, il a affirmé qu'il fallait changer la mécanique quantique. Puis, l'accumulation des travaux de ses pairs – notamment du Néerlandais Gerard 't Hooft et de l'Argentin Juan Maldacena – suggérant bel et bien que l'information quantique devait être conservée, l'a conduit en 2004 à changer son fusil d'épaule. Il a même annoncé avoir résolu le paradoxe en août 2015, lors d'un très médiatique exposé donné à Stockholm, proposant que l'information avalée par le trou noir était d'abord stockée sous forme d'hologramme sur la surface de ce dernier, puis qu'elle serait libérée progressivement et entièrement restituée lors de l'évaporation du trou noir. Malgré une ultime publication scientifique qui a une fois de plus fait couler beaucoup d'encre inutile, cette hypothèse – avancée auparavant par d'autres chercheurs moins médiatisés – n'a pas convaincu la communauté scientifique, et le paradoxe de l'information n'est toujours pas levé. À son crédit, cette situation est caractéristique de tout problème vraiment profond : il survit longtemps après qu'on l'a posé. Ce fut donc un mérite de Stephen d'avoir montré qu'il y avait un problème là où presque tout le monde pensait au départ qu'il n'y en avait pas.

Consacré nouvel oracle de l'humanité censé répondre intelligemment à n'importe quelle question posée même en dehors de son champ d'expertise, Stephen Hawking n'a pas hésité à donner des avis tranchés sur l'avenir de l'humanité, les dangers représentés par les robots et l'intelligence artificielle, ou encore la nécessité d'émigrer sur la planète Mars. En 2011, à la question bateau « Y a-t-il un grand architecte dans l'Univers ? », il a répondu, comme je l'ai dit plus haut, que la théorie M permettait de se passer de Dieu. La même année, il s'en est pris aux philosophes qui ne comprenaient pas la physique et en a conclu que la philosophie était morte. En 2014, il a prédit que l'intelligence artificielle mettrait fin à la race humaine, en 2015 il a soutenu le programme de recherches extraterrestres lancé par le milliardaire russe Yuri Milner, et en 2016 il a prédit que l'espèce humaine ne survivrait pas plus de mille ans sur Terre, de sorte qu'il fallait dès à présent s'engager et investir dans les ambitieux projets de voyage interstellaire.

Plus intéressant peut-être, car davantage lié à son domaine d'expertise, Hawking s'est engagé tout au long de sa carrière dans des « paris scientifiques » avec ses pairs, et il est assez amusant de constater qu'il les a quasiment tous perdus ! Ainsi, en 1971, il a parié contre Kip Thorne que la source X binaire Cygnus X1, récemment découverte par le télescope en orbite *Uhuru*, n'abritait pas un trou noir. Depuis, les nombreux indices observationnels accumulés semblent bien lui avoir donné tort. En 1979, il a parié que la « théorie de supergravité N = 8 » était la « Théorie du Tout » marquant la fin de la physique. J'ai dit plus haut qu'il s'était de lui-même désavoué. En 1991 il a parié, à nouveau contre Kip Thorne, que la conjecture de « censure cosmique » proposée par Penrose – selon laquelle les singularités au centre des trous noirs ne pouvaient être nues, étant nécessairement cachées derrière des horizons des événements – était correcte. Des contre-exemples de la conjecture ont depuis été prouvés. En 1997, il a parié, cette fois aux côtés de Kip Thorne mais contre le spécialiste de la théorie des cordes John Preskill, que l'information était irrémédiablement perdue dans un trou noir. Là encore, comme dit plus haut, il a reconnu son erreur (mais non Kip Thorne !) et offert à Preskill l'*Encyclopédie du baseball* promise. En 2008, il a soutenu que le boson de Higgs ne serait pas découvert au CERN, ce qui a assez irrité le physicien écossais Peter Higgs qui, avec les Belges François Englert et Robert Brout, en avait prédit l'existence. Comme chacun sait, le boson en question a bel et bien été découvert au LHC, le grand collisionneur du CERN, en 2012.

Au-delà de ces anecdotes, il était réjouissant de voir combien Stephen Hawking s'acquittait de ses « obligations médiatiques » avec humour, voire une certaine ironie envers lui-même. Il n'hésitait pas à reconnaître que son succès public était en grande partie dû à l'exploitation de son image digne d'un roman de Philip K. Dick : celle d'un savant cloué sur sa chaise, être étrange, presque extraterrestre, ne pouvant remuer qu'un doigt ou la joue pour faire défiler sur un écran d'ordinateur des mots impossibles à prononcer, mais capable, par la seule force de son mental, de statuer sur l'origine et le destin du monde.

Temps, éternité, naissance, mort, sont des termes prégnants qui dépassent le cadre de la stricte rationalité. Dans son humanité souffrante, Hawking était mieux placé que quiconque pour juger de la précarité de la condition humaine face à l'écrasante immensité du cosmos. La prodigieuse force intellectuelle qui l'a toujours animé illustre puissamment qu'il y a dans la connaissance le signe d'une « revendication » de l'être humain face au cosmos. Au-delà de ses faiblesses, c'est ce qui en fait toute la grandeur et, selon moi, ce qu'il y a d'essentiel à retenir de la vie et de l'œuvre de Stephen Hawking.

CHAPITRE 3

Les modèles standards des particules et de la cosmologie

« Le modèle qui réussit le mieux à s'exécuter en petit souvent ne peut s'exécuter en grand. »

Georges Louis LECLERC DE BUFFON.

Un rêve d'unification

La physique a toujours eu pour ambition d'expliquer la diversité du réel par une unité sous-jacente. Une seule loi explique la chute des pommes et le mouvement de la Lune, une autre explique en même temps l'électricité et le magnétisme. À force de regrouper ainsi des phénomènes variés dans des descriptions uniques, les physiciens sont parvenus à décrire tous les phénomènes naturels connus à l'aide de seulement quatre forces, les « interactions fondamentales ».

La gravitation explique la pesanteur, la chute des corps, mais aussi les marées, les trajectoires de la Lune, des planètes, des étoiles et des galaxies, jusqu'à l'expansion de l'Univers. Elle est décrite avec une remarquable efficacité par la théorie de la relativité générale d'Einstein.

L'interaction électromagnétique regroupe tous les phénomènes électriques, magnétiques et lumineux, les réactions chimiques ou la biologie – en fait, la quasi-totalité des phénomènes de la vie courante en dehors de la pesanteur. Elle est classiquement décrite par la théorie électromagnétique de Maxwell. Après la résolution de nombreux problèmes techniques, une théorie plus complète, à la fois relativiste et quantique, a vu le jour et porte le nom d'électrodynamique quantique.

L'interaction nucléaire forte assure la cohésion des noyaux atomiques, donc l'existence même de la matière que nous connaissons et qui nous constitue. Elle est décrite par la théorie de la chromodynamique quantique.

L'interaction nucléaire faible provoque la désintégration radioactive des particules subatomiques et permet la fusion thermonucléaire au sein des étoiles. Elle est décrite par la théorie électrofaible.

Ces deux dernières interactions n'ont été mises en évidence qu'au milieu du XXe siècle, quand la structure des noyaux atomiques a commencé à être comprise. Elles sont qualifiées de « nucléaires » car elles ne s'exercent qu'à l'échelle des noyaux atomiques ; elles sont donc à très courte portée. En revanche, l'interaction gravitationnelle (dont l'influence est infime à l'échelle microscopique) et l'interaction électromagnétique sont de portée infinie, leur intensité diminuant avec le carré de la distance.

Quatre interactions pour expliquer tous les phénomènes physiques, c'est peu. Mais c'est encore trop pour les théoriciens en quête d'unité. Ils aimeraient réduire ce chiffre. Se pourrait-il que les quatre interactions fondamentales soient des aspects ou des niveaux différents d'une même réalité qu'on pourrait caractériser à un niveau plus profond – c'est-à-dire exprimer par une seule interaction décrite par une théorie « unitaire », dite encore Théorie du Tout ?

En attendant, cet objectif peut-être inaccessible, des unifications partielles ont été obtenues dans le cadre d'un modèle des particules dit « standard ». On utilise généralement l'expression « modèle standard » pour désigner un modèle scientifique suffisamment cohérent et stable pour faire l'objet d'un consensus chez les spécialistes du domaine. L'adjectif « cohérent » va de soi, dans la mesure où un modèle scientifique consensuel ne peut contenir des incohérences, qu'elles soient d'ordre théorique (les mathématiques sous-jacentes ne doivent pas être inconsistantes, et les lois de base de la physique connue, comme la causalité ou la conservation de l'énergie, ne doivent pas être violées), ou d'ordre expérimental (un modèle contredit de façon indiscutable par des expériences ou des observations ne peut faire office de modèle standard). Le terme « stable » signifie quant à lui que le modèle doit être établi sur des bases suffisamment solides pour que l'on puisse s'appuyer dessus afin d'interpréter l'ensemble des phénomènes relevant du domaine. Étymologiquement, le terme standard vient d'ailleurs de l'ancien bas francique[1] *standhard*, utilisé pour désigner des étalons de mesure tels que monnaie et poids assez stables et fixes pour définir une norme, une valeur moyenne de référence.

Le modèle standard de la physique des particules, qui décrit les particules élémentaires et leurs interactions, et le modèle standard de la cosmologie, qui décrit la structure de l'Univers observable et les grandes étapes de son évolution, répondent parfaitement à ces critères. Cela ne garantit aucunement leur pérennité : comme tout paradigme, ils sont condamnés à changer dans le temps en fonction de l'évolution de nos connaissances. Il est donc sain et légitime de s'interroger sur les « au-delà » de ces modèles standards.

Le modèle standard des particules

C'est la théorie actuelle qui permet d'expliquer tous les phénomènes observables à l'échelle des particules, sans traiter toutefois l'interaction gravitationnelle. À la fois quantique et relativiste,

1. Dialecte parlé en pays flamand.

le modèle standard des particules contient deux interactions distinctes : l'interaction forte décrite par la chromodynamique quantique, et l'interaction électrofaible, qui est une unification de l'interaction faible et de l'électromagnétisme. Ces diverses interactions sont toutes expliquées par l'échange de « bosons de jauge » entre des particules élémentaires appelées fermions.

Le modèle standard inclut en outre le boson de Brout-Englert-Higgs (en abrégé BEH), associé à un nouveau champ de force n'ayant existé que dans l'Univers très primordial, le champ de Higgs, qui est une forme de l'énergie du vide quantique. On lit couramment que c'est le boson BEH qui, dans les tout premiers temps de l'Univers, a permis de donner une masse aux autres particules (à l'exception du photon). En réalité, les particules, initialement toutes sans masse, ont plus ou moins interagi avec le champ de Higgs, et c'est cette interaction qui leur a donné l'inertie que nous confondons avec la masse. En un certain sens, la masse des particules ne vient donc pas d'elles-mêmes, mais d'une sorte de « frottement » avec le vide.

Les particules élémentaires du modèle standard sont au nombre de 25 :

- 12 bosons, qui sont les vecteurs des différentes interactions, soit :
  - le photon, qui transmet l'interaction électromagnétique ;
  - 8 gluons, qui transmettent l'interaction forte ;
  - 3 bosons W^+, W^- et Z^0, qui transmettent l'interaction électrofaible.
- 12 fermions, qui sont les particules de matière soumises aux interactions, séparés en deux catégories :
  - 6 quarks et leurs antiquarks, qui forment toutes les particules composites (comme le proton ou le neutron) ;
  - 6 leptons (dont l'électron et le neutrino) et leurs antileptons.
- 1 boson BEH, qui donne une masse aux fermions élémentaires et aux bosons W et Z^0.

Au-delà du modèle standard

Le modèle standard de la physique des particules, établi dans les années 1990, « marche » merveilleusement bien, mais il ne représente pas la théorie ultime de la physique, la raison principale étant l'absence de la gravitation dans la théorie. Mais, même en s'en tenant aux trois autres interactions fondamentales, le modèle standard est incapable d'expliquer les rapports de masse entre les différentes particules (problème dit de la hiérarchie), et il prédit une masse nulle des neutrinos alors que celle-ci ne l'est pas dans la réalité. Il ne rend pas non plus compte de la constitution de la matière noire non atomique qui semble bel et bien exister dans l'Univers, ni de la nature de l'énergie sombre qui en accélère l'expansion. Enfin, il n'unifie pas vraiment les interactions électromagnétique, faible et forte en une seule interaction que l'on pourrait appeler « électronucléaire ».

À cet égard, suite aux premiers succès de la théorie électrofaible qui avait partiellement unifié l'électromagnétisme et la force nucléaire faible, le chemin vers cette unification plus complète semblait rapidement accessible. Dès les années 1970, Sheldon Glashow et Howard Georgi ont proposé une théorie de Grande Unification (GUT, pour *Grand Unified Theory*) fondée sur un formalisme physico-mathématique commun issu de la théorie quantique des champs de jauge. La prédiction principale de cette nouvelle théorie était la désintégration des protons, donc de la matière ordinaire qui nous constitue (avec une probabilité suffisamment faible pour que nous ayons encore quelques milliards d'années devant nous !). Mais les résultats expérimentaux se sont révélés en désaccord avec ces prédictions : aucune désintégration de proton n'a pu être observée, ce qui assure au proton une durée de vie supérieure à 10^{35} années. La théorie de Grande Unification ne semble donc pas être valide.

Paradoxalement, dans le cadre de la relativité générale, la gravitation n'est pas une force ou une interaction. Dans cette description, qui est purement géométrique, toute forme d'énergie courbe l'espace-temps. Les corps massifs se déplacent dans cet espace-temps sans subir de force gravitationnelle, en suivant des géodésiques équivalentes aux lignes droites d'un espace sans courbure. La relativité générale n'étant pas une théorie des champs quantique, elle ne suppose pas l'existence d'une particule médiatrice de la gravitation. Mais, comme nombre de physiciens sont persuadés que la gravitation est une interaction fondamentale et qu'elle aura un jour sa théorie quantique, ils ont baptisé « graviton » la particule responsable de la gravitation (si elle existe) et imaginé des expériences qui permettraient de la découvrir. Aucune n'y est pour l'instant parvenue.

Pour combler ces nombreuses lacunes, les physiciens ont développé des extensions du modèle standard comme la supersymétrie, la supergravité, les théories avec des dimensions supplémentaires d'espace-temps ou encore les modèles composites. Deux générations de chercheurs ont consacré leur vie à explorer ces diverses possibilités, mais, à ce jour, aucune des nouvelles particules prédites par ces extensions n'a été observée, ni de manière naturelle en provenance du cosmos ni de manière artificielle lors des expériences effectuées au LHC, le plus grand accélérateur de particules du monde.

Le modèle standard de la cosmologie

Le modèle standard de la cosmologie, dit ΛCDM, construit autour de l'idée centrale du Big Bang, a connu de nombreux ajustements au cours des dernières décennies. S'accordant avec succès aux nouvelles contraintes observationnelles, il reste tout de même certaines zones d'ombre que le modèle ne parvient pas à mettre en lumière, et qui sont la source d'intenses débats dans la communauté scientifique. C'est la raison pour laquelle le modèle a des détracteurs. Cependant, aucun d'entre eux n'est aujourd'hui en mesure d'apporter un modèle scientifique alternatif aussi satisfaisant, qui expliquerait l'ensemble des observations réalisées depuis un siècle.

Pour mieux comprendre les limites du modèle standard, voyons comment, de façon générale, se construit un modèle cosmologique.

L'objet physique étudié, l'Univers, a la particularité d'être unique et non reproductible. Contrairement à de nombreux autres phénomènes physiques, cela empêche toute comparaison et toute démarche expérimentale de nature statistique.

Nous sommes en outre des observateurs situés à l'intérieur de l'objet que nous voulons étudier, que ce soit en matière de position spatiale ou bien d'instant d'observation. La vision que nous pouvons avoir de l'Univers est de ce fait très particulière, et limitée à sa portion observable.

Il en résulte au moins deux postulats de base : le premier est que tout modèle cosmologique standard se doit de proposer une solution scientifique permettant de rendre compte de l'ensemble des observations effectuées. Une telle solution peut très bien ne pas être unique, et rien ne permet au demeurant d'en prouver l'éventuelle unicité.

Le second postulat est que les lois de la physique que l'on observe localement – sur Terre, dans les laboratoires et dans notre environnement proche – sont valables en tout autre point de l'Univers et à tout autre instant de son histoire. Cette hypothèse n'est pas triviale et, surtout, elle n'est pas démontrée. Sans même changer les lois, différents paramètres peuvent néanmoins évoluer et changer. Ainsi, de nombreuses expériences ont été menées pour mesurer l'ordre de grandeur d'une éventuelle variation au cours du temps de la constante universelle de la gravitation ou bien de la vitesse de la lumière dans le vide. Plusieurs approches théoriques, comme la théorie des cordes, tiennent compte de possibles variations des constantes fondamentales sur de grandes échelles de temps, mais elles sont fortement contraintes par les observations, lesquelles ne montrent aucune variation mesurable sur l'ensemble de l'évolution cosmique.

Outre ces deux postulats de départ, le modèle standard cosmologique s'est construit autour de quatre hypothèses principales.

La première est la validité de la théorie de la relativité générale, qui donne une explication cohérente aux phénomènes gravitationnels que l'on observe, et dont les prédictions sont en extraordinaire accord avec toutes les mesures effectuées. Toutefois, il existe de nombreuses théories alternatives qui, bien que profondément différentes de la relativité générale, aboutissent aux mêmes prédictions mais diffèrent lorsqu'il s'agit de décrire les tout débuts de l'Univers. Car le problème est bien là : le modèle standard de la cosmologie met en jeu deux théories aux fondements incompatibles, la relativité générale pour la géométrie à « grande échelle » de l'espace-temps, et la physique quantique pour le comportement microscopique de son contenu matériel et énergétique.

C'est un affrontement direct entre une physique du « continu », dans laquelle l'espace-temps est conçu comme une variété lisse, et une physique du « discontinu », où l'espace-temps a une structure que l'on pourrait qualifier de « granulaire », voire indescriptible en dessous de la longueur de Planck (environ 10^{-33} centimètre), qui représenterait en quelque sorte la taille des plus petits grains décrits par nos théories physiques. Le problème devient insurmontable lorsqu'on se rapproche du supposé « instant zéro » de l'Univers, le Big Bang, car aucune des deux théories ne suffit à décrire le comportement de l'Univers dans son voisinage. Leurs domaines respectifs de validité sont tout simplement dépassés, et le physicien a besoin d'autres outils pour comprendre ce qui s'est vraiment passé lors du Big Bang, ou même s'il a existé.

La deuxième hypothèse du modèle standard cosmologique est la description qui est faite de la matière par les lois connues de la physique. Par exemple, les courbes de vitesses de rotation des galaxies, la dynamique des galaxies au sein de leurs amas, ou encore la formation des grandes structures ne sont explicables, *via* la relativité générale, que grâce à l'introduction d'une importante quantité de matière noire non atomique, dont l'action gravitationnelle influence la matière lumineuse. De même, l'expansion accélérée de l'Univers ne peut être comprise, dans le modèle cosmologique standard, qu'en postulant l'existence d'une forme d'énergie répulsive, l'énergie sombre, qui représente actuellement les deux tiers du contenu énergétique total de l'Univers. L'introduction de ces nouveaux ingrédients cosmologiques a évidemment une influence directe sur l'autre modèle standard qui est celui des particules : quelle est la nature de la matière noire et de l'énergie sombre ? Faut-il découvrir de nouvelles particules ? Ces questions soulignent le lien profond qui existe entre la physique de « l'infiniment grand » et celle de « l'infiniment petit ».

La troisième hypothèse invoque certaines propriétés de symétrie de l'espace-temps qui permettent de résoudre les équations d'Einstein de la relativité générale. Elle reflète l'isotropie (c'est-à-dire l'absence de direction privilégiée) observée dans le rayonnement de fond cosmologique ou encore dans la distribution des galaxies aux très grandes échelles. Cette symétrie se traduit par une réduction radicale du nombre de possibilités pour déterminer la métrique de l'Univers. En fait, l'isotropie n'en offre que deux : soit notre Univers est à symétrie sphérique, et nous sommes situés près de son centre, soit il est isotrope en chacun de ses points, ce que l'on traduit par le fait que l'Univers est spatialement homogène en plus d'être isotrope. Cette seconde possibilité constitue ce que l'on appelle le principe cosmologique. À défaut de pouvoir trancher *via* des observations, c'est celle-ci qui est retenue comme postulat du modèle standard, supposant qu'il n'y a aucune raison pour que les observateurs que nous sommes occupent une place privilégiée dans l'Univers. Cela conduit à une solution mathématique exacte des équations d'Einstein, la métrique de Friedmann-Lemaître, du nom de ses premiers découvreurs dans les années 1920. Elle nous dit que, localement, les tranches d'espace sont homogènes et isotropes, et que leur géométrie ne peut être que de trois types différents, à savoir sphérique à courbure positive, euclidienne à courbure nulle ou hyperbolique à courbure négative.

La quatrième hypothèse concerne la structure globale de l'Univers, qui ne peut être déduite de la géométrie localement observée. Par exemple, un cylindre a la même métrique ou la même géométrie locale qu'un plan, mais sa topologie, c'est-à-dire sa forme globale, est très différente. J'ai consacré plus de vingt années de travail à ce passionnant domaine de recherches que j'ai baptisé en 1995 la « topologie cosmique[2] ». Le problème est qu'il est très difficile, voire impossible, de déterminer, grâce à des observations, la forme de l'Univers, surtout lorsque celui-ci a une taille qui dépasse le rayon de sa partie observable.

En conclusion, le modèle standard de la cosmologie permet d'expliquer de façon relativement simple et économique l'ensemble des observations dont nous disposons actuellement sur l'Univers à grande échelle, depuis la dynamique des galaxies jusqu'à la formation des grandes structures en passant par l'expansion de l'espace, l'abondance relative des différents atomes et l'isotropie du rayonnement de fond cosmologique. Aucun modèle n'étant parfait, il souffre néanmoins de certaines zones d'ombre qu'il est souhaitable d'éclaircir : parmi elles, la nature de la matière noire non atomique est un point crucial (chapitre 4), et l'introduction d'une énergie sombre dominant complètement le contenu énergétique de l'Univers en est un autre (chapitre 5). Le modèle souffre également des incertitudes concernant l'éventuel processus d'inflation que l'Univers aurait pu connaître à ses tout débuts, et le lien entre les fluctuations quantiques primordiales et la naissance des premiers objets de taille astronomique (chapitre 6).

Notons d'ailleurs que la désignation même du modèle standard cosmologique, ΛCDM, qui a valu le prix Nobel de physique 2019 à l'un de ses initiateurs James Peebles, en souligne paradoxalement

---

2. Voir mon livre *L'Univers chiffonné*, Gallimard, « Folio », 2005.

les problèmes potentiels. Le terme Λ est le symbole traditionnel de la constante cosmologique, dont on ne sait de façon certaine si elle doit être identifiée à l'énergie sombre qui accélère l'expansion cosmique. Le symbole DM (*Dark Matter*) rappelle que, pour rendre compte des mouvements et de la formation des grandes structures astronomiques, il faut introduire une forme de matière noire de nature inconnue, la lettre C (*Cold*) précisant que celle-ci pourrait être « froide », c'est-à-dire animée de faibles vitesses par rapport à celle de la lumière.

Plus près encore de l'instant même du Big Bang, le problème est celui de la physique dans son ensemble, car il concerne les propriétés de la matière à des échelles de distance et d'énergie qui vont au-delà des domaines de validité des deux principaux piliers théoriques du modèle cosmologique standard, à savoir la relativité générale et la mécanique quantique. Il est alors nécessaire de faire appel à une théorie plus générale qui engloberait ces deux théories, tout comme il y a un siècle la théorie de la gravitation universelle de Newton avait été absorbée par celle d'Einstein.

Beaucoup de physiciens croient qu'il faut impérativement une théorie de la gravitation quantique pour résoudre les questions relatives à la matière noire et à l'énergie sombre, et justifient leurs recherches avec cet argument. Or, comme je l'expliquerai en détail dans les chapitres 4 et 5, la constante cosmologique, déjà présente dans la relativité générale classique, rend parfaitement compte de l'énergie sombre, tandis que la matière noire non atomique peut s'expliquer par les neutrinos dits stériles. Si ces ingrédients cosmologiques font intervenir une physique au-delà du modèle standard des particules, ils ne nécessitent pas forcément de quantifier la gravité. De fait, la seule justification impérieuse d'une théorie de gravitation quantique, outre le fait d'unifier les deux piliers de la physique actuelle, est l'élimination des singularités. Mais, là encore, on peut éventuellement s'en passer avec les cosmologies à rebond (chapitre 6)...

Les unités de Planck

L'échelle des phénomènes physiques connus est contrôlée par trois constantes fondamentales :

– la vitesse de la lumière dans le vide *c* (299 792 458 m/s) fixe l'échelle où les effets relativistes sont prépondérants ;
– la constante de Newton G ($6{,}673.10^{-11}$ $m^3/kg.s^2$) mesure l'intensité des effets gravitationnels ;
– la constante de Planck réduite $\hbar = h/(2\pi)$ ($1{,}054.10^{-34}$ $kg.m^2/s$) caractérise l'échelle des effets quantiques.

Dès 1899, le physicien allemand Max Planck (1858-1947) faisait remarquer que ces constantes pouvaient être combinées de trois manières différentes pour donner des unités fondamentales de longueur, de temps et de masse :

– la longueur de Planck, $L_P = [\hbar G/c^3]^{1/2} = 1{,}61.10^{-35}$ mètre, est une sorte de longueur d'onde minimale, ou « quantum d'espace » ;
– le temps de Planck, $t_P = [\hbar G/c^5]^{1/2} = 5{,}39.10^{-44}$ seconde, est le temps mis par la lumière pour parcourir la longueur de Planck, soit un quantum de temps ;
– la masse de Planck, $M_P = [\hbar c/G]^{1/2} = 2{,}18.10^{-8}$ kilogramme, n'est en revanche pas un quantum de masse. De fait, si elle paraît relativement grande (elle vaut à peu près la masse d'un acarien), elle est bien à l'échelle des deux autres grandeurs ; elle représente en effet la masse d'un trou noir dont le rayon serait la longueur de Planck et le temps d'évaporation quantique, le temps de Planck[3].

La beauté des unités de Planck en général, et de la longueur de Planck en particulier, est qu'en les adoptant comme références peu importent les unités choisies pour effectuer des mesures. Que l'on soit français, chinois, américain ou même martien, chacun se

3. Les trous noirs n'avaient pas encore été théorisés à l'époque.

mettra d'accord sur la même longueur ou le même temps. À propos de ses unités, Planck lui-même écrivait dans son article adressé à l'Académie des sciences prussienne : « Elles garderont nécessairement leur sens pour tous les temps et toutes les civilisations, même les non humaines et les extraterrestres, et on peut donc les désigner comme les unités naturelles. »

Quel sens profond peut-on donner à ces quantités ? Ce sont les grandeurs auxquelles les effets gravitationnels, quantiques et relativistes deviennent simultanément d'intensités comparables. Par exemple, dans les modèles de Big Bang, le temps de Planck est celui durant lequel l'Univers naissant devait être principalement gouverné par les effets quantiques. Cela suggère que la description correcte de l'espace-temps et de la matière dans l'Univers très primordial, et de façon analogue au sein des trous noirs, requiert une théorie combinant la gravitation relativiste et la mécanique quantique. C'est bien l'objet du présent livre.

CHAPITRE 4

L'énigme de la matière noire

> « L'ombre est une insatiable circonspection étoilée. C'est ce diamant noir que l'âme perçoit lorsque l'infini affleure. »
>
> François JACQMIN.

La matière baryonique

On s'est douté de l'existence de la matière noire dès les années 1930, à l'occasion de mesures de vitesses de galaxies regroupées au sein d'amas. Les calculs effectués par l'astronome suisse Fritz Zwicky faisaient ressortir que, si l'on ne retenait que la masse visible des galaxies, celles-ci auraient dû se détacher les unes des autres, compte tenu de leurs vitesses propres élevées. Or elles restent groupées et les amas sont stables – du moins sur de très longues périodes de temps. L'explication la plus plausible est l'existence d'une masse invisible qui les maintient par la gravitation, mais qui manque dans le bilan lumineux. Les mesures ultérieures ont démontré qu'il devait y avoir au moins dix fois plus de matière noire que de matière lumineuse dans les amas de galaxies.

Une seconde preuve indirecte est venue de l'étude des vitesses de rotation des galaxies spirales. Celles-ci sont des systèmes aplatis de gaz et d'étoiles qui tournent sur eux-mêmes, les vitesses de rotation devant normalement être plus élevées près du centre qu'au bord. Or, à la fin des années 1960, l'astronome américaine Vera Rubin a constaté que la vitesse de rotation cessait de décroître à partir d'une certaine distance au centre, puis restait à peu près constante très loin, jusque dans les régions où l'on n'observe quasiment plus d'étoiles. Cela implique la présence de matière noire bien au-delà des limites du disque galactique, peut-être répartie dans un halo étendu, concentrique à celui dans lequel se répartissent les amas globulaires d'étoiles.

Depuis, un grand nombre d'autres observations sont venues consolider l'hypothèse de la matière noire, au point qu'elle est aujourd'hui un ingrédient omniprésent en astronomie et en cosmologie. Sa présence est rendue nécessaire dans les modèles de formation des galaxies, afin de permettre la condensation des premières structures sur une durée aussi courte que celle qui est constatée. L'étude des mirages gravitationnels permet quant à elle de retracer la distribution de matière visible et invisible présente dans les objets – galaxies ou amas de galaxies – faisant office de lentille, et, là encore, au moins dix fois plus de matière noire que de matière lumineuse sont nécessaires pour rendre compte des observations. Enfin, l'explication du spectre des anisotropies du fond diffus cosmologique, c'est-à-dire la distribution des irrégularités de température dans le premier rayonnement émis par l'Univers alors qu'il n'était âgé que de 380 000 ans, exige une part importante de matière noire dans la composition initiale du cosmos.

Les derniers recensements, combinant un ensemble d'observations de natures différentes, nous conduisent à estimer assez précisément cette part. La matière lumineuse, à savoir les quelque 1 000 milliards de galaxies contenant chacune des centaines de milliards d'étoiles, ne représente actuellement que 0,5 % de la substance totale de l'Univers observable. 68 % sont dus à une forme d'énergie non matérielle et antigravitante, l'« énergie sombre », qui fait l'objet du chapitre suivant. Restent 32 % pour la matière sous toutes ses formes qui nous occupe ici, et, sur ces 32 %, 95 % sont invisibles aux télescopes.

Trouver la nature de cette matière noire est donc l'un des casse-tête de l'astrophysique moderne, d'autant qu'elle est loin d'être distribuée de manière uniforme. C'est ainsi que la galaxie Dragonfly 44 découverte en 2015, dont la masse est comparable à celle de la Voie lactée, semble composée à 99,99 % de matière noire. À l'inverse, la galaxie NGC1052-DF2, découverte en mars 2018 et située dans notre voisinage à 65 millions d'années-lumière, serait totalement dépourvue de matière noire.

De nombreuses hypothèses ont été formulées quant à la nature de la matière noire. La première qui vient à l'esprit consiste logiquement à dire que la matière noire est uniquement composée de tous les corps célestes trop peu lumineux pour être observés avec nos instruments. Une partie viendrait de la poussière interstellaire et de grands nuages d'hydrogène moléculaire froids. Une autre partie proviendrait d'étoiles sombres réparties dans les halos des galaxies, couramment désignées sous le nom de MACHO (*Massive Compact Halo Objects*). Elles comprennent les vestiges refroidis d'étoiles mortes que sont les naines noires, les étoiles à neutrons et les trous noirs, ainsi que les naines brunes, petites étoiles trop peu massives pour briller par allumage de réactions nucléaires en leur centre. Au-dessus d'un millième de masse solaire, les MACHO sont suffisamment massifs pour faire office de microlentilles gravitationnelles. On peut utiliser cet effet pour obtenir une borne supérieure à leur présence dans le halo des galaxies. Les nombreuses observations accumulées depuis plus de vingt ans, comme EROS (Expérience de recherche d'objets sombres) ou OGLE, ont conclu que moins de 8 % de la masse noire du halo galactique pouvait être sous forme de MACHO.

Quoi qu'il en soit, qu'il s'agisse de poussières interstellaires, de nuages d'hydrogène froid ou de MACHO, tous ces corps célestes sont constitués des particules bien connues qui forment les atomes : protons et neutrons, collectivement appelés baryons (la masse des électrons est trop petite pour jouer un rôle). Or il existe une contrainte d'un tout autre ordre sur la densité maximale de cette matière baryonique dans notre Univers. L'un des grands succès des modèles de Big Bang a été d'expliquer les abondances observées des éléments chimiques légers (hydrogène, hélium et leurs isotopes) qui ont été produits lors d'une brève phase de « nucléosynthèse primordiale », datant des trois premières minutes de l'Univers. Leurs proportions donnent la valeur de la densité de protons et de neutrons dans le jeune cosmos. Par la loi d'expansion, cette dernière fournit la densité actuelle de matière baryonique, visible et noire, en excellent accord avec les observations. La nucléosynthèse primordiale fournit donc une forte contrainte sur la densité de matière baryonique actuelle : elle ne peut pas dépasser 5 %. Par rapport aux 32 % de matière noire sous toutes ses formes mentionnés plus haut, il manque encore 27 %.

Deux options se présentent alors. Dans l'une, on abandonne l'idée même de matière noire, en considérant que les astronomes se sont complètement trompés dans leurs analyses et qu'il faut plutôt modifier la loi d'attraction universelle de Newton. J'y reviendrai en fin de chapitre. L'autre option vient non pas de l'astronomie, mais de la physique des particules, avec l'introduction de la matière noire non baryonique.

La physique des particules à la rescousse

Cette approche est bien plus prometteuse, dans la mesure où plusieurs indices observationnels récents montrent qu'en dehors de la force gravitationnelle la matière noire semble interagir très peu, voire pas du tout, avec la matière atomique. La majeure partie serait donc de nature différente, c'est-à-dire non baryonique, son énergie produisant toutefois des effets gravitationnels analogues à ceux de la masse.

Ces particules se classent en trois catégories : les chaudes, les tièdes et les froides.

• La matière noire chaude (HDM, pour *Hot Dark Matter*) ne fait pas précisément référence à une température, mais plutôt au fait que les particules qui la constituent sont légères et animées de vitesses proches de celle de la lumière. On pense bien évidemment aux trois espèces de neutrinos présentes dans le modèle standard de la physique des particules. Quasiment insaisissables car interagissant très peu avec le champ électromagnétique, elles n'en sont pas moins détectées expérimentalement. On sait même qu'il y a en moyenne 400 neutrinos par centimètre cube d'espace (un peu plus que de photons, les particules de lumière). Il suffirait donc que les neutrinos aient une masse infime pour rendre compte de la totalité de la matière noire de l'Univers. Le premier article de cosmologie que j'ai publié en 1981[1] portait justement sur la possibilité que les neutrinos, au sujet desquels on ne savait pas encore grand-chose, aient une masse suffisante pour « fermer » l'Univers, c'est-à-dire lui conférer une densité supérieure à la densité critique. Les mesures ultérieures de la masse des neutrinos, commencées en 1998 au détecteur japonais Super-Kamiokande et actuellement poursuivies dans l'expérience Katrine (pour *Karlsruhe tritium neutrino experiment*) n'ont cessé de réduire sa valeur : certes non nulle, elle ne dépasse pas 10^{-34} gramme (un milliardième de la masse du proton). La contribution de ces poids plumes à la densité d'énergie totale de l'Univers est donc négligeable, tout en étant quand même du même ordre (0,5 %) que celle de la matière lumineuse.

1. En collaboration avec Jean Schneider, « Constraints on leptonic asymmetry and cosmological constant from neutrino rest mass », dans la revue spécialisée *Astronomy and Astrophysics*. 1981, 98 (412).

• La matière sombre tiède (WDM pour *Warm Dark Matter*) serait constituée d'une espèce encore inconnue de particule, le neutrino stérile – dont l'anagramme[2] est « il roule et n'est rien » ! Par opposition aux neutrinos « actifs » du modèle standard, ces neutrinos sont qualifiés de stériles car ils n'interagissent pas avec les interactions électromagnétique, faible et forte, ce qui les rend extrêmement difficiles à détecter. Ils interagiraient cependant *via* la gravité du fait de leur masse et, si celle-ci est suffisante, pourraient rendre compte de la matière noire. Le chercheur qui a fourni les premiers outils pour les comprendre est le physicien italien Ettore Majorana, l'une des grandes figures de la physique du XXe siècle. Majorana a disparu en 1938 dans des circonstances mystérieuses alors qu'il n'avait pas 32 ans. Comme Isaac Newton jadis, il n'aimait pas rendre publiques ses idées, de sorte que l'importance de son travail est restée incomprise pendant des décennies.

L'existence théorique du neutrino stérile découle d'une anomalie constatée dans l'« hélicité » des neutrinos ordinaires. Toutes les particules du modèle standard possèdent un moment cinétique intrinsèque appelé spin, un peu comme s'il s'agissait de minuscules toupies dont l'axe de rotation serait parallèle à leur vecteur vitesse. Selon que la rotation se fait dans un sens ou dans un autre, l'hélicité est dite gauche ou droite. Or, tandis que les autres particules (leptons et quarks) du modèle standard peuvent être aussi bien gauches que droites, on n'a jamais observé de neutrinos droits. Par ailleurs, le modèle standard minimal est faux, car il prédit que les neutrinos ordinaires auraient une masse au repos strictement nulle. La découverte expérimentale de leurs oscillations en 1998 a forcé les physiciens à les doter de masses. C'est pour rendre compte de ces masses et de ces oscillations que les neutrinos stériles ont été introduits, dans le prolongement d'hypothèses faites jadis par Majorana. Les modèles qui les font intervenir présentent plusieurs

2. Étienne Klein et Jacques Perry-Salkow, *Anagrammes renversantes ou le Sens caché du monde, op. cit.*

avantages ; ils permettent notamment de construire un scénario expliquant la prédominance de la matière sur l'antimatière (processus appelé baryogenèse) ; mais, surtout, il suffirait que les neutrinos stériles – produits en grande quantité au tout début de l'histoire de l'Univers – aient une masse supérieure à 10^{-29} gramme (ce qui est permis par la théorie) pour offrir de bons candidats au titre de particules de matière noire. À leur encontre, plusieurs tentatives récentes de détection (expériences STEREO en Europe, MINOS aux États-Unis) ont échoué et rendent leur existence effective de plus en plus problématique.

• La matière noire froide (CDM, pour *Cold Dark Matter*) serait composée de particules plus massives et plus lentes, dites « exotiques » car prédites uniquement par des théories de physique des hautes énergies au-delà du modèle standard. Les deux principaux candidats sont les *axions* et les *neutralinos*.

L'axion est une particule hypothétique supposée stable, électriquement neutre et extrêmement légère (sa masse devrait se situer entre 10^{-39} et 10^{-36} gramme), inventée par les théoriciens pour expliquer la symétrie charge-parité (CP) dans l'interaction forte. Son nom est dû à Frank Wilczek (prix Nobel de physique 2004), qui lui attribua celui d'une marque de détergent, considérant que le problème qui entachait la chromodynamique quantique (théorie de l'interaction forte), à savoir la violation de la symétrie CP, avait été « nettoyé ». La théorie suggère que le Big Bang aurait créé une telle multitude d'axions qu'ils pourraient expliquer tout ou partie de la matière noire manquante.

L'axion n'interagissant que très faiblement avec la matière ordinaire, il est très difficile à détecter. De nombreuses expériences, comme CAST au CERN et ADMX aux États-Unis, ont tenté de le mettre en évidence, sans aucun succès.

Le neutralino est quant à lui une particule tout aussi hypothétique que l'axion, prédite par la théorie de supersymétrie (en abrégé SUSY). Selon cette théorie censée unifier les trois interactions fondamentales du modèle standard (électromagnétisme, interactions nucléaires forte et faible), toutes les particules fondamentales connues auraient des contreparties supersymétriques plus lourdes, appelées « sparticules ».

SUSY a de nombreux sectateurs parce que, si elle est exacte, outre l'unification à très haute énergie des forces fondamentales, elle permettrait de résoudre plusieurs énigmes de la physique. Elle donnerait notamment sens à une particularité du boson BEH (communément abrégé en « boson de Higgs »), la particule cherchée depuis si longtemps et enfin découverte au CERN en 2012. Le boson de Higgs interagit avec beaucoup d'autres particules. Additionnées, ces interactions lui donnent sa masse. Or le calcul de cette masse en théorie quantique des champs donne une valeur 10^{25} plus grande que sa valeur réelle. Les hypothétiques « sparticules » de SUSY annulent les contributions de leurs partenaires réels, ce qui supprime le désaccord.

SUSY offre aussi la possibilité d'expliquer la matière noire non baryonique par le biais du neutralino. Il s'agirait d'une combinaison électriquement neutre de trois superpartenaires : le photino (partenaire supersymétrique du photon), le zino (partenaire du boson Z_0) et le higgsino (partenaire du boson de Higgs). Le neutralino ne peut se former qu'à très haute énergie, par exemple lors du Big Bang. Comme il est supposé stable, il serait abondant. Et, surtout, sa masse étant cent fois supérieure à celle du proton (soit 10^{-22} gramme), il pourrait constituer l'essentiel de la matière noire de l'Univers. À ce titre le neutralino fait l'objet de recherches acharnées.

La chasse aux WIMP

La détection des neutralinos peut être soit directe, par interaction dans un détecteur ou création artificielle dans un accélérateur de particules, soit indirecte *via* la recherche de leurs produits de désintégration ou d'annihilation (photons, neutrinos, positrons, antiprotons).

La recherche directe se heurte à une propriété caractéristique du neutralino, à savoir d'être insensible à l'interaction électromagnétique, et par conséquent de n'interagir quasiment pas avec la matière atomique. Il appartient donc à cette vaste famille de particules appelées WIMP (*Weakly Interacting Massive Particles*) qui, à l'instar des neutrinos ordinaires, peuvent traverser nos corps par milliards à chaque seconde, mais dont nous ne pouvons ressentir l'existence.

Malgré la très faible probabilité d'interaction, avec un détecteur assez grand et beaucoup de patience, il devrait être possible de voir une WIMP percuter une particule de matière de baryonique ordinaire. Plusieurs équipes dans le monde améliorent sans cesse leurs instruments, le plus souvent souterrains afin de s'affranchir des autres rayonnements et particules issus du cosmos. Les nombreuses expériences, comme Edelweiss en France, Xenon en Italie, Lux aux États-Unis ou encore PandaX en Chine, n'ont rien détecté, ce qui a permis de poser des contraintes si fortes que l'existence réelle des WIMP exotiques est vraiment mise en difficulté.

Au lieu d'essayer de détecter les WIMP venues du ciel, on peut envisager de les produire artificiellement avec des collisions de faisceaux de particules effectuées dans les accélérateurs. La quête se poursuit activement avec le puissant *Large Hadron Collider* (LHC) du CERN.

À cet égard, une anecdote vaut le détour. En 1994, au cours d'un dîner bien arrosé à l'école d'été de physique théorique d'Erice, en Sicile, les deux physiciens Kenneth Lane et David Gross font un pari sur la théorie SUSY. À l'époque, aucune « sparticule » prédite n'a bien sûr été détectée, mais les plans du futur LHC sont dessinés. Lane propose que, si la nouvelle machine prouve la théorie, il offrira un repas chez Girardet, restaurant situé à Lausanne et considéré comme l'un des meilleurs du monde. Sinon, l'addition sera pour Gross. Les termes du pari, écrits sur une nappe, stipulent que celui-ci sera payable dès que le LHC aura produit suffisamment de collisions à haute énergie pour que l'on soit certain du résultat, à savoir révéler la première sparticule. Le nombre minimal de collisions nécessaire est évalué à 5 quadrillions[3].

Un quart de siècle plus tard, le restaurant Girardet n'existe plus. En revanche le LHC est en parfaite santé. Depuis 2010, il a collecté plus de 15 quadrillions de données sans montrer aucun signe de la moindre sparticule, alors que la gamme d'énergie atteinte aurait dû le permettre. Lane dit qu'il est temps pour Gross – qui entre-temps a obtenu le prix Nobel de physique 2004 – de payer, si ce n'est chez Girardet, du moins dans un autre restaurant huppé de même calibre. David Gross est en effet amateur de bonne chère, comme j'ai pu le constater lors d'un dîner partagé avec lui dans un fameux restaurant galicien lors d'une conférence commune donnée à Madrid en 2015.

Aux dernières nouvelles, Lane n'aurait reçu aucune réponse à plusieurs courriels de rappel et s'impatienterait. Si le LHC ne trouve toujours pas trace de sparticules dans les données, peut-être serait-il temps de passer à autre chose ? Ce n'est plus de la science, cela devient pathétique, clame-t-il ! De son côté, Gross n'est pas près de le concéder. Les données sont là, mais leur analyse n'est pas terminée. D'ailleurs, strictement parlant, la théorie SUSY ne pourra jamais être totalement infirmée. Elle contient tellement de paramètres libres qu'elle pourra toujours être ajustée de façon que ses sparticules n'apparaissent qu'à des énergies hors d'atteinte des collisionneurs. Mais plus on ajuste des paramètres arbitraires, plus l'élégance de la théorie qui faisait son attrait en prend un coup.

---

3. Un quadrillion est l'entier naturel qui vaut 10^{24}. De façon plus rigoureuse, la quantité de données produite par un accélérateur de particules se mesure dans une unité obscure appelée « femtobarn inverse », qui correspond à environ 10^{23} collisions.

Bref, il y a de plus en plus d'indications que, bien que SUSY soit une belle créature théorique, elle soit aussi purement fantasmatique…

Et l'antimatière ?

Il reste malgré tout l'espoir de détecter indirectement des WIMP *via* l'antimatière. Mot magique et généralement incompris ! Il ne se passe pas une conférence publique que je donne sur la cosmologie et la matière noire sans que l'on me pose la question : « Et l'antimatière dans tout ça ? » Il est vrai que je n'en parle presque jamais car je pense qu'elle ne joue strictement aucun rôle dans cette affaire. Mais c'est l'occasion de rappeler qu'en théorie chaque particule de matière ordinaire possède son antiparticule : l'antiélectron est appelé positron, on connaît les antiquarks, l'antiproton, etc. L'antimatière est constituée uniquement de ces antiparticules. Par exemple, l'antihydrogène est composé d'un positron en orbite autour d'un antiproton. Une particule et son antiparticule ont la même masse, mais elles diffèrent par des charges électriques opposées : ainsi, un positron est chargé positivement, tandis que l'électron a la même charge élémentaire – négative.

La propriété fondamentale de l'antimatière (c'est de là que vient son nom) est que, lorsqu'elle entre en contact avec de la matière, les deux s'annihilent mutuellement et sont intégralement converties en énergie radiative, suivant l'équation $E = mc^2$. Inversement, lorsque de la masse est créée à partir d'énergie, comme c'est le cas dans les accélérateurs de particules, elle se répartit de manière égale entre couples de particules et antiparticules. De l'antihydrogène a ainsi été produit artificiellement pour la première fois au CERN en 1996. Très récemment, et toujours au CERN, la collaboration Alpha est parvenue à confiner pendant plusieurs heures un millier d'atomes d'antihydrogène en utilisant un piège magnétique.

Or, très peu de temps après le Big Bang, l'Univers était un plasma si chaud qu'il s'est comporté comme une sorte de gigantesque accélérateur de particules naturel. À ce compte-là, son énergie aurait dû engendrer autant de matière que d'antimatière sous forme de couples de particules et d'antiparticules massives. Mais c'est loin d'être le cas : dans l'Univers actuel il semble qu'il y ait en moyenne une seule antiparticule pour un milliard de particules – en conséquence de quoi il n'y aurait pas d'étoiles ou de galaxies faites d'antimatière.

Plusieurs modèles de physique des hautes énergies ont été bâtis pour tenter d'expliquer cette forte asymétrie matière-antimatière (on a vu que le neutrino stérile était l'un d'entre eux). Aucun n'étant pour l'heure totalement convaincant, des physiciens comme Gabriel Chardin ou, dans un registre différent, Jean-Pierre Petit n'hésitent pas à remettre en cause l'asymétrie matière-antimatière. Le premier attribue à l'antimatière une masse gravitationnelle négative, donc répulsive. Cela résoudrait d'un coup la double énigme de la matière noire et de l'énergie sombre. Hypothèse certes très invraisemblable, mais qui a le mérite d'être aisément testée en laboratoire : l'expérience Alpha susmentionnée va tenter de déterminer ce qui se passe exactement quand on « lâche » dans un champ gravitationnel les antiatomes qu'elle a produits artificiellement, pour voir comment ils réagissent. Un résultat contraire aux théories standards serait révolutionnaire, mais on n'y croit guère. Très probablement, l'antimatière ne contribue en rien à la densité de matière noire. De son côté, Jean-Pierre Petit, reprenant certaines hypothèses formulées dans les années 1960 par le physicien russe Andrei Sakharov, ne suppose pas que l'antimatière gravite, mais qu'il existe une autre forme de matière à « masse négative » qui antigravite au sein d'un univers jumeau. Il existerait donc quatre types de matière répartis en proportions à peu près égales : de la matière et de l'antimatière de masses positives qui gravitent, de la matière et de l'antimatière de masses négatives qui antigravitent, ce qui dispenserait d'avoir recours à de la matière noire gravitante. Aucun indice expérimental ne vient corroborer ce modèle théorique dit « Janus », sans compter que ledit modèle n'est pas jugé suffisamment étayé pour convaincre la communauté spécialisée de s'y intéresser.

L'intérêt pour l'antimatière est donc ailleurs. De fait, les chasseurs de matière noire s'intéressent de près aux maigres flux de positrons et d'antiprotons observés dans certains rayons cosmiques, ces particules de haute énergie qui circulent dans le milieu interstellaire. Positrons et antiprotons sont généralement produits par des sources astrophysiques classiques comme les pulsars, mais ils pourraient aussi provenir de la désintégration des particules exotiques de la matière noire. L'instrument AMS (*Alpha Magnetic Spectrometer*), installé depuis 2011 à bord de la Station spatiale internationale, est considéré comme l'équivalent du télescope spatial *Hubble* pour les rayons cosmiques. Plusieurs milliards d'antiparticules ont été détectées par AMS, mais aucune anomalie dans leur flux n'a permis de révéler leur origine. La traque indirecte des insaisissables WIMP va donc se poursuivre jusqu'en 2024, date où la Station spatiale internationale devrait cesser de fonctionner.

Le bilan

Il est temps de récapituler les trois grandes catégories de théories pour expliquer la matière noire non baryonique, puis d'en évaluer les forces et les faiblesses respectives.

- La matière noire chaude (HDM), c'est-à-dire relativiste, est constituée des trois types connus de neutrinos ou de WIMP chauds et massifs.
- La matière noire tiède (WDM), semi-relativiste, est représentée par les neutrinos stériles.

• La matière noire froide (CDM), non relativiste, est composée d'axions et/ou de neutralinos.

À défaut de la mise en évidence expérimentale de tel ou tel type de particule qui permettrait de trancher (toutes les candidates sont des WIMP), on peut tenter de distinguer les théories en comparant les prédictions qu'elles impliquent dans l'histoire de l'Univers, plus particulièrement dans la formation des grandes structures comme les galaxies, les amas et les superamas de galaxies avec les observations astronomiques.

Pour ce qui est de la théorie HDM, nous avons vu que la contribution des neutrinos ordinaires à la densité d'énergie est négligeable, compte tenu de leur très faible masse-énergie. Ils ne rendent donc pas compte de la matière noire non baryonique. Il peut néanmoins exister d'autres WIMP chaudes et massives qui ne sont pas des neutrinos, mais leur nombre est contraint par la formation des galaxies. Ces particules à grande vitesse ralentiraient en effet le processus de formation des galaxies, en ayant tendance à fragmenter les vastes agglomérats de matière. Les simulations numériques indiquent que, si la matière noire chaude dominait, les objets de la taille des superamas de galaxies se formeraient en premier dans l'histoire de l'Univers, pour se fragmenter ensuite en masses plus petites comme les amas et les galaxies. Or cela est en conflit avec les observations des grands télescopes au sol et dans l'espace, qui indiquent au contraire que les étoiles, puis les galaxies ont dû se former tôt, moins d'un milliard d'années après le Big Bang, pour s'agglomérer ensuite en amas et en superamas. Le scénario HDM est donc vraisemblablement éliminé.

Pour la théorie WDM faisant intervenir les neutrinos stériles, les simulations numériques rendent correctement compte de la distribution des structures à l'échelle supergalactique.

Dans la théorie CDM, les WIMP froides auraient émergé du Big Bang à des vitesses notablement inférieures à celle de la lumière. Ces particules se seraient agrégées en masses galactiques plus rapidement que la matière chaude, de sorte que les galaxies se seraient formées avant les amas – scénario privilégié par les observations, comme je l'ai dit plus haut. Les simulations numériques CDM rendent également bien compte de la structuration à l'échelle supergalactique. L'hypothèse CDM a par conséquent longtemps paru la plus plausible et, en ajoutant une bonne dose d'énergie sombre, elle a donné naissance au modèle standard ΛCDM de la cosmologie. Cependant, nous avons vu qu'aucune particule de ce type n'avait été découverte, pas plus d'ailleurs que les WIMP chaudes ou les neutrinos stériles.

Si les modèles HDM sont éliminés de la course par les observations, les théories WDM et CDM rendent toutes deux compte de la formation des structures à l'échelle supergalactique, et elles ne peuvent être discriminées par ce biais.

Pour mieux les mettre à l'épreuve, il faut effectuer des simulations numériques à l'échelle subgalactique, que l'on compare ensuite au comptage observationnel des galaxies naines en orbite autour des grosses galaxies. Elles sont compatibles avec l'hypothèse CDM et n'éliminent que certains modèles WDM.

Comment alors distinguer CDM et les modèles WDM restants ? Sans entrer dans les détails, je mentionnerai :

- la formation des *dark halos* (halos de matière noire) qui enveloppent les disques galactiques et s'étendent bien au-delà des limites visibles des galaxies ;
- le cisaillement gravitationnel, nom donné au phénomène de distorsion des images des galaxies lointaines par des concentrations de masse d'avant-plan ;
- les courants stellaires (*tidal stellar streams*), associations d'étoiles gravitant autour d'une galaxie, provenant d'une ancienne galaxie naine déchirée et allongée le long de son orbite par les forces de marée.

Les recherches se poursuivent. Pour l'heure, sur toutes les échelles supérieures à quelques millions d'années-lumière, le modèle ΛCDM ne peut être distingué du modèle WDM. Mais en dessous, à l'échelle des microlentilles gravitationnelles, les deux font des prédictions différentes. S'il s'avérait que les résultats futurs éliminent la théorie pure CDM, il ne resterait que les neutrinos stériles pour expliquer la matière noire non baryonique, ou alors un mélange de diverses formes de matière sombre, qui après tout ne sont pas forcément exclusives l'une de l'autre. Du coup…

Et si l'on modifiait la gravité ?

Devant tant d'énigmes non résolues, des chercheurs contestent l'idée même de matière noire et préfèrent imaginer une modification des lois de la gravité. La théorie MOND (*MOdified Newtonian Dynamics*) a été initialement proposée en 1983 par le physicien israélien Mordehai Milgrom. Elle suppose que la deuxième loi de Newton (la somme des forces qui s'applique sur un système est égale au produit de la masse et de l'accélération) n'est plus valable, et doit être corrigée lorsque les accélérations sont très faibles, en deçà d'un certain seuil de plusieurs ordres de grandeur inférieur à la pesanteur terrestre. Un tel régime serait effectivement en vigueur dans les parties les plus externes des galaxies spirales, et cette gravité modifiée expliquerait le profil de vitesses stellaires mesuré par Vera Rubin sans avoir besoin de recourir à la matière noire.

La théorie de gravité modifiée n'est pas dénuée de problèmes et a elle-même été maintes fois modifiée (incluant notamment une version relativiste qui n'était pas présente à l'origine) pour s'adapter aux observations qui s'accumulent et la contredisent. Si elle fonctionne bien à l'échelle des galaxies grâce à un certain paramètre d'ajustement, elle rencontre des difficultés à des échelles plus vastes, qui exigent un paramètre d'ajustement différent. MOND ne permet pas de reproduire la dynamique des amas de galaxies sans y ajouter une composante de matière noire. Il en va de même pour expliquer le spectre des anisotropies du fond diffus cosmologique, les lentilles gravitationnelles et la formation des très grandes structures.

De fait, elle tient de moins en moins bien la route à mesure que les observations s'affinent. C'est ainsi que l'absence totale de matière noire dans la galaxie ultradiffuse NGC1052-DF2 va à l'encontre de la théorie MOND, car sa signature gravitationnelle devrait être présente dans toutes les galaxies. Itou avec les galaxies « superspirales » beaucoup plus grosses que notre Voie lactée, formatrices d'étoiles les plus massives connues. Une équipe internationale d'astronomes a récemment mesuré la vitesse de rotation de 23 spécimens de ces superspirales, et trouvé des rotations très rapides impliquant la présence d'une grande quantité de matière noire, ce qui invalide la nécessité d'une gravité modifiée.

Malgré tout, de nombreux chercheurs continuent à vouloir « sauver la MOND ». Partant du constat que MOND fonctionne mieux à l'échelle des galaxies et la matière noire aux plus grandes échelles, des physiciens ont proposé diverses approches pour concilier ces théories concurrentes. L'une d'elles a été développée en 2014 par Justin Khoury, de l'Université de Pennsylvanie : la matière noire superfluide. Les superfluides sont des liquides dont la viscosité devient nulle une fois refroidis à des températures assez basses, 2 kelvins (–271 °C) pour l'hélium 4 par exemple. Ces liquides ont donc deux comportements différents, idée que Khoury a appliquée à la matière noire. Dans son modèle, la matière noire est superfluide dans les galaxies, mais, à l'échelle des amas de galaxies, elle est trop chaude et perd ses propriétés superfluides, si bien qu'elle retrouve le comportement de la matière noire classique. D'autres physiciens avaient déjà avancé l'hypothèse d'une matière noire superfluide, mais le modèle de Khoury a l'avantage de reproduire parfaitement les prédictions de MOND dans les galaxies sans avoir à modifier la gravité. Dans le Système solaire, la force gravitationnelle est plus intense qu'en moyenne dans la Galaxie, de sorte que la matière noire n'est pas superfluide. On ne doit donc pas avoir de déviation aux lois newtoniennes, en accord avec les observations.

À ce propos, il est bon de rappeler que, dans la première décennie du XXIe siècle, on a beaucoup glosé autour d'une apparente anomalie d'accélération affectant les sondes spatiales *Pioneer 10* et *11* durant leur transit dans le Système solaire transneptunien. Cette anomalie, en l'occurrence une très faible décélération, fut mesurée entre 1979 et 2002, et a naturellement suscité de nombreuses études et spéculations. Ce fut l'occasion rêvée pour les partisans de la théorie MOND d'y voir une preuve de la modification de la loi de Newton dans les champs gravitationnels faibles. En 2011, le mystère a été éclairci par plusieurs équipes : l'origine de la déviation observée résultait de la pression du rayonnement infrarouge émis par le générateur thermoélectrique à radio-isotope (RTG), nom compliqué donné au petit générateur électrique nucléaire embarqué sur les sondes pour s'affranchir des panneaux solaires devenus inactifs à grande distance du Soleil. Rien à voir donc avec la gravité modifiée ou la matière noire !

Pour ma part, je n'ai jamais aimé l'idée de gravité newtonienne modifiée, peut-être parce que je garde en mémoire cette magnifique anagramme de « la gravitation universelle » : loi vitale régnant sur la vie[4] !

Une autre manière d'éviter le recours aux hypothétiques particules de matière noire consiste à reconsidérer la gravité non plus comme une interaction fondamentale, mais comme un phénomène émergent de bits quantiques d'information intriqués, encodés dans la structure intime de l'espace-temps. Dans les modèles de gravité entropique récemment développés par Erik Verlinde, la matière noire ne serait alors qu'une illusion résultant de la dynamique qui lie l'énergie sombre et la matière baryonique ordinaire. Quelle que soit la manière dont cette théorie encore en construction se situe dans la quête de la compréhension de la matière noire, elle offre des perspectives suffisamment intéressantes pour faire l'objet d'un chapitre à part (chapitre 15).

---

4. Étienne Klein et Jacques Perry-Salkow, *Anagrammes renversantes ou le Sens caché du monde*, *op. cit.*

CHAPITRE 5

Constante cosmologique ou énergie sombre ?

« La pierre du non-être, la sûre condition négative, la pression du néant, est l'ultime appui qui nous reste. »

Roberto JUARROZ.

La répulsion cosmique

Depuis 1927 et l'article fondateur de la cosmologie relativiste moderne dû à Georges Lemaître[1], théorie et observations se sont accordées pour prouver que l'Univers se dilate.

La plupart des astronomes ont longtemps considéré que cette expansion de l'espace, sous l'influence de la force attractive de gravité, devait évoluer en ralentissant, c'est-à-dire que le taux d'expansion devait décélérer au cours du temps. Or, à la fin des années 1990, des observations astronomiques sont venues contredire cette thèse,

1. Voir Jean-Pierre Luminet, *L'Invention du Big Bang*, Seuil, « Points Sciences », 2e éd., 2014.

qui ne correspondait d'ailleurs qu'à des solutions cosmologiques très simplifiées de la relativité générale. Utilisant les données recueillies par les grands télescopes au sol et dans l'espace, deux équipes indépendantes d'astronomes conduites par Saul Perlmutter, Brian Schmidt et Adam Riess se sont lancées dans la cartographie de l'Univers, pensant mesurer avec une précision encore jamais atteinte les signes d'un ralentissement de son expansion. Pour réaliser ces mesures, les chercheurs ont étudié les caractéristiques d'une cinquantaine de supernovæ lointaines de type Ia. Ces dernières sont associées à des naines blanches[2] dont la masse atteint la limite de stabilité égale à 1,4 fois la masse du Soleil, à la suite de quoi elles explosent en émettant autant de lumière qu'une galaxie tout entière. Comme le processus d'explosion est toujours le même, leur luminosité intrinsèque est relativement constante, de sorte que plus leur luminosité apparente est faible, plus elles sont lointaines[3].

À leur grande surprise, les astronomes ont alors constaté que ces étoiles moribondes étaient moins lumineuses, donc un peu plus éloignées que ce que prévoyait le modèle consensuel d'une expansion décélérée. Faisant office de « chandelles standards », ces supernovæ de type Ia (en abrégé SNIa) permettent de calibrer les vitesses de fuite des galaxies dans lesquelles elles explosent. Les galaxies très lointaines montrent parfaitement un ralentissement de leur cours, signe que l'expansion de l'Univers a bien été freinée dans les premiers milliards d'années par la gravité ; en revanche, la vitesse des galaxies moins éloignées s'accroît de manière exponentielle, prouvant que l'expansion de l'espace s'est accélérée au bout de 7 milliards d'années. Une telle accélération trouve son explication la plus naturelle dans l'existence d'une force répulsive à grande échelle, capable de contrer la force d'attraction des masses célestes, baptisée « énergie sombre » (*dark energy*).

---

2. Résidus compacts de l'évolution stellaire, aussi massifs que le Soleil mais pas plus grands que la Terre.
3. Par rapport à la luminosité intrinsèque, la luminosité apparente décroît comme l'inverse du carré de la distance.

La découverte, publiée en 1998, a donné lieu aux habituels effets d'annonce dans la presse de vulgarisation : « Notre modèle de l'Univers remis en question », « Toutes les bases établies par la cosmologie pourraient être bouleversées », pouvait-on lire dans les journaux de l'époque. Le Forum économique mondial de Davos, qui rassemble chaque année les dirigeants politiques et économiques de la planète, a même organisé en janvier 2000 une session plutôt incongrue entièrement consacrée au sujet, devant une assistance d'hommes d'affaires et politiques qui n'y comprenaient goutte. Invité comme intervenant en compagnie de deux cosmologistes américains, j'ai tenté de tempérer l'emballement médiatique en expliquant que l'accélération de l'expansion cosmique ne nécessitait pas forcément une remise en question des modèles généraux de Big Bang, et ne représentait une surprise que pour ceux qui en ignoraient les subtilités. Je crois n'avoir eu aucun succès : il n'était pas évident, devant une assistance en attente de scoop, d'expliquer que le physicien belge Georges Lemaître, en langue française et avec soixante ans d'avance, avait déjà donné tous les tenants et aboutissants de la répulsion cosmique en invoquant une constante cosmologique. Ce terme figurant dès 1917 dans les équations originales d'Einstein sous la forme de la lettre grecque Λ (lire lambda) avait été ensuite abandonné par le courant dominant de la cosmologie anglo-saxonne.

Je reviendrai en détail sur ce point, ainsi que sur les controverses qui se sont vite élevées quant à l'interprétation théorique de la répulsion cosmique en termes de la constante Λ ou bien d'une forme d'énergie de nature inconnue. Toujours est-il que sa mise en évidence expérimentale a valu le prix Nobel de physique 2011 au trio Perlmutter, Schmidt et Riess.

Or, en 2014, des voix ont commencé à remettre en cause le crédit accordé à l'interprétation des observations des supernovæ de type Ia en termes d'une accélération cosmique. Utilisant un catalogue de 740 SNIa et une méthode d'analyse statistique un peu différente de celle de leurs prédécesseurs, plusieurs équipes de chercheurs ont conclu que les données ne démontraient pas l'accélération de l'expansion de façon suffisamment convaincante. À se demander si le comité du prix Nobel n'avait pas fait une bourde !

C'était vite oublier qu'au cours des vingt dernières années les mesures concernant le rayonnement fossile avec les télescopes spatiaux *WMAP* et *Planck Surveyor*, et celles relatives aux « oscillations acoustiques de baryons », sont venues compléter l'analyse.

L'étude détaillée du rayonnement fossile, ce vestige refroidi du Big Bang, permet en effet de mesurer la valeur de la densité moyenne de matière et d'énergie toutes formes confondues, par exemple en grammes par centimètre cube, ou, mieux encore, par un paramètre normalisé Ω, très commode pour apprécier d'un coup d'œil les différentes contributions. À l'échelle observable, il se trouve que l'espace a une courbure très proche de 0. Ce dernier cas correspond à $\Omega_{tot} = 1$. Or la contribution de Ω_m (m pour matière) due à toutes les formes de matière gravitante n'excède pas 0,3. Il faut donc ajouter une contribution de 0,7, attribuable à l'énergie sombre et notée Ω_Λ. Très précisément, 68 % de toute l'énergie actuellement contenue dans l'Univers serait due à l'énergie sombre[4]. Les observations du rayonnement fossile fournissent ainsi une valeur indirecte de la densité d'énergie sombre, parfaitement compatible avec celle déduite de l'observation tout à fait indépendante des SNIa.

Par ailleurs, les oscillations acoustiques de baryons apparaissent dans le plasma primordial du fait de l'existence d'une compétition entre l'attraction gravitationnelle et la pression du gaz et des photons. Après le découplage entre la matière et le rayonnement qui s'est produit 380 000 ans après le Big Bang, ces oscillations ont laissé une empreinte dans le rayonnement fossile et dans la distribution de la matière à grande échelle (amas et superamas de galaxies), fournissant un étalon de longueur naturel qui se prête

4. Étant entendu que cette proportion a varié au cours de l'histoire cosmique, voir en fin de chapitre.

bien au calcul de la vitesse d'expansion cosmique. Là encore, les mesures indiquent une densité d'énergie répulsive Ω_Λ de l'ordre de 0,7.

En combinant les mesures obtenues avec les SNIa, les oscillations acoustiques de baryons et la structure du rayonnement fossile, l'existence d'une accélération de l'expansion de l'Univers observable et celle d'une forme d'énergie répulsive qui en découle deviennent incontournables, du moins dans le cadre du modèle standard de la cosmologie.

Retour à la constante cosmologique

Dans nombre d'articles de vulgarisation scientifique aussi bien que dans la littérature technique, on lit fréquemment ce type de déclaration : « Le plus grand mystère de la physique d'aujourd'hui est la perspective que 70 % de l'Univers soient constitués d'une substance appelée énergie noire, sur laquelle nous ne savons strictement rien. » C'est en effet ainsi que la question est aujourd'hui perçue par de nombreux chercheurs, et présentée au grand public comme argument d'autorité auquel il faudrait croire aveuglément.

Or cette façon de présenter les choses est erronée. Je l'ai dit, l'existence d'une force répulsive à grande échelle fait immédiatement penser à la constante cosmologique. Ce terme fondamental, introduit dès 1917 par Albert Einstein dans sa théorie de la relativité générale, explique tout naturellement et de la façon la plus élégante qui soit le phénomène de la répulsion cosmique sans faire intervenir de mystère particulier. Pourtant, il se heurte à d'importantes objections de diverses natures, qui conduisent un grand nombre de chercheurs à imaginer des explications alternatives bien plus exotiques et éminemment spéculatives. La plupart se situent d'ailleurs en dehors du cadre de la relativité classique, se fondant sur des approches en gravitation quantique dont aucune n'a encore fait preuve du moindre indice de validité expérimentale.

Bien entendu, le fonctionnement même de la recherche scientifique qui en garantit la vitalité conduit les chercheurs à explorer des explications alternatives. C'est une saine exigence épistémologique et une bonne pratique scientifique que d'être *a priori* sceptique à l'égard de tout modèle, fût-il standard, et d'explorer d'autres voies. Dans le cas de la répulsion cosmique, il est cependant exagéré d'invoquer le « plus grand mystère de l'Univers » pour un phénomène qui peut avoir une explication simple et bien comprise au sein des théories physiques actuelles. Il est également trompeur d'invoquer une mystérieuse « substance » pour désigner l'énergie noire qui en serait responsable ; c'est un peu comme si nous disions que la force centrifuge qui a tendance à nous pousser hors d'un manège résultait d'une « substance mystérieuse ».

Les objections récurrentes que l'on oppose à l'identification entre l'énergie noire et la constante cosmologique sont de quatre ordres :

1. Le présumé rejet historique de la constante cosmologique par Einstein lui-même, et à sa suite par une bonne partie « moutonnière » de la communauté des cosmologistes.
2. Le problème dit de la coïncidence.
3. L'interprétation de la constante cosmologique en termes d'énergie du vide.
4. L'écart abyssal entre la valeur théorique de l'énergie du vide que l'on croit savoir calculer en théorie quantique des champs, et la valeur expérimentale de l'énergie sombre déduite des observations sur l'accélération cosmique.

Examinons en détail pourquoi ces différents points ne résistent pas à une analyse objective. Le débat est fondamental pour la cosmologie car, outre les rivalités qui peuvent exister entre diverses positions théoriques, la nature précise de l'énergie sombre gouverne l'évolution à long terme de l'Univers, comme nous le verrons en fin de chapitre.

La plus grosse bévue d'Albert Einstein ?

En 1917, Einstein souhaite naturellement utiliser sa toute nouvelle théorie de la relativité générale pour décrire la structure de l'Univers dans son ensemble. La conception qui prévaut alors est que l'Univers doit être statique, c'est-à-dire invariable dans le temps. Einstein s'attend à ce que sa théorie appuie cette opinion. Mais, à sa grande surprise, ce n'est pas le cas. Le modèle d'univers qu'il élabore en premier lieu, empli uniformément de matière et dont la géométrie est celle d'une hypersphère, n'a pas un rayon de courbure constant : la force attractive inexorable de la gravité, agissant sur chaque système de corps célestes, a tendance à le déstabiliser et à le faire s'effondrer sur lui-même. Or notre Univers ne s'effondre pas.

Pour Einstein, le seul remède à ce problème consiste à ajouter un terme *ad hoc* mais mathématiquement cohérent dans ses équations d'origine. Cet ajout correspond à une sorte d'« antigravité », qui agit comme une force de répulsion ne se faisant sentir qu'à l'échelle cosmique. Grâce à cette astuce mathématique, le modèle d'Einstein reste permanent et invariable. Einstein représente ce terme par la lettre grecque λ (Λ, en majuscule) et le nomme « constante cosmologique ». Il s'agit bien d'une constante, puisqu'elle doit garder exactement la même valeur dans l'espace et dans le temps. Formellement, elle peut prendre *a priori* n'importe quelle valeur, mais celle qui est sélectionnée par Einstein force son modèle d'univers à demeurer statique.

La même année 1917, l'astrophysicien néerlandais Willem de Sitter bâtit un autre modèle d'univers relativiste statique, très différent de celui d'Einstein. Il suppose que la densité de matière reste nulle au cours du temps ; en contrepartie, il fait intervenir une constante cosmologique positive : en l'absence de matière, donc de gravité, seule une constante cosmologique peut induire une courbure de l'espace-temps[5]. Le rôle de la constante cosmologique s'éclaire alors d'un jour nouveau : dans le modèle de De Sitter, les lignes d'univers (trajectoires d'espace-temps) suivies par les galaxies se séparent rapidement les unes des autres au cours du temps, comme si l'espace était en dilatation générale. Cela signifie que, en l'absence de matière, la constante cosmologique a une influence certaine sur la structure de l'Univers. Aux yeux d'Einstein, la solution de De Sitter se réduit toutefois à une simple curiosité mathématique, dans la mesure où l'Univers réel contient bel et bien de la matière.

Un premier coup de théâtre se produit en 1922, lorsque le physicien et mathématicien russe Alexandre Friedmann étudie les modèles cosmologiques relativistes sans préjuger du caractère statique de l'Univers. Il découvre des solutions simples et exactes où le rayon de courbure de l'espace varie au cours du temps, qu'il y ait une constante cosmologique ou non. Les modèles statiques précédemment trouvés par Einstein et de Sitter n'apparaissent plus que comme des cas très particuliers de solutions plus générales, lesquelles sont *dynamiques*. C'est une découverte théorique capitale.

Peu d'années après, les observations astronomiques effectuées aux États-Unis par Vesto Slipher, et mises en forme en 1929 par Edwin Hubble (qui en tirera à lui seul toute la gloire), confirment que les galaxies ont effectivement tendance à se séparer au cours du temps. De façon concomitante, le théoricien britannique Arthur Eddington réexamine le modèle statique d'Einstein et démontre que, tel un stylo posé sur sa pointe, il est instable : à la moindre perturbation, il devrait entrer en expansion ou en contraction.

Ces faits nouveaux concourent à faire admettre d'une part que le modèle cosmologique d'Einstein n'est pas un bon modèle d'Univers, d'autre part à remettre en cause la constante cosmologique. En effet, elle ne remplit plus sa fonction première, qui était de stabiliser

5. Si la constante cosmologique et la densité de matière sont toutes deux nulles, l'Univers se réduit à l'espace-temps plat et statique de Poincaré-Minkowski, utilisé uniquement en relativité restreinte n'incluant pas la gravité.

le rayon d'Univers. Dans ces conditions, à quoi bon la garder ? Einstein est le premier à faire son autocritique. Après quelques réticences, il finit par admettre la pertinence des solutions dynamiques de Friedmann… Dans la nouvelle solution qu'il élabore en 1932 avec de Sitter – un modèle d'univers de densité uniforme, de courbure nulle et en expansion perpétuelle dont la description tient en une seule petite page –, la constante cosmologique a disparu !

À première vue, le débat paraît clos. Pourtant, un homme n'est pas d'accord. Il s'appelle Georges Lemaître. Il a commencé ses recherches cosmologiques en 1925 et a compris le rôle dynamique joué par la constante cosmologique dans le modèle de De Sitter. En 1927, il retrouve indépendamment les solutions plus générales découvertes par Friedmann et fait pour la première fois le lien entre l'expansion de l'espace et la fuite apparente des galaxies. C'est lui le véritable père de la cosmologie moderne et des fameux modèles de Big Bang.

Pour Lemaître, la constante cosmologique est un ingrédient essentiel de la théorie relativiste. « L'autorité prestigieuse d'Einstein a naturellement trouvé plus d'un écho. Mais supprimer des équations le terme cosmologique, est-ce vraiment une solution à la difficulté ? N'est-ce pas suivre plutôt la politique de l'autruche ? », écrit-il, désolé de l'attitude du père de la relativité qui a renié l'une de ses plus grandes contributions à la science.

Les échanges verbaux et épistolaires entre Einstein et Lemaître consacrés à la constante cosmologique ne manquent pas de sel. Lors d'une de leurs rencontres à Pasadena, en Californie, les journalistes qui rapportent leurs entretiens parlent d'un *little lamb*, petit agneau qui accompagne partout les deux physiciens dans leurs promenades[6].

Plus sérieusement, Lemaître considère la constante cosmologique comme une nécessité à la fois logique et observationnelle. Il développe une argumentation prémonitoire en trois points :

---

6. Le jeu de mots avec *lambda* fait référence à une comptine bien connue dans les écoles maternelles américaines (*Mary had a little lamb…*), mais complètement ignorée de Lemaître, de sorte que ce dernier ne comprendra pas la plaisanterie !

1. La constante cosmologique est nécessaire pour obtenir une échelle de temps d'évolution largement supérieure à la durée des âges géologiques. Les modèles de Big Bang sans constante cosmologique prédisent en effet que l'âge théorique de l'Univers, calculé à partir de son taux d'expansion, est plus court que celui des étoiles, voire celui de notre planète, ce qui est bien évidemment impossible. Le terme Λ aide à supprimer cette contradiction : un univers avec constante cosmologique est plus vieux qu'un univers sans ; il démarre plus lentement, et il lui faut plus de temps pour atteindre la vitesse d'expansion mesurée aujourd'hui.
2. L'instabilité de l'équilibre entre l'attraction gravitationnelle et la répulsion cosmique est une façon de comprendre comment les étoiles et les galaxies ont pu se former durant un laps de temps d'environ un milliard d'années après le Big Bang. « Je suis conduit à me rallier à une solution de l'équation de Friedmann où le rayon de l'espace part de 0 avec une vitesse infinie, ralentit et passe par l'équilibre instable [...] avant de reprendre l'expansion à un rythme accéléré. C'est cette période de ralentissement qui me paraît avoir joué un rôle des plus importants dans la formation des galaxies et des étoiles. Elle est évidemment essentiellement liée à la constante cosmologique », écrit-il en 1931.
3. L'énergie n'est définie qu'à une constante additive près, car la relativité générale ne fournit pas de méthode d'ajustement lors d'un changement arbitraire du niveau 0 de l'énergie. Selon Lemaître, la constante cosmologique permet de faire cet ajustement. Dès 1934 il entrevoit ainsi le lien entre la constante cosmologique et la mécanique quantique : « La constante cosmologique est certes superflue pour expliquer la gravitation, mais la gravitation n'est pas toute la physique. D'un point de vue purement géométrique, le rayon de l'espace de Riemann était aussi une constante de trop ; c'était une indication que la géométrie ne devait pas se suffire à elle-même, mais devait se fondre dans une synthèse plus vaste, précisément dans la théorie géométrique de la gravitation. La constante cosmologique qui

apparaît dans cette dernière théorie n'est-elle pas une indication d'un élargissement ultérieur de la théorie, [en] une théorie qui parviendrait à unir et synthétiser le point de vue de la théorie de la relativité et celui de la mécanique quantique où figure aussi une constante caractéristique : la constante de Planck, qui n'est peut-être pas sans rapport avec la constante cosmologique. »

Aux yeux de Lemaître, la constante cosmologique est donc parée de toutes les vertus. Il ne parviendra pourtant jamais à convaincre Einstein, lequel ira jusqu'à dire qu'avec l'introduction de la constante cosmologique il avait commis la plus grosse bévue de sa vie[7].

On interprète généralement cette curieuse déclaration par le fait que le père de la relativité générale aurait été mécontent d'avoir gâché la beauté de sa théorie en introduisant un terme superflu. C'est une fausse interprétation, car dès 1916 Einstein avait envisagé l'existence de ce terme hors du contexte cosmologique. Dans une note de bas de page de son ouvrage sur la relativité générale, il remarquait que les équations du champ gravitationnel qu'il proposait n'étaient pas les plus générales possibles et qu'il existait un terme additionnel compatible avec la structure de sa théorie. Par ailleurs, le mathématicien français Élie Cartan a démontré en 1922 que la forme la plus générale des équations de la relativité générale doit nécessairement comprendre une constante d'intégration identique à la constante cosmologique, et Einstein connaissait ce résultat. Non, la vraie bévue commise par Einstein n'a pas été d'ajouter le terme cosmologique en soi dans ses équations, mais de lui avoir donné une valeur très particulière (égale à l'inverse du carré du rayon de l'Univers) pour forcer son modèle d'univers à demeurer statique. Ce faisant, il est passé à côté de la découverte capitale de la cosmologie du XXe siècle : l'expansion de l'Univers. Einstein en était parfaitement conscient, et l'on peut interpréter sa surprenante décision d'abandonner toute recherche en cosmologie à partir de 1933 comme la conséquence d'une blessure d'amour-propre.

7. Propos notamment rapportés par Georges Lemaître et George Gamow.

Toujours est-il que le désaveu du père de la relativité pèsera de tout son poids, et le reste de la communauté des cosmologistes le suivra : malgré les puissants arguments de Lemaître en sa faveur, la constante cosmologique va rester au placard pendant soixante ans, d'autant qu'avant 1998 aucune observation astronomique directe ne viendra appuyer son existence.

L'argument de la coïncidence

Supposons que l'histoire de l'Univers soit correctement décrite par les équations d'Einstein avec constante cosmologique. Il se passe alors quelque chose de curieux. Pour les solutions génériques découvertes par Friedmann et Lemaître, l'une des équations de base peut se formuler comme une somme de trois termes :

$$\mathbf{\Omega}_m + \mathbf{\Omega}_\Lambda + \mathbf{\Omega}_k = 1$$

Le premier terme $\mathbf{\Omega}_m$ représente la contribution de la matière à la densité d'énergie de l'Univers, le second $\mathbf{\Omega}_\Lambda$ la contribution de l'énergie noire, et le troisième $\mathbf{\Omega}_k$ celle de la courbure de l'espace. Comme déjà écrit plus haut, les observations actuelles indiquent que la somme des deux premiers termes est déjà voisine de 1 à quelques pour cent près. Cela implique que le troisième terme est extrêmement petit. Autrement dit, notre Univers serait de courbure quasiment nulle et l'espace, quasi euclidien (les Anglo-Saxons disent « plat », bien que le terme porte à confusion puisqu'en toute rigueur il ne s'applique qu'à des surfaces bidimensionnelles et non à l'espace tridimensionnel). Le résultat ne peut être évidemment déduit qu'à l'échelle de l'horizon cosmologique, présentement situé à 46 milliards d'années-lumière[8]. En déduire cependant, comme le font la

8. La lumière en provenance du rayonnement fossile a voyagé durant 13,8 milliards d'années, mais en raison de l'expansion de l'espace son parcours effectif a été étiré jusqu'à 46 milliards d'années-lumière.

plupart des cosmologistes, que l'Univers est strictement « plat » dans sa globalité est une extrapolation bien hasardeuse, rappelant celle des Anciens qui, constatant la platitude de la Terre jusqu'à l'horizon marin, en concluaient que notre planète était entièrement plate.

De fait, il est bien plus vraisemblable que la courbure de l'espace soit légèrement positive, auquel cas l'espace global serait de type sphérique. Du moins est-ce ma conviction, étayée non seulement par les observations astronomiques, mais en prime par quelques-uns de mes travaux théoriques sur la topologie cosmique[9]. Les plus récentes mesures (2019) indiquent en effet $\Omega_m + \Omega_\Lambda = 1{,}0023$ (+0,0056/−0,0054), autrement dit Ω_k se situe dans l'intervalle d'erreur (−0,0079/+0,0031). Certes, l'incertitude est parfaitement compatible avec une platitude stricte (0,0000 avec un nombre infini de zéros derrière !), mais on voit bien qu'elle l'est davantage avec le cas d'un espace sphérique ($\Omega_k < 0$), et plus marginalement pour celui d'un espace hyperbolique ($\Omega_k > 0$).

Supposons malgré tout que l'espace soit strictement « plat » avec une précision infinie, ce que fait sans barguigner le modèle actuellement standard de la cosmologie.

Dans l'Univers d'aujourd'hui, la densité de matière Ω_m (somme de la densité de matière baryonique et de la matière noire non baryonique) est de 0,32 et celle de l'énergie noire Ω_Λ de 0,68. Autrement dit, la densité d'énergie noire est à peine deux fois plus grande que celle de la matière. L'argument de coïncidence est alors le suivant : au cours de l'expansion cosmique, la densité de matière diminue très rapidement (comme le cube du facteur d'échelle spatiale), tandis que la densité d'énergie noire en est indépendante s'il s'agit de la constante cosmologique. Cela implique que l'Univers en expansion a d'abord été largement dominé par la matière (phase au cours de laquelle son expansion ralentissait), puis dominé par la constante cosmologique (induisant une phase d'accélération). Il n'y aurait donc eu qu'une phase très courte durant laquelle

---

9. Jean-Pierre Luminet, *L'Univers chiffonné*, Gallimard, « Folio Essais », 2e éd., 2005.

les deux termes ont eu le même ordre de grandeur. Les données indiquent que nous sommes précisément dans cette phase intermédiaire, autrement dit que nous vivons dans un moment très improbable de l'histoire de l'Univers. Or cela est contraire au sacro-saint « principe cosmologique » en vertu duquel nous n'occupons pas de position privilégiée dans l'Univers, ni dans l'espace ni dans le temps. Croire que l'accélération observée de l'Univers est due à une constante cosmologique violerait donc le principe cosmologique. Tel est l'argument de la coïncidence souvent invoqué contre la constante cosmologique.

Les raisonnements fondés sur les probabilités doivent être maniés avec soin (on le voit tous les jours en dehors du champ de la cosmologie, avec l'interprétation des sondages d'opinion). À y regarder de plus près, l'argument de la coïncidence est incorrect pour au moins deux raisons. *Primo*, si l'Univers est en expansion perpétuelle, ce qui est admis par le modèle standard ΛCDM, on ne peut plus supposer que nous vivons dans un moment particulier de l'histoire de l'Univers, simplement parce que tous les moments de l'histoire deviennent équivalents au regard de l'éternité du temps. *Secundo*, le principe cosmologique doit lui-même être utilisé avec précaution, comme l'a souligné Robert Dicke en 1961 et argumenté de manière convaincante en 1973 par mon ancien directeur de thèse Brandon Carter sous la forme de ce qu'on appelle le « principe anthropique faible ». Son application trop rigoureuse nous conduirait à penser que la densité de matière autour de nous est du même ordre de grandeur que la densité moyenne de l'Univers, ce qui est manifestement faux. Ou à croire que la surface de notre planète est principalement occupée par les continents plutôt que par les océans, puisque la plupart d'entre nous demeurent sur la terre ferme et non sur l'eau. D'innombrables « effets de sélection » vont ainsi à l'encontre du principe cosmologique strict. Le seul fait que nous existions et que nous puissions observer l'Univers implique que nous vivons sur une planète de type terrestre et non gazeuse, en orbite autour d'une étoile de type solaire et non d'une géante rouge, au sein d'une galaxie et non dans l'espace intergalactique, et dans une période de l'histoire cosmique où une civilisation avancée comme la nôtre a eu le temps de se développer, c'est-à-dire lorsque les atomes lourds formés par plusieurs générations d'étoiles sont devenus suffisamment abondants pour se retrouver dans nos corps avant que l'ensemble des étoiles ne s'éteigne. Ces conditions correspondent à une période relativement brève, donc très particulière, de l'histoire cosmique.

En d'autres termes, des coïncidences qui paraissent *a priori* très improbables s'expliquent tout naturellement par des biais de sélection. Il en va de même avec l'argument de coïncidence que l'on oppose à la constante cosmologique, pour proposer de surcroît des explications alternatives présentant encore plus d'« improbables coïncidences » !

Les vertus du vide

> « En réalité, l'énergie réside dans le vide, et le vide n'est rien d'autre qu'énergie. »
>
> Wang FUZHI (XVIIe siècle).

En 1934, dans une communication publiée dans les *Proceedings of the National Academy of Sciences (USA)*, Lemaître écrit ces lignes prophétiques : « La théorie de la relativité suggère que, quand on identifie la masse gravitationnelle et l'énergie, on doit introduire une constante. Tout se passe comme si l'énergie *in vacuo* était différente de 0. De façon à ce que le mouvement absolu, c'est-à-dire le mouvement par rapport au vide, ne puisse être détecté, nous devons associer une pression $p = -\rho c^2$ à la densité d'énergie ρc^2 du vide. Cela est essentiellement la signification de la constante cosmologique λ qui correspond à une densité d'énergie négative du vide. »

À une époque où la théorie quantique est encore balbutiante, Lemaître est donc le premier à prendre en compte l'énergie du vide et à lui associer une pression négative pour interpréter la constante cosmologique. Mais sa contribution va rester complètement ignorée.

Il faut attendre la fin des années 1940, époque où la majorité des astronomes rejette l'idée d'une constante cosmologique, pour que des physiciens théoriciens commencent à explorer les propriétés du vide. Avec le développement de la théorie quantique des champs, ils commencent à comprendre que la notion d'espace vide présente des subtilités plus grandes que ce qu'ils pensaient. L'espace n'est pas un réceptacle passif empli de matière et de rayonnement, c'est une entité physique et dynamique qui a une « chair ». Et cette chair, c'est l'énergie du vide. Des physiciens comme Paul Dirac, Enrico Fermi et Richard Feynman font l'hypothèse que ce que nous appelons espace vide est, en fait, empli de « particules virtuelles », ne se manifestant en tant que réalité matérielle que de façon éphémère. Prenez un mètre cube d'espace, enlevez toute matière et tout rayonnement. Que reste-t-il ? La plupart d'entre vous répondraient : rien. Au contraire, disent les physiciens quantiques, de l'énergie est encore là, et elle confère au vide une sorte de tension latente.

En mécanique quantique, le vide est défini comme « l'état d'énergie minimale » d'un système physique. Cette énergie minimale, compte tenu du principe d'incertitude de Heisenberg, n'est jamais nulle. Par analogie, un ressort classique peut être strictement au repos, état d'énergie nulle, alors qu'un ressort quantique possède toujours une petite oscillation irréductible. De plus, les notions de particule et d'onde sont remplacées par celle de champ quantique, qui est une description de tous les états possibles représentant un nombre quelconque de particules avec des énergies quelconques. On peut se représenter un tel champ par un ensemble de petits ressorts (un en chaque point de l'espace) couplés entre eux, l'apparition (respectivement la disparition) d'une particule pouvant être vue comme l'excitation (respectivement l'annihilation) de l'oscillation de ces ressorts. Le vide n'est plus alors l'absence de matière, mais une configuration particulière, celle de plus basse énergie. Toujours en vertu du principe de Heisenberg, des particules dites « virtuelles » peuvent sortir du vide avant d'y replonger. Le vide quantique joue le rôle d'une banque auprès de laquelle on peut emprunter de l'énergie pour créer pendant un temps très court une particule et une antiparticule (de telle sorte qu'elles sont inobservables). La quantité d'énergie que l'on peut emprunter est inversement proportionnelle à la durée de l'emprunt.

L'existence de ces particules virtuelles a été mise en évidence expérimentalement en 1947 par le physicien américain Willis Lamb. Il a montré qu'elles induisaient un déplacement des niveaux d'énergie des atomes : ces particules sont bien inobservables directement, mais leurs interactions avec la matière observable les trahissent.

Même s'il est dans sa configuration d'énergie minimale, un champ quantique fluctue continuellement, et, bien que sa valeur moyenne soit nulle, son énergie minimale ne l'est pas. Les fluctuations quantiques du vide électromagnétique ont des manifestations macroscopiques, prévues en 1948 par le physicien néerlandais Hendrik Casimir, qui montra qu'elles induisaient une force d'attraction entre deux plaques conductrices parallèles. Pour comprendre le phénomène, représentons le vide comme une mer agitée de clapotis ; des vaguelettes naissent à la surface, mais toujours de sorte que le niveau moyen de la mer reste le même. Ces fluctuations du vide correspondent à la superposition d'oscillateurs (photons, paires particules-antiparticules) de toutes longueurs d'onde. Ces fluctuations apparaissent et disparaissent sans cesse, assurant au vide un niveau d'énergie constant. Quand on plonge dans le vide deux plaques parfaitement conductrices et parallèles, dans l'intervalle qui les délimite seuls les oscillateurs dont la longueur d'onde est un sous-multiple de la distance séparant les plaques peuvent exister, de la même façon que, si l'on pince une corde de guitare, seuls une note et ses harmoniques résonnent. Du coup, la pression de rayonnement engendrée par les fluctuations électromagnétiques est plus faible à l'intérieur qu'à l'extérieur, et une force d'attraction naît entre les plaques. Notons que ce phénomène a un analogue classique : observez deux navires bord à bord, vous remarquerez qu'ils ont toujours tendance à s'attirer. Dans le domaine quantique, l'effet Casimir n'a été prouvé expérimentalement qu'en 1997, par le physicien américain Steven Lamoreaux.

Le vide n'est donc pas le néant, il est potentiellement bourré d'énergie. Appliquant ce concept à la cosmologie, le Russe Yacov Zel'dovich redémontre en 1967, sans jamais avoir lu Lemaître, que le terme Λ équivaut à un champ d'énergie latent dans l'espace vide. La constante cosmologique est en quelque sorte une « dynamite » du vide. Forts de ces acquis théoriques, Alan Guth et Andrei Linde proposent en 1979 que l'énergie du vide a provoqué une phase d'« inflation » dans l'Univers très primordial : sur un très court laps de temps compris entre 10^{-36} et 10^{-34} seconde après le Big Bang, notre Univers aurait subi une croissance exponentielle, son expansion s'étant fortement accélérée sur cette période (voir chapitre 6).

Les modèles d'inflation sont assez vite acceptés, mais les astronomes continuent à ignorer la constante cosmologique, considérée comme inadéquate pour décrire l'Univers actuel. Seul le cosmologiste d'origine canadienne James Peebles propose au début des années 1980 la réintroduction de la constante cosmologique dans les modèles de Big Bang. Le développement de la théorie de l'inflation implique en effet que la géométrie de l'espace observable doive être très proche d'une géométrie de courbure nulle. Or il n'y a pas assez de matière dans l'Univers pour aboutir à une telle géométrie. Peebles invoque donc une valeur élevée de la constante cosmologique pour combler le déficit, initiant ce qui allait devenir dans les années 2000 le « modèle standard ΛCDM » de la cosmologie.

À noter que, tout jeune chercheur en 1965, Peebles avait fait partie de l'équipe de théoriciens, dirigée par Robert Dicke à l'Université de Princeton, qui avait correctement interprété la découverte expérimentale du rayonnement de fond micro-ondes en termes du rayonnement fossile, ce vestige refroidi du Big Bang. C'est à ces divers titres que James Peebles, Jim pour les collègues, a reçu le prix Nobel de physique 2019.

Pour ma part, j'ai toujours apprécié le travail de Jim, notamment parce qu'en son temps il fut l'un des très rares cosmologistes anglo-saxons à reconnaître le caractère pionnier des travaux de Georges Lemaître. En 1995, il avait d'ailleurs été le premier lauréat du prix international Georges Lemaître, institué par la fondation du même nom à Louvain-la-Neuve (j'ai eu la chance de partager le prix 1999 avec mon collègue Dominique Lambert). Suite à son Nobel, comme des centaines d'autres chercheurs de la discipline, je lui ai adressé en octobre 2019 un bref courriel de félicitations. Il m'a aussitôt répondu en disant que les messages comme le mien, « venus du passé », étaient jusqu'ici la meilleure chose qu'il retirait de son prix…

Les mauvais calculs de l'énergie du vide

Les physiciens qui travaillent sur le concept d'énergie du vide ont en vue un projet plus grandiose : l'unification des interactions fondamentales. Dans ce dessein, ils sont obligés d'ajouter des termes dans leurs équations, qui représentent des champs naturels entièrement nouveaux. Le concept de champ a été inventé au XIXe siècle par les mathématiciens pour exprimer comment une quantité donnée peut varier d'un point à l'autre de l'espace. Les physiciens ont aussitôt adopté cette idée pour décrire quantitativement comment des forces, comme la gravité et l'électromagnétisme, changent en fonction de l'éloignement par rapport à une source.

Les champs mis en jeu dans les théories d'unification sont très différents de ceux que nous connaissons déjà. Par exemple le fameux champ de Higgs, dont le boson médiateur a été mis expérimentalement en évidence au CERN en 2012, découle de la théorie électrofaible introduite par Sheldon Glashow, Abdus Salam et Steven Weinberg pour unifier les interactions électromagnétique et nucléaire faible.

Avant cette unification électrofaible, l'interaction faible, responsable de la désintégration radioactive de certaines particules, ainsi que l'interaction électromagnétique responsable des influences mutuelles entre les particules chargées et du mouvement des aiguilles aimantées étaient considérées comme des forces de la nature tout à fait distinctes. En combinant leurs descriptions mathématiques dans un langage commun, Weinberg, Salam et Glashow ont montré que cette distinction n'était pas fondamentale. Un nouveau champ naturel, le champ de Higgs, fait que ces deux interactions agissent différemment en dessous d'une certaine température, notamment dans l'Univers actuel. Mais, à des températures supérieures à un milliard de milliards de degrés, les interactions faible et électromagnétique deviennent virtuellement identiques dans la façon dont elles affectent la matière. Tel est le modèle standard de la physique des particules.

Il y a un prix à payer pour l'introduction de nouveaux champs quantiques : ils confèrent à l'état de vide une énorme énergie latente, qui se comporte exactement comme la constante Λ des modèles cosmologiques. Comme l'avait prophétisé Lemaître, voilà donc ce terme si controversé brillamment ressuscité par la théorie quantique ! Il ne reste plus qu'à calculer sa valeur dans le cadre du modèle standard de la physique des particules. Et là, c'est la catastrophe. Plusieurs manières de calculer sont possibles, mais la valeur prédite dans la plupart des cas est 10^{122} fois supérieure à celle prescrite par l'observation astronomique, un écart si faramineux que notre esprit a des difficultés à le saisir. Avec une énergie du vide aussi grande, toute la matière de l'Univers serait instantanément dispersée, et les étoiles et les galaxies ne se seraient jamais formées.

Sans entrer dans des détails bien trop complexes pour cet ouvrage, je puis donner une façon simple[10] de mesurer ce vertigineux écart,

10. Curieusement, je ne l'ai jamais lue ailleurs.

à juste titre qualifié de « pire prédiction de toute la physique ». La constante cosmologique est assimilable à l'inverse du carré d'une longueur. Pour les physiciens de l'infiniment petit, cette longueur s'interprète comme l'échelle de distance à laquelle les effets gravitationnels dus à l'énergie du vide deviennent manifestes sur la géométrie de l'espace-temps. Ils estiment que cette échelle est la longueur de Planck, soit 10^{-33} centimètre. Pour les astronomes, la constante cosmologique est une force de répulsion cosmique qui affecte le taux d'expansion à l'échelle du rayon de l'Univers observable, soit 10^{28} centimètres. Le rapport des deux longueurs est 10^{61}, qui est bien la racine carrée de 10^{122}...

On conçoit qu'il soit déplaisant, aux yeux des physiciens théoriciens, que leurs meilleurs modèles d'unification, censés faire des prédictions ultraprécises dans le domaine des particules élémentaires, conduisent à une conséquence cosmologique aussi aberrante. C'est un exemple extrême du problème de base qui affecte le modèle standard de la physique des particules, qui est que l'on ne comprend pas la raison pour laquelle les quelque dix-neuf paramètres libres dont il dépend pour écrire les lois de la physique ont telle ou telle valeur.

Pour la constante cosmologique, les physiciens ont donc tout tenté pour réduire l'écart en inventant des théories « au-delà du modèle standard ». La plus étudiée est la supersymétrie (SUSY), ainsi nommée car elle suppose une symétrie entre les fermions de spin demi-entier – particules qui constituent la matière – et les bosons de spin entier – particules qui véhiculent les interactions (voir chapitre 1). Une approximation de la théorie à basse énergie fournit une valeur de la constante cosmologique qui reste 10^{60} trop grande par rapport à sa mesure astronomique. Quant à la théorie SUSY stricte, valide à très haute énergie, elle prédit une valeur strictement nulle ! La supersymétrie échoue donc complètement à expliquer pourquoi la constante cosmologique n'est ni nulle ni très grande, de même qu'elle a échoué en prédisant les particules « superpartenaires » des fermions et des bosons, dont l'existence a récemment été exclue par les expériences de haute énergie réalisées au CERN. Cette théorie, qui prédit un univers complètement différent du nôtre, continue pourtant à rassembler de nombreux adeptes bardés de grands prix scientifiques qui, à l'instar des membres d'une secte, continuent à croire qu'ils pratiquent une « science normale », sans penser un seul instant que leur science n'est justement pas normale car ce n'est pas la bonne !

Pour sauver la mise, les physiciens des hautes énergies se sont alors dit que la constante cosmologique n'était peut-être pas vraiment constante. Par exemple, Robert Caldwell et ses collaborateurs ont proposé en 1998 l'existence d'une nouvelle entité qui imbiberait complètement l'espace, un peu comme le faisait l'éther chez Aristote, ce cinquième élément appelé « quintessence ». Le terme a été repris par les chercheurs pour l'appliquer à ce nouveau champ d'énergie hypothétique. Celui-ci, auquel on attribue une variation excessivement lente, peut encore être représenté dans les modèles d'univers à l'aide du terme cosmologique, lequel cesse alors d'être défini comme une constante. Il peut toujours s'interpréter comme ce qui reste dans l'Univers lorsqu'on en retire toute la matière et tout le rayonnement. En ce sens, la quintessence correspond à une certaine forme de vide, mais plus flexible que la constante cosmologique car variable au cours du temps. La valeur de ce champ, extrêmement élevée dans l'Univers très primordial (donc en accord avec les calculs des physiciens des hautes énergies), tomberait très bas au cours de l'évolution cosmique, conformément à la valeur aujourd'hui mesurée par les astronomes. Plus précisément, le champ de quintessence évoluerait naturellement vers un attracteur lui conférant une valeur basse quelle que soit sa valeur d'origine. Un grand nombre de conditions initiales différentes lors du Big Bang conduiraient ainsi au même univers actuel – celui qui est précisément observé. Un joli tour de passe-passe !

Une autre approche est celle de la théorie des cordes, extension de la supersymétrie destinée à inclure une description de la gravité. L'une de ses propositions les plus étonnantes concerne le multivers (chapitre 11). Ses partisans les plus fervents (et les plus médiatisés) comme Leonard Susskind, Brian Greene ou Max Tegmark espèrent convertir un échec explicatif en un nouveau tour de passe-passe bien plus extravagant que celui de la quintessence : si l'on ne comprend pas les valeurs que prennent les constantes fondamentales dans notre Univers, il suffit de présumer que notre Univers appartient à un ensemble quasi infini et inobservable d'univers, chacun d'eux muni de paramètres aléatoirement distribués. Dans le « paysage » du multivers, la constante cosmologique est extraordinairement grande dans la plupart des cas, mais il y a forcément un univers très improbable où elle est strictement nulle, un autre tout aussi improbable où elle a la « bonne valeur » – celle de notre Univers, bien entendu. Pour eux donc, notre Univers a les paramètres improbables qu'il a juste parce que ce sont ces paramètres qui le rendent habitable, utilisant de ce fait un argument de type anthropique dont j'ai dénoncé plus haut les limites.

La théorie M, extension de la théorie des cordes proposée par Edward Witten (chapitre 9), promet encore davantage. Selon ses partisans, dans le monde multidimensionnel des « branes » issu de la théorie, l'énergie sombre mesurée dans notre univers-brane pourrait être importée à partir des dimensions supplémentaires de la « matrice » dans laquelle nous serions immergés. D'autres chercheurs voient l'origine de la répulsion cosmique dans d'éventuelles interactions entre branes – ce qui revient à éliminer tout recours à l'énergie sombre. Cela n'éclaire en rien le problème, si l'on se souvient que la théorie M est bien plus mystérieuse que l'énergie sombre, qui elle au moins a des effets observables sur la vitesse d'expansion cosmique !

On le voit, aucune de ces nouvelles théories, si excitantes soient-elles, ne résout mieux les difficultés que leurs versions antérieures à plus basse énergie. Les problèmes sont repoussés chaque fois un peu plus loin, éloignant d'autant le fantasme que les théories suscitent : celui d'une physique totalement unifiée qui serait proche de son achèvement.

Je fais l'impasse sur d'innombrables autres tentatives pour expliquer la nature de l'énergie sombre. Certains chercheurs nient même son existence, en invoquant par exemple un univers inhomogène plutôt que le modèle homogène standard de Friedmann-Lemaître ; en ce cas, la vitesse d'expansion varierait en temps et en lieu selon les différences de densité, et l'énergie sombre ne serait plus qu'un artefact.

Bref, une nouvelle proposition sur l'énergie sombre est publiée en moyenne chaque mois. Autant dire que la situation est plutôt confuse. Il y a quelques années, Gerard 't Hooft, prix Nobel de physique 1999, s'était proposé d'écrire un article de revue intitulé « 100 solutions au problème de la constante cosmologique, et pourquoi elles sont toutes fausses ». Il a finalement décidé de laisser le travail à l'un de ses thésards, jugeant que ce serait un bon exercice de salubrité.

À ce stade, on peut se demander si la découverte de l'accélération cosmique, parfois considérée comme la plus importante de ces vingt dernières années en physique, devait forcément conduire à tant de contorsions théoriques. D'un côté, on peut penser qu'il faut davantage d'imagination et de créativité pour sortir la physique théorique de ce que l'on croit être une impasse. D'un autre côté, on peut aussi se demander si justement la physique actuelle ne souffre pas d'un excès d'imagination par rapport au déficit des données expérimentales. En outre, l'imagination, capitale pour la créativité scientifique, devient improductive si elle ne pose pas les bonnes questions. Il est vain de s'émerveiller du fait que la symétrie puisse unifier les particules élémentaires et les interactions fondamentales si, comme le croyait déjà le philosophe et mathématicien Gottfried Wilhelm Leibniz au XVIIIe siècle, et plus récemment le théoricien britannique Roger Penrose, plus nous comprenons fondamentalement la nature, moins ses lois nous apparaissent symétriques.

Nous avons vu que le phénomène de l'accélération cosmique pouvait être simplement décrit par la constante cosmologique classique des équations d'Einstein, sans faire appel à une nouvelle physique. Mais ce n'est pas parce que c'est l'explication la plus simple et la plus naturelle qu'elle est la bonne : depuis vingt-cinq siècles qu'elles sont pratiquées, les sciences, toutes disciplines confondues, n'ont cessé de nous surprendre.

Mais alors, si ce n'est pas la constante cosmologique associée au vide quantique qui provoque l'accélération observée de l'expansion cosmique, quelle en est la cause ? C'est là que nous revenons au sujet principal de ce livre : en posant le problème de la compatibilité entre la description classique de l'espace, du temps et de la gravitation avec celle, quantique, de la matière, la nature encore mystérieuse de l'énergie sombre suggère qu'il manque quelque chose d'essentiel dans notre compréhension de l'Univers physique. À ce titre, son élucidation peut servir de guide sur la façon de mettre au point une bonne théorie de la gravitation quantique.

De même que l'élimination des singularités ou la résolution du paradoxe de l'entropie des trous noirs, une explication de la valeur correcte de la densité d'énergie sombre est un test à passer pour ces théories. Nous verrons qu'en ce qui concerne la constante cosmologique là où la théorie des cordes échoue, d'autres approches comme la gravité quantique à boucles (chapitre 8), la gravité à sécurité asymptotique (chapitre 14) ou encore les ensembles causaux (chapitre 12) y parviennent.

C'est un singulier hommage aux génies d'Einstein et de Lemaître de voir comment le « petit agneau » dont ils discutaient poliment à Pasadena, il y a plus de quatre-vingts ans, a suivi un chemin tortueux dont le bout n'est toujours pas en vue.

Les équations d'état de l'énergie sombre

Peut-on imaginer des dispositifs expérimentaux susceptibles de mieux contraindre les différents modèles d'énergie sombre ? Celle-ci est caractérisée par une pression négative ; cette dernière équivaut en fait à une tension, tout comme les objets élastiques, ressorts et feuilles de caoutchouc ont, eux aussi, quand ils sont tendus, une pression négative dirigée vers l'intérieur.

On montre que, lorsque la pression de l'énergie sombre est inférieure à un tiers de la densité d'énergie, la force gravitationnelle change de signe et devient répulsive. Le paramètre clé est l'équation d'état, qui explicite le rapport entre la pression p de l'énergie sombre et sa densité d'énergie ρ sous la forme $p = w\rho c^2$, où w est un paramètre dépendant de la nature de l'énergie. Pour obtenir une énergie répulsive, w doit être négatif et inférieur à $-1/3$. L'une des équations de base du modèle cosmologique standard (dite seconde équation de Friedmann) stipule que le taux d'expansion de l'Univers est proportionnel à $-(\rho+3p/c^2)$. Dans la physique de tous les jours, la densité ρ et la pression p sont toutes deux positives, de sorte que le taux d'expansion est négatif, ce qui correspond à une décélération. Mais si l'on considère un champ d'énergie dans lequel $(\rho+3p/c^2)$ est négatif, alors le taux d'expansion devient positif et on obtient une accélération.

Comme l'avait vu Lemaître dès 1934, la constante cosmologique ou le vide quantique sont caractérisés par $w = -1$; ils sont donc fortement répulsifs. D'autres formes d'énergie sombre, comme les modèles de quintessence, ont des w compris entre -1 et $-1/3$. La forme la plus extrême d'énergie répulsive, dite « énergie fantôme », est caractérisée par $w < -1$. La flexibilité théorique permet en outre à l'équation d'état de varier arbitrairement au cours du temps.

Les astronomes ont mis en place d'ambitieux programmes d'observations susceptibles de contraindre les valeurs possibles de w, et ce faisant les différents modèles d'énergie sombre. L'enjeu est capital pour la cosmologie puisque, comme nous le verrons en conclusion de chapitre, le futur à très long terme de notre Univers en dépend entièrement.

Le Dark Energy Survey (acronyme DES) est un programme international de relevé optique et proche infrarouge utilisant un télescope de 4 mètres de diamètre situé au Chili et équipé d'une puissante caméra à très haute définition. Son but est de cartographier plusieurs centaines de millions de galaxies. Le DES analyse la structure à grande échelle de l'Univers à l'aide de quatre indicateurs différents : les supernovæ de type Ia pour révéler l'histoire de l'expansion de l'Univers, les oscillations acoustiques de baryons pour révéler la distribution tridimensionnelle des galaxies, la répartition des amas de galaxies, et l'utilisation des lentilles gravitationnelles faibles. Cette méthode consiste à mesurer la distorsion de la forme des galaxies sous l'effet de la lentille gravitationnelle causée par la matière visible et noire présente entre la Terre et ces galaxies. Le degré de distorsion permet de déduire comment se répartit la matière noire, en soustrayant l'effet de la matière observable. Le programme d'observations, commencé en 2012 et achevé en janvier 2019, a recueilli une masse énorme de données dont l'analyse ne fait que commencer.

Le relais sera pris par la mission Euclid, un télescope de l'Agence spatiale européenne (ESA), dont la mise en orbite est planifiée pour 2022. Son nom se réfère au grand mathématicien et astronome de l'Antiquité, qui était capable de mesurer le temps à partir de l'ombre d'un bâton planté dans le sol. Les observations de ce nouvel instrument, portant sur 10 milliards de sources astronomiques, dureront au minimum six ans. La mission repose sur des mesures du cisaillement gravitationnel et la détermination par spectroscopie de la distance des galaxies concernées. Plusieurs méthodes destinées à révéler leurs caractéristiques ont été mises au point au cours des années écoulées. L'une des plus efficaces est la lentille gravitationnelle faible, déjà utilisée dans le programme DES. Par ailleurs, en mesurant le décalage spectral vers le rouge des galaxies en arrière-plan (reflet de l'âge de l'image des galaxies), on peut estimer comment le phénomène de distorsion a évolué au cours du temps. L'objectif final est de déterminer le paramètre *w* de l'équation d'état reliant la pression de l'énergie sombre et sa densité, avec une précision de 2 % en ce qui concerne sa partie constante, et de 10 % pour la composante reflétant une éventuelle variation de cette pression dans le temps – c'est-à-dire liée au décalage spectral vers le rouge.

Si le paramètre *w* s'avère très proche de –1, la théorie de la relativité générale et sa constante cosmologique rendront bien compte du taux d'expansion de l'Univers et de la présence de l'énergie noire. En revanche, une variation significative du coefficient *w* impliquerait soit l'existence d'une autre forme d'énergie sombre, soit une révision de la théorie de la relativité générale…

Futur de l'Univers et énergie sombre

L'évolution de l'Univers dépend de façon cruciale de la densité totale de matière et d'énergie qu'il contient sous toutes leurs formes. Lorsque les astrophysiciens en font l'inventaire, ils se heurtent à un certain nombre de complications. Différentes formes d'énergie ont en effet tour à tour dominé le cours de l'évolution cosmique et en ont imposé la dynamique, c'est-à-dire la variation du facteur d'échelle spatiale *R* au cours du temps – facteur d'échelle que l'on peut identifier au rayon de l'Univers observable.

On peut en gros distinguer quatre phases. La première, hypothétique, est la très brève période d'inflation, où *R* aurait été en expansion exponentielle sous l'effet d'une forme extrême d'énergie du vide. C'est durant cette période que la matière aurait été créée. Dans une deuxième phase, la radiation a dominé, mais, comme sa densité d'énergie diminue comme R^{-4} tandis que *R* augmente, dans une troisième phase elle a été supplantée par la matière, dont la densité diminue seulement comme R^{-3}. Pour des raisons semblables, dans une quatrième phase l'énergie sombre a pris le relais voici 7 milliards d'années, et domine l'Univers actuel. Son effet est d'accélérer l'expansion, moins rapidement cependant que durant l'inflation. Nul ne sait où elle nous conduira, puisqu'on ignore sa vraie nature et que l'on ne connaît pas sa loi de variation au cours du temps.

Résumons pour finir les conséquences sur le futur à très long terme de l'Univers des diverses hypothèses relatives à l'énergie sombre.

• Si l'énergie sombre est constante, elle va dominer de plus en plus la balance énergétique de l'Univers, et l'expansion observée de l'espace va continuer à accélérer jusqu'à devenir exponentielle. Les structures qui ne sont pas déjà reliées gravitationnellement vont se briser et leurs parties vont s'éloigner les unes des autres à des vitesses apparentes supérieures à celle de la lumière. L'accélération nous empêchera finalement d'observer des portions importantes de l'Univers qui est aujourd'hui visible : dans environ 100 milliards d'années, toutes les galaxies seront trop décalées vers le rouge pour être encore observables. Néanmoins, les structures liées gravitationnellement, comme les galaxies et les systèmes planétaires, le resteront. Ainsi, le Système solaire ou la Voie lactée demeureront essentiellement identiques à ce qu'ils sont maintenant, alors que le reste de l'Univers semblera s'enfuir loin de nous. Ce scénario dit du *Big Chill* (grand refroidissement) est, dans l'état actuel de nos connaissances, le plus plausible.

• Si la densité d'énergie sombre décroît dans le futur (modèle de quintessence), alors la matière peut redevenir dominante. L'horizon cosmique grandira, nous révélant une part toujours plus grande de l'Univers. La gravité attractive l'emportera à nouveau et l'expansion non seulement cessera d'accélérer, mais s'inversera, et l'Univers se contractera dans son ensemble pour disparaître dans un *Big Crunch* pouvant survenir dans 18 milliards d'années.

• Si l'énergie sombre augmente au contraire au cours du temps, ou si elle est dominée par l'énergie fantôme fortement répulsive, l'espace se dilatera à un rythme sans cesse accru, et l'accélération sera elle-même accélérée. En ce cas, l'issue sera un fatal *Big Rip* (grand déchirement), advenant lorsque l'accélération deviendra quasi infinie au bout d'un temps fini. Toute la matière de l'Univers, même les atomes, sera déchirée par la dilatation de l'espace. D'après le scénario le plus extrême, cet événement se produirait dans « à peine » 22 milliards d'années. En premier lieu, les galaxies seront séparées les unes des autres et les amas se dissoudront. Environ 60 millions d'années avant le Big Rip, la gravité sera trop faible pour maintenir la cohésion de notre galaxie, qui se dispersera ; trois mois avant le Big Rip, le système solaire sera déchiré ; dans les dernières minutes, étoiles et planètes seront déchiquetées, et, 10^{-19} seconde avant, les atomes et les noyaux seront eux-mêmes détruits, laissant un Univers vide et sans aucune structure.

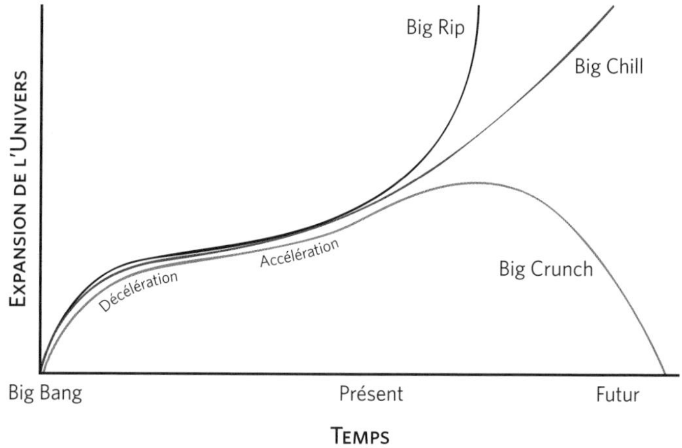

Si l'énergie sombre se réduit à l'énergie du vide quantique et reste constante au cours du temps, elle dominera de plus en plus l'énergie de la matière et l'expansion, de l'Univers restera accélérée pour conduire au Big Chill (courbe du milieu). Si l'énergie sombre est un champ de quintessence variable au cours du temps, elle peut changer d'équation d'état et devenir attractive. Alors un Big Crunch redevient envisageable et pourrait survenir dans 18 milliards d'années (courbe du bas). Si l'énergie sombre est assimilée à une énergie fantôme toujours plus dense et plus répulsive, l'expansion de l'Univers deviendra rapidement exponentielle pour aboutir à un Big Rip (courbe du haut).

CHAPITRE 6

Les hauts et les bas de l'inflation

> « Nos philosophes, par amour pour leurs principes, paraissent jouer le rôle de ceux qui, dans les discussions, montent la garde autour de leurs positions. Ils sont prêts à accepter n'importe quelle conséquence, dans la conviction qu'ils sont en possession de principes vrais : comme si certains principes ne devaient pas être jugés d'après leur résultat et surtout leur résultat final. Et ce résultat final est dans la science de la nature, l'évidence toujours souveraine de la perception sensible. »
>
> ARISTOTE, *Traité du ciel.*

Encore jeune chercheur en 1981, j'étais orateur invité à la session annuelle de l'École de Goutelas, dans le département de la Loire. La thématique portait sur les noyaux actifs de galaxies. J'avais eu l'occasion de présenter mes travaux préliminaires sur la destruction d'étoiles par les forces de marée des trous noirs géants au centre des galaxies, qui me conduiraient l'année d'après à proposer, avec Brandon Carter, le modèle des « crêpes stellaires flambées ». Rien à voir donc avec la cosmologie, mais cette même année je venais de publier un article dans la revue *Astronomy & Astrophysics*, où j'étudiais l'influence d'une masse non nulle des neutrinos sur la courbure de l'Univers et son évolution future.

La grande question cosmologique de l'époque était de savoir comment se situe la densité d'énergie réelle de l'Univers par rapport à la densité dite critique séparant les espaces à courbure négative ou positive : plus petite, égale ou plus grande ? On trouvait d'un côté les partisans d'un univers de densité sous-critique, donc de courbure négative, ouvert et en expansion perpétuelle. Les observations sur la distribution de matière cosmique appuyaient fortement cette thèse. De l'autre côté restaient les défenseurs d'un univers de densité surcritique, donc de courbure positive, fermé et s'achevant dans un Big Crunch[1]. Le cas limite correspondant *exactement* à la densité critique, celui d'un espace euclidien de courbure nulle, ouvert et en expansion perpétuelle, dont une version simplifiée avait été proposée dès 1932 par Einstein et de Sitter, semblait très improbable compte tenu de la précision infinie que cela exige sur la valeur de la courbure.

Nous n'avions pas du tout discuté de cette question durant l'École de Goutelas, puisque ce n'était pas le sujet. Mais je me souviens parfaitement que, sur le chemin de retour vers Paris, effectué en voiture accompagné de trois autres jeunes chercheurs, nous avions débattu du problème. J'avais fini par lancer une idée cocasse : « Imaginez que l'on découvre un jour un mécanisme physique qui force l'Univers à avoir exactement la densité critique… Ce serait quand même assez amusant ! » Cela ressemblait plus à une boutade provocatrice qu'à une proposition sensée, et nos échanges s'étaient terminés par un éclat de rire sceptique. Nous ignorions complètement qu'un an auparavant le physicien américain Alan Guth avait précisément présenté un tel mécanisme, qu'il avait baptisé « inflation ». Un nouveau chapitre de la cosmologie théorique s'ouvrait, aboutissant à l'actuel modèle standard de la discipline.

1. Quand on prend en compte les effets répulsifs de la constante cosmologique ou de l'énergie noire, un espace à courbure positive peut être en expansion perpétuelle.

D'un vide à l'autre

En 1973, Sheldon Glashow et Howard Georgi ont proposé une nouvelle théorie dite de Grande Unification (GUT) censée décrire une hypothétique interaction « électronucléaire », unification des trois interactions électromagnétique, faible et forte que nous connaissons dans le monde d'aujourd'hui[2].

Cette superforce ne pouvant exister qu'à une température et à une densité d'énergie extraordinairement élevées, seul l'Univers plus jeune que 10^{-35} seconde a pu la voir régner. Or l'Univers se refroidit très vite en raison de l'expansion. Ce faisant, l'interaction forte se découple des autres. Elle engendre une transition de phase, comme l'eau qui se refroidit pour se transformer en glace. Pour l'univers primitif, il s'agit d'une brisure de symétrie d'une forme d'énergie du vide appelée champ de Higgs, lequel passe d'un état instable appelé « faux vide » – analogue du crayon en équilibre sur sa pointe – à un état stable de « vrai vide » – le crayon couché sur la table. Toute transition de phase dégage de l'énergie, à l'instar de la chaleur latente libérée lorsque l'eau gèle. Dans le cas de la brisure de symétrie GUT, la libération d'énergie est colossale. Venue du vide quantique, cette énergie fortement répulsive déclenche une brutale accélération de l'expansion du jeune Univers, lui imprimant un rythme exponentiel phénoménal. Son effet est radical : en seulement 10^{-32} seconde, la taille de l'Univers augmente d'un facteur de plus de 10^{50}. Quand le processus s'achève, le champ s'évanouit, l'énergie du vide s'est convertie en rayonnements et en particules de matière, la courbure de l'espace a été aplanie, l'Univers a été « lissé » et sa densité d'énergie a atteint la valeur critique. Tel est, simplifié, le scénario de base de l'inflation.

De fait, Alan Guth n'avait pas été le premier à envisager un tel processus, mais il avait eu la bonne idée de lui donner son nom

2. La gravité est exclue de la Grande Unification, qui n'est donc pas si « grande » que cela !

frappant d'« inflation » et d'en explorer les conséquences cosmologiques, ce que n'avaient pas fait ses prédécesseurs. C'est en réalité le Belge François Englert qui, en 1978, a été le premier à étudier, avec ses compatriotes Robert Brout et Edgar Gunzig, comment une brisure de symétrie du modèle GUT pouvait conduire à une brève phase de croissance exponentielle de l'espace. Déjà associé à Brout, Englert avait proposé dès 1964 d'expliquer pourquoi la masse des particules élémentaires autres que les photons était non nulle par un mécanisme dit de Higgs-Englert, faisant également intervenir une brisure de symétrie de certains états de l'énergie du vide[3]. Quinze ans plus tard, la prédiction d'une période d'inflation cosmique accompagnant l'apparition de l'interaction forte se situait donc dans le prolongement logique de leurs travaux antérieurs. À ceci près que, contrairement au champ de Higgs-Englert mis en évidence expérimentale au CERN, la théorie GUT prédit un temps de désintégration des protons qui n'a jamais été observé. Par conséquent, rien ne garantit que l'Univers primordial ait été dominé par une superforce électronucléaire. Mais n'anticipons pas sur les difficultés du modèle, sur lesquelles je reviendrai plus loin.

Au mois de juillet 1979, après avoir publié ma simulation numérique de l'apparence d'un trou noir entouré d'un disque de gaz mince[4], j'avais participé à la prestigieuse école de physique théorique des Houches, en Haute-Savoie, session 32 intitulée « Cosmologie physique ». Encore novice dans la discipline, je faisais partie des nombreux étudiants suivant avec plus ou moins de peine les exposés très techniques délivrés par des cosmologistes chevronnés. Parmi eux, Jim Peebles, futur prix Nobel 2019, donnait un cours sur les amas de galaxies. De son côté, François Englert présentait son

3. Le même mécanisme avait été envisagé presque simultanément par le physicien écossais Peter Higgs. La particule associée au champ, appelée boson de Higgs, a été découverte au CERN en 2012, ce qui a valu le prix Nobel de physique 2013 à Englert et Higgs (Brout étant entre-temps décédé).

4. Qui allait être confirmée quarante ans plus tard par la première image télescopique du trou noir supermassif M87*, délivrée en avril 2019 par les équipes de l'Event Horizon Telescope.

nouveau travail sur la « création de l'Univers » consécutive à une brisure de symétrie GUT. N'étant à l'époque pas du tout formé aux arcanes de la physique des hautes énergies, je dois reconnaître que je n'avais pas compris grand-chose au cours d'Englert[5]. Mais je me souviens parfaitement qu'il nous avait surpris en nous démontrant, force équations à l'appui, que le facteur d'échelle de l'Univers avait dû connaître une brève phase de croissance exponentielle. Pour les curieux qui voudraient consulter en bibliothèque universitaire les actes du colloque[6], c'est à la page 529 du gros volume !

Si Englert n'est généralement pas associé à la découverte du mécanisme d'inflation, c'est parce que, pur physicien théoricien, il n'avait pas participé à la mise en évidence explicite des avantages cosmologiques du scénario, ce que fit Guth deux ans plus tard. Je me souviens d'un cours de cosmologie que j'avais donné en 2003 à l'Université Libre de Bruxelles, auquel Englert m'avait fait l'honneur d'assister. À la fin je lui avais parlé en privé de ce qui m'apparaissait comme une double injustice : d'une part le fait que le boson dont il avait été le premier à proposer l'existence soit appelé « boson de Higgs », d'autre part qu'il n'était jamais cité comme premier promoteur des modèles d'inflation. Il m'avait répondu avec la même modestie et la même philosophie dont son compatriote Georges Lemaître avait fait preuve un demi-siècle auparavant à l'égard de la paternité des modèles de Big Bang.

Pour être complet, je dois ajouter qu'indépendamment d'Englert le Russe Alexei Starobinski, disciple du brillant Zel'dovich, avait lui aussi proposé en 1979 un processus de type inflatoire, permettant à des fluctuations quantiques, au départ microscopiques, de grossir à une taille macroscopique et d'engendrer des irrégularités de température et de densité dans le rayonnement de fond cosmologique (lesquelles seront détectées pour la première fois en 1992).

---

5. Au point que je l'avais complètement oublié lors de la discussion de 1981 à l'École de Goutelas !
6. Roger Balian, Jean Audouze, David Schramm (dir.), *Physical Cosmology*, North-Holland Pub, 1980.

Après l'enthousiasme initial suscité par l'article de Guth, auquel la paternité de l'inflation allait être unanimement attribuée, on s'est vite aperçu que le modèle qu'il proposait pour la forme du champ d'énergie répulsive ne marchait pas. Qu'à cela ne tienne, l'idée semblait trop bonne pour être abandonnée ! Le modèle de Guth fut rebaptisé *old inflation* et remplacé dès 1982 par une série de modèles *new inflation*, bâtis sur mesure par quelques ténors de la cosmologie théorique comme les Russes Andrei Linde, Viatcheslav Mukhanov, Alexander Vilenkin, ou encore l'Américain Paul Steinhardt.

De telles constructions théoriques sont possibles du fait que l'hypothétique champ qui imprègne l'espace, appelé « inflaton » ou encore « dilaton », est de type scalaire, c'est-à-dire qu'il prend une certaine valeur numérique en chaque point de l'espace. Son intensité en un point donné y détermine la densité d'énergie. La relation entre l'intensité du champ et la densité d'énergie peut être représentée par une courbe ressemblant à une colline, dont la forme détermine les propriétés de l'Univers quand l'inflation est terminée – par exemple, si oui ou non l'espace devient « plat » et lisse, présente des variations de température et de densité invariantes d'échelle ou non, et ainsi de suite. Comme l'inflaton est purement hypothétique, libre aux chercheurs de bâtir des centaines de modèles d'inflation, en supposant telle ou telle forme précise pour la colline qui le représente.

En 2013, trois collègues de l'Institut d'Astrophysique de Paris et de l'Université de Louvain ont publié une *Encyclopædia Inflationaris* recensant des centaines de modèles différents, allant de modèles relativement standards comme le populaire scénario dit « en pente douce » (*slow-roll inflation*) à des modèles de plus en plus extravagants comme l'inflation intermédiaire, l'inflation hybride, l'inflation à boucles, l'inflation à petit champ, l'inflation SUSY exponentielle, l'inflation à potentiel logarithmique, la double inflation, ou encore à l'inflation à courte échelle, pour ne citer que quelques-uns aux noms plutôt pittoresques. Les confrontations de leurs prédictions théoriques aux observations ont éliminé la grande majorité d'entre eux, mais 74 restaient en compétition, tous rendant approximativement compte des caractéristiques observées dans le rayonnement fossile ! Je reviendrai plus loin sur cette extrême flexibilité de la théorie, qui lui fait évidemment préjudice sur le plan épistémologique.

En attendant, pourquoi l'idée de base paraissait-elle si bonne ? Parce qu'elle était censée fournir pour la première fois une explication cohérente à un certain nombre de questions que la théorie classique du Big Bang ne semblait pas résoudre. C'est ainsi qu'à la suite de l'article de Guth conférences, monographies scientifiques et pages de vulgarisation scientifique du monde entier ont commencé à réciter quasi religieusement, à la manière de mantras, les trois « problèmes » censés justifier l'inflation. Or, en toute objectivité, ces problèmes n'en sont pas et n'en ont jamais été. Voyons pourquoi.

Les faux problèmes de la cosmologie

Les monopôles magnétiques

La question ne traite évidemment pas des monopoles (qui, au demeurant, ne portent pas d'accent circonflexe) commerciaux ou industriels, mais relève de la physique des particules. Si l'Univers primordial a connu une transition de phase en raison d'une brisure de symétrie, alors des « défauts topologiques », analogues aux fractures qui apparaissent dans la glace quand l'eau gèle, ont nécessairement dû se former. Des monopôles magnétiques, particules hypothétiques qui porteraient une charge magnétique ponctuelle (au contraire des aimants habituels qui possèdent deux pôles opposés), mais aussi des « cordes cosmiques » unidimensionnelles (à ne pas confondre avec les entités de même nom de la théorie des cordes) et des

« murs domaniaux » bidimensionnels, auraient dû être produits en abondance dans notre Univers. Mais on ne voit aucun d'entre eux. Comme l'inflation est censée avoir considérablement dilué la densité de monopôles et autres défauts topologiques sur des échelles spatiales bien supérieures à celle de notre portion d'Univers observable, il n'y a plus lieu de s'étonner de n'en trouver aucun, et le tour est joué !

Or une explication bien plus plausible est que ces défauts topologiques n'ont tout simplement jamais existé. En effet, on ignore totalement si une symétrie entre des forces unifiées a été brisée dans le jeune Univers, ou bien, si cela s'est produit, on ignore quand elle a été brisée et si elle a produit des défauts topologiques. Toutes les recherches tentant de mettre en évidence expérimentale la symétrie GUT se sont d'ailleurs révélées négatives[7]. La motivation initiale de « diluer » les défauts topologiques ne reste aujourd'hui intéressante que pour des raisons historiques, leur actualité scientifique étant totalement dépassée. Il y a d'ailleurs de quoi être perplexe devant le nombre de récompenses scientifiques et de promotions professionnelles qui continuent à être attribuées à des chercheurs qui se sont fourvoyés durant des années dans l'étude de ces inexistants défauts topologiques...

La platitude

On l'a vu, une autre conséquence de l'inflation aurait été d'aplanir irrésistiblement l'Univers, un peu comme la surface d'un ballon démesurément gonflé tend à perdre sa courbure. Cela équivaut à amener la densité moyenne de l'Univers à une valeur extrêmement proche de la valeur critique, donnée par la formule $\Omega = 1$ en termes du « paramètre de densité normalisé ».

7. Cette symétrie est représentée par un groupe mathématique nommé SU(5), mais elle complique le modèle standard des particules en obligeant à postuler 24 bosons au lieu de 13 et, surtout, elle prédit la désintégration des protons, qui n'a jamais été observée expérimentalement.

Cela s'accorde bien avec les dernières données observationnelles, selon lesquelles notre Univers actuel paraît « plat » à l'échelle de l'horizon cosmologique[8], ou alors, s'il possède une courbure spatiale, celle-ci doit être très petite – ce qui correspond à une valeur du paramètre de densité normalisé Ω proche de 1 à moins de 1 %. Cela ne signifie nullement que l'Univers global au-delà de l'horizon cosmologique soit de courbure nulle, mais que la portion actuellement visible de l'espace est petite devant le rayon de courbure. C'est la même situation que sur Terre : la courbure de notre planète, dont le rayon fait plus de 6 000 kilomètres, n'est pas détectable à l'échelle d'un jardin d'une centaine de mètres de large. En revanche elle est manifeste à l'échelle du millier de kilomètres.

Soit, où est alors le problème dit de la platitude ? C'est que, dans les modèles de Friedmann-Lemaître qui servent de base au modèle standard de la cosmologie, la courbure augmente nécessairement au cours du temps. Cela implique que, si la courbure de l'espace est aujourd'hui très proche de 0, elle doit l'avoir été encore beaucoup plus à l'époque où aurait régné GUT, et ce à un niveau de précision ahurissant de 10^{-60}. L'inflation, qui lisse fortement toute contribution initiale de la courbure, est censée fournir une explication : grâce à elle, la portion observable de l'Univers est devenue trop exiguë par rapport à sa taille totale pour qu'une courbure y soit appréciable. L'Univers observable actuel nous apparaît donc nécessairement de très faible courbure et très proche de la densité critique. Une fois de plus, le tour semble joué !

En réalité, l'inflation n'explique rien du tout. Certains cosmologistes ont commencé à s'interroger sur la manière dont la courbure initiale a pu être ajustée si finement à une valeur aussi « spéciale » que 0, étant entendu que tout écart infime aurait produit des effets radicalement différents de ce qui est observé dans l'Univers actuel. Cela renvoie à de faux raisonnements de

8. Il est plus correct de dire que la courbure est nulle ; le terme « plat » prête à confusion auprès du grand public en donnant la fausse image d'un feuillet bidimensionnel.

type « anthropique » se réclamant de l'idée métaphysique selon laquelle notre Univers aurait été dès le départ miraculeusement ajusté (par qui ou quoi ?) afin de réaliser la condition de platitude, laquelle permet au demeurant aux êtres humains que nous sommes d'exister[9] ! Or, selon les équations normales de la relativité générale, tous les Univers paraissent plats à leur naissance. Physiquement parlant, la portion visible de l'Univers en un point est en effet bornée par l'horizon cosmologique en ce point et il est impossible de sonder l'Univers au-delà. Dans les modèles de Friedmann-Lemaître sans inflation, il se trouve que, dans les premiers instants, l'horizon en un point est considérablement plus petit que le rayon de courbure de l'espace au même instant, de sorte qu'il est impossible d'en apprécier la courbure – bien qu'elle existe à plus grande échelle. Puisque tous les modèles d'Univers naissent plats à l'échelle de leur horizon sans avoir besoin d'invoquer une inflation, il est absurde de penser que notre propre Univers serait exceptionnel à cet égard, et ce n'est pas le type d'argument qu'un scientifique devrait prendre au sérieux.

L'homogénéité

Une troisième question, de fait très liée à la précédente, est de comprendre pourquoi l'espace nous paraît si homogène à grande échelle, comme en témoigne le rayonnement de fond cosmologique. Celui-ci est très isotrope : sa température est la même dans toutes les directions au cent-millième près. Or l'expansion des modèles de Friedmann-Lemaître classiques n'a pas été suffisamment rapide pour expliquer comment deux régions de l'Univers aujourd'hui éloignées l'une de l'autre mais aux caractéristiques très semblables ont jadis été en contact, de façon justement à avoir acquis par

9. Si la courbure initiale de l'espace n'avait pas été quasiment nulle, elle aurait tellement augmenté au cours du temps que l'Univers n'aurait pas eu le temps de former les galaxies et les étoiles grâce auxquelles nous existons.

interaction ces caractéristiques communes. Là encore, la réponse la plus commune consiste à invoquer l'inflation : de par son caractère exponentiel, l'expansion accélérée qu'elle induit est suffisamment rapide pour écarter deux régions initialement en contact et justifier l'homogénéité ultérieurement observée à grande échelle.

Pour comprendre pourquoi ce problème n'en est pas un, il est utile de rappeler comment fonctionnent les modèles couramment utilisés en physique. Ils reposent sur une ou plusieurs équations – généralement des équations différentielles – qui nous disent comment un système (par exemple l'Univers dans son ensemble) varie d'un point à l'autre de l'espace et d'un instant à l'autre au cours du temps. Toutefois, pour calculer l'évolution du système à partir des équations, il faut en connaître les valeurs de départ, c'est-à-dire les conditions initiales.

L'homogénéité et l'isotropie de l'horizon cosmologique exigent une condition initiale pour notre Univers, à savoir une température uniforme. Le fait qu'elle soit jugée « très particulière » se justifierait si cette condition initiale était « compliquée », au sens où elle mettrait en jeu une grande quantité de paramètres. Or une température uniforme n'est pas quelque chose de compliqué. C'est même extrêmement simple, de sorte qu'il n'y a rien de spécial à justifier. Mais, surtout, l'inflation ne répond même pas à la question « pourquoi y a-t-il eu cette condition initiale ? » pour la bonne raison que, pour pouvoir démarrer, l'inflation nécessite elle-même des conditions initiales extrêmement particulières. En fait, elle ne résout le problème de l'homogénéité que si elle suppose le problème résolu dès le départ. L'inflation n'est donc pas autre chose qu'une condition initiale, pas plus simple et plus élégante que la condition de température uniforme, et elle ne l'explique en aucune manière. C'est l'Ouroboros des mythologies, le serpent qui se mord la queue !

Tout comme pour la question de la platitude, il y a plusieurs autres façons de voir qu'il s'agit d'un faux problème. L'une d'elles est que, si l'on remonte suffisamment en arrière dans le temps sans faire l'hypothèse de l'inflation, on aboutit à une époque de l'Univers très primitif où la matière était si dense que les effets de gravité quantique étaient dominants. Et que sait-on du degré de vraisemblance des conditions initiales dans une théorie de gravité quantique ? Rien, absolument rien. Une autre façon de voir ne met même pas en jeu la quantification de la gravité, mais des modèles de « cosmologies à rebond », sur lesquels je reviendrai plus en détail en fin de chapitre. Par exemple, les problèmes de la platitude et de l'homogénéité sont naturellement résolus dans la théorie d'Einstein-Cartan sans qu'aucune forme d'énergie répulsive de type inflatoire soit requise. Cette théorie classique de la gravitation, proposée pour la première fois par Élie Cartan en 1922, a été développée dans les années 1960-1970 par Dennis Sciama et Tom Kibble. Elle étend la relativité générale en y incluant un terme dit de torsion, qui joue le rôle d'une variable dynamique supplémentaire. Le couplage entre la torsion et la courbure évite la singularité du Big Bang et la remplace par un rebond sur une longueur spatiale petite, mais non nulle. L'expansion rapide qui suit ce grand rebond explique alors pourquoi l'Univers actuel paraît spatialement plat, homogène et isotrope à grande échelle.

La peau du léopard

Bien que les promoteurs de l'inflation aient tenté de justifier leur théorie à l'aide d'arguments cosmologiques erronés, il s'est avéré par la suite que certains modèles d'inflation pouvaient fournir une explication à d'autres problèmes bien réels. Les modèles inflatoires dits standards prédisent non seulement que l'Univers doit avoir la densité d'énergie critique, mais aussi les propriétés statistiques des petites irrégularités de température et de densité présentes dans le rayonnement fossile, lui donnant l'aspect d'une peau de léopard. *Primo*, ces « anisotropies » doivent être presque invariantes d'échelle, ce qui signifie qu'elles montrent toutes à peu près la même intensité sur toutes les échelles angulaires. *Secundo*, elles doivent être « adiabatiques », ce qui signifie que les perturbations sont les mêmes dans toutes leurs composantes : la matière ordinaire, le rayonnement et la matière sombre doivent tous fluctuer à l'unisson. *Tertio*, elles doivent être « gaussiennes », c'est-à-dire que le motif des petites taches chaudes et froides du rayonnement fossile doit obéir à une statistique précise[10].

Or les résultats du satellite *COBE* en 1992, suivis par ceux des deux missions *WMAP* et *Planck* ainsi que par de nombreuses expériences au sol et en ballon, ont tous confirmé que les anisotropies du rayonnement fossile sont bel et bien presque invariantes d'échelle, très exactement adiabatiques et quasi gaussiennes, comme cela avait été prédit par la théorie de l'inflation. Ses prosélytes en ont aussitôt conclu qu'il s'agissait là d'une solide confirmation de l'inflation. Ils oublient (ou font semblant d'oublier) deux points clés : d'abord, la théorie générale de l'inflation permet beaucoup d'autres motifs de taches chaudes et froides qui ne sont pas proches de l'invariance d'échelle, et qui ont typiquement des variations de température beaucoup plus grandes que la valeur observée. En d'autres termes, l'invariance d'échelle est possible, mais un large écart est également possible selon les détails parfaitement arbitraires et non physiquement justifiés que l'on imagine sur la densité d'énergie inflatoire. Ensuite, il existe d'autres théories capables de rendre compte de la structure du rayonnement fossile sans faire appel à une phase inflatoire. Par conséquent, la peau de léopard vue par les télescopes *WMAP* et *Planck* ne peut être prise comme une preuve convaincante de l'inflation.

10. La statistique gaussienne est l'une des lois de probabilité les plus adaptées pour modéliser des phénomènes naturels issus de plusieurs événements aléatoires.

De l'inflation chaotique à l'inflation éternelle

« Aujourd'hui, l'inflation a changé de visage par rapport à l'image que l'on s'en faisait au début des années 1980. Désormais elle se manifeste par la création de bulles spéculatives. »

Un économiste interviewé sur *BFM*,
le 25 novembre 2003.

En 1981 Andrei Linde, alors chercheur à l'Institut Lebedev de Moscou avant de rejoindre le CERN puis d'obtenir en 1990 un poste de professeur à l'Université de Stanford[11], a développé une autre version de la théorie qu'il a appelée « nouvelle inflation ». Il a démontré que l'expansion exponentielle de l'Univers pouvait se produire non seulement lors d'une transition brutale entre le faux vide et le vrai vide, mais également lors d'une transition plus lente s'éloignant progressivement du faux vide. Ce modèle dit de la « pente douce » (*slow-roll inflation*) a résolu les difficultés du modèle originellement proposé par Guth, tout en préservant la plupart de ses caractéristiques attrayantes, à savoir une explication des trois faux problèmes mentionnés plus haut. Quelques mois plus tard, Andreas Albrecht et Paul Steinhardt ont proposé un scénario similaire. Peu après, les chercheurs se sont rendu compte que la « nouvelle inflation » souffrait également de quelques problèmes. La plupart d'entre eux étaient dus à l'hypothèse habituelle selon laquelle l'univers primitif était initialement très chaud, et que l'inflation s'était produite lors de transitions de phase cosmologiques. En 1983, Linde a donc abandonné certains des principes clés de l'inflation ancienne et nouvelle, et présenté une théorie plus générale, l'« inflation chaotique ». Le processus de dilatation n'aurait pas eu

11. Où il m'avait invité à donner un séminaire sur les trous noirs.

lieu de façon homogène dans l'espace ; de place en place, l'inflation aurait agrandi les fluctuations quantiques du vide en « bulles » gigantesques, notre Univers observable actuel ne représentant plus qu'une partie infime de l'une de ces bulles démesurées. En outre, avec Steinhardt et Alexander Vilenkin, Linde s'est aperçu que non seulement l'inflation exigeait des conditions de démarrage difficiles à obtenir, mais qu'il devenait impossible de la stopper une fois qu'elle avait démarré. En somme, elle devenait « éternelle » !

La raison est la suivante. Nous avons tendance à penser que les fluctuations quantiques sont minuscules, mais les chercheurs ont réalisé que de plus larges sauts quantiques dans le champ d'inflaton, bien que rares, changeaient totalement la suite de l'histoire. Les grandes fluctuations accroissent l'intensité du champ inflatoire à des valeurs plus hautes que la moyenne, faisant durer bien plus longtemps la phase de croissance exponentielle. Les régions qui les subissent se dilatent considérablement en volume comparées aux régions qui ne les subissent pas, et se mettent à dominer rapidement l'espace. En un bref instant, une bulle d'espace dans laquelle l'inflation s'est arrêtée se trouve entourée de gigantesques bulles encore en inflation, et le processus se répète. Dans la plupart des points d'une région « inflatée », l'intensité du champ varie de manière à diminuer la densité d'énergie et à stopper l'inflation, mais des fluctuations quantiques de plus grande amplitude maintiennent l'inflation en certains points, y créant des volumes encore plus « inflatés ». Et le processus se poursuit *ad infinitum* par effet de cascade. L'inflation se poursuit éternellement, engendrant un nombre infini de régions où l'inflation a démarré, chacune créant une bulle d'univers aux caractéristiques physiques particulières. Ce n'est que dans les bulles où l'inflation s'est arrêtée que l'expansion de l'espace est devenue suffisamment lente pour permettre la formation des galaxies, des étoiles, des planètes et de la vie.

La conséquence la plus radicale de ce scénario est que les propriétés physiques de chaque bulle diffèrent en raison des effets aléatoires inhérents aux fluctuations quantiques : des bulles en expansion-contraction, d'autres en expansion perpétuelle, certaines emplies d'étoiles, d'autres vides, ou remplies uniquement de rayonnement, ou de trous noirs, etc. En général, la plupart des univers-bulles ne sont pas de courbure nulle, la distribution de matière n'est pas uniforme et la peau de léopard du rayonnement fossile n'est pas proche de l'invariance d'échelle. Les bulles embrassent un nombre infini de résultats possibles tous différents, aucun, y compris notre propre Univers visible, n'étant plus probable que les autres. Il en résulte ce que les cosmologistes appellent un « multivers » (chapitre 11).

L'hypothèse peut paraître fascinante, mais elle est aussi dérangeante en ce qu'elle limite le caractère prédictif de la science. Quel peut être le statut épistémologique d'une théorie scientifique initialement conçue pour expliquer et prédire l'Univers unique que nous observons, mais qui finit par permettre tous les univers concevables, sans aucune règle pour sélectionner celui qui serait le plus probable ? Une telle théorie qui n'exclut rien ne peut pas être mise à l'épreuve expérimentale. Si elle reste une pratique scientifique courante, c'est, pour le dire crûment, parce qu'elle permet de produire des articles à la chaîne et de fournir des centaines de sujets de thèse, et non pas parce qu'elle fait vraiment progresser notre compréhension de l'Univers. Selon la base de données en physique des hautes énergies INSPIRE-HEP, on compte plus de 20 000 articles dans la littérature scientifique qui utilisent les mots « inflation » ou « inflatoire » dans leurs titres et résumés.

Controverses

Les critiques contre l'inflation ne sont pas nouvelles. Elles ont pris naissance dans toute une série d'articles techniques remontant à plusieurs années[12]. Au premier rang des contestataires, Paul Steinhardt,

12. Dans mon livre de vulgarisation *L'Univers chiffonné* paru en 2001 et traduit en anglais en 2008, j'ai moi-même consacré un chapitre entier à la critique de l'inflation. En pure perte…

devenu l'un des critiques les plus virulents de la théorie dont il avait été pourtant l'un des tout premiers promoteurs. Il fit valoir les sérieux problèmes concernant les bases théoriques, comme l'identification de l'inflaton avec un champ bien défini d'une théorie de physique des hautes énergies, la forme arbitraire de l'inflaton, et surtout le besoin de conditions initiales très particulières pour que l'inflation se déclenche, alors qu'elle était censée au départ les éliminer. Steinhardt et quelques rares autres voix dissidentes en concluaient que l'inflation n'était pas une théorie précise, mais un cadre de pensée tellement flexible que n'importe quel résultat pouvait en sortir, la rendant non vérifiable et non réfutable.

La très grande majorité des cosmologistes a refusé d'examiner ces critiques, et encore plus d'étudier des alternatives à leur modèle chéri. Un examen plus approfondi de pareille situation ouvre d'intéressants aperçus sur la sociologie de la science, ignorés non seulement du public, mais le plus souvent aussi des médiateurs que sont les journalistes scientifiques. La science, et en particulier la cosmologie, n'est pas à l'abri d'un fléau universel : la pensée unique – dont, par les temps qui courent, nous ressentons plus que jamais les ravages sociétaux et culturels. La science fonctionne sur des consensus provisoires, c'est-à-dire sur des opinions partagées par le plus grand nombre. Bien entendu, contrairement à d'autres domaines comme la philosophie ou la politique, ces opinions ne sont initialement pas arbitraires ; elles résultent d'un accord satisfaisant entre la théorie et l'expérience. Mais un consensus qui survit assez longtemps a tendance à se transformer en pensée orthodoxe. Il se met alors à exercer un véritable terrorisme intellectuel envers toute pensée contraire. Dans l'histoire de la cosmologie, l'aristotélisme est le meilleur exemple d'une pensée au départ originale et novatrice, mais qui, par la suite, s'est sclérosée au point de freiner le développement de la discipline pendant près de deux millénaires. Toutes proportions gardées, la théorie de l'inflation joue depuis plus de trente ans ce rôle d'un concept cosmologique original qui s'est transformé en pensée totalitaire.

Cette tendance s'est nettement accentuée en 2016, lorsqu'une conférence de presse internationale organisée sous l'égide de l'Agence spatiale européenne a annoncé les résultats obtenus après trois années d'exploitation des données recueillies par la mission *Planck Surveyor*, une collaboration rassemblant pas moins de 260 chercheurs. Ce remarquable télescope embarqué dans l'espace a cartographié le rayonnement de fond cosmologique avec une précision sans précédent. Le message principal délivré a été que les résultats de *Planck* s'accordaient parfaitement aux prédictions des modèles d'inflation les plus simples, renforçant la conviction que la théorie était fermement établie et que le grand livre cosmologique était définitivement écrit. Les clameurs de la presse spécialisée ont suivi : « victoire de l'inflation », « l'inflation confortée » ont fait les gros titres des journaux.

En compagnie de deux collègues de l'Université Harvard, Paul Steinhardt a entrepris de réanalyser méticuleusement les données de *Planck*, et ils sont parvenus à une conclusion toute différente : les données de *Planck* vont à l'encontre des modèles d'inflation « les plus simples », c'est-à-dire présentant une forme d'inflaton simple et régulière. Or ces derniers prédisent des déviations à l'invariance d'échelle plus grandes que celles qui ont été observées, ainsi que des ondes gravitationnelles suffisamment fortes pour laisser des traces détectables dans le rayonnement fossile, traces qui n'ont pas été détectées (voir plus bas). En réalité, si l'on tient absolument à l'inflation, les résultats de Planck requièrent que le champ d'inflaton épouse un profil de densité d'énergie plutôt tarabiscoté.

Steinhardt a présenté une pittoresque analogie avec une piste de ski. Imaginez un village totalement isolé au fond d'une vallée, entourée d'une montagne si infranchissable que jamais aucun visiteur ne paraît. Or, un jour, un étranger surgit. Chacun veut savoir comment il est arrivé là. Le devin du village affirme péremptoirement que la seule possibilité est qu'il soit arrivé à skis. Le problème est : par où ? La seule montagne permettant l'accès au village n'est décrite par aucune carte précise. Tout ce qu'on sait est que son sommet est connu pour ses avalanches, et que le seul chemin possible descendant vers le village commence par un replat puis s'achève brusquement dans un précipice. La seule façon concevable de le descendre à skis est de commencer par sauter d'un avion en parachute, d'atterrir à un endroit très particulier du replat avec une précision de quelques centimètres et d'atteindre exactement la bonne vitesse. La plus légère erreur ferait sortir le skieur de la piste en direction d'une autre vallée, ou bien le laisserait coincé au sommet du replat, sans compter le déclenchement probable d'une avalanche qui l'engloutirait avant qu'il n'atteigne le replat. Et si malgré tout il franchit sans encombre le replat, il y a le précipice qui l'attend au bout… Steinhardt en conclut que l'étranger n'a pas pu arriver à skis par une piste aussi improbable et qu'il ne faut pas croire aveuglément la parole du devin du village. La bonne explication se trouve forcément ailleurs.

L'article, cette fois non technique mais de nature épistémologique, paru en 2017 dans la très populaire revue *Scientific American*[13], concluait que les adeptes de l'inflation formaient une véritable secte de croyants dépourvue de tout esprit critique. Les défenseurs de la théorie ont réagi aussitôt, allant jusqu'à signer une lettre collective dans laquelle ils s'indignaient qu'une grande revue américaine ait osé donner la parole aux dissidents ! Face à l'argument selon lequel l'inflation n'est pas testable parce que ses prédictions changent complètement quand on fait varier de façon arbitraire la forme de l'inflaton ou les conditions initiales, ils ont rétorqué que la testabilité d'une théorie n'exigeait en aucune façon que ses prédictions soient indépendantes du choix des paramètres. Si une telle indépendance paramétrique était requise, ajoutaient-ils, alors il faudrait aussi remettre en cause le statut du modèle standard des particules, lequel est déterminé par un ensemble de 19 paramètres.

13. Anna Ijjas, Paul Steinhardt, Abraham Loeb, « Cosmic inflation theory faces challenges », *Scientific American*, février 2017.

Il y a de quoi rester perplexe quand on sait que les 19 paramètres arbitraires du modèle standard sont justement considérés par beaucoup de chercheurs comme « *the most painful humiliation of physics today*[14] ». C'est précisément pour cette raison que d'innombrables théories au-delà du modèle standard, comme la supersymétrie ou la théorie des cordes, ont été développées, dont les chantres sont précisément les mêmes que les signataires de la lettre pro-inflation ! La liste a au demeurant de quoi impressionner la gent populaire et journalistique, puisqu'on y trouve la plupart des grands noms de la physique théorique actuelle comme Guth, Linde, Starobinski, Vilenkin, Smoot, Weinberg, Wilczek, Witten, Maldacena, Susskind, Hawking, Rees ! À noter cependant que Mukhanov, l'un des premiers à avoir tiré des prédictions cosmologiques à partir de la théorie, n'a pas signé la lettre, et ce n'est pas parce qu'on ne le lui a pas demandé. Lors d'un séminaire donné en 2017 à l'occasion d'une conférence organisée pour l'anniversaire de Stephen Hawking, il a déclaré très clairement que la plupart des constructions de modèles inflatoires n'étaient que gaspillage de temps…

Une poussière dans l'œil

En même temps que les fluctuations quantiques produisent des variations aléatoires de l'énergie inflatoire, elles produisent aussi des distorsions aléatoires de l'espace qui se propagent sous forme d'ondes gravitationnelles traversant l'Univers après la phase d'inflation. Ces perturbations ont pour effet de laisser une empreinte dans le rayonnement de fond cosmologique sous forme d'une polarisation de la lumière qui nous en parvient. La polarisation est une orientation préférée des champs électrique et magnétique de

14. « La plus douloureuse humiliation de la physique d'aujourd'hui. » L'expression est de Thomas Schücker, mon collègue au Centre de physique théorique de Marseille.

l'onde lumineuse. Elle peut se faire selon deux modes : le mode E, qui forme des configurations ressemblant à celles des champs électriques, et le mode B qui forme des configurations ressemblant à celles des champs magnétiques. Dès 1968, le cosmologiste britannique Martin Rees avait calculé que les fluctuations de densité de l'Univers primordial devaient polariser le rayonnement fossile selon les deux modes. Les modes E ont bien été observés par les télescopes *WMAP* et *Planck*. Comme les ondes gravitationnelles issues de l'inflation peuvent engendrer des modes B, leur détection était considérée comme une preuve très convaincante de la théorie, même si d'autres phénomènes physiques complètement différents peuvent aussi induire une polarisation de type B dans le rayonnement fossile. Mais, en dépit de recherches intensives, les cosmologistes ne trouvaient pas trace des ondes gravitationnelles primordiales impliquées par l'inflation. Jusqu'à ce que le 17 mars 2014 les scientifiques de l'expérience BICEP2[15], installée sur la base Amundsen-Scott au pôle Sud, annoncent leur détection !

Branle-bas de combat dans le petit monde de la cosmologie théorique, relayé par les médias scientifiques avides de scoops : « La preuve décisive de l'inflation cosmique », « Découverte majeure dans la connaissance de l'Univers », etc. Le jour même est postée sur YouTube une vidéo prétendument improvisée, mais de fait préparée un peu à l'avance. On y voit un jeune chercheur chinois de l'Université de Stanford, assistant d'Andrei Linde, sonner au domicile privé de son mentor et faire semblant de lui annoncer l'extraordinaire nouvelle : l'expérience BICEP2 a découvert les ondes gravitationnelles d'origine primordiale, l'inflation est définitivement prouvée ! Linde feint la surprise (piètre acteur, il a visiblement été mis au courant auparavant), tout en manifestant la prudence de mise chez tout bon scientifique (car Linde en est réellement un !). Ils entrent dans le salon où les attend l'épouse d'Andrei, Renata Kallosh, elle-même physicienne théoricienne adepte de l'inflation ; on ouvre

15. Acronyme de *Background Imaging of Cosmic Extragalactic Polarization*.

une bouteille de champagne pour fêter l'événement. Linde donne quelques explications de base face à la caméra. Tout le monde a en tête, sans le dire explicitement, le prix Nobel de physique qui pourrait être décerné dès l'année suivante aux cosmologistes à l'origine de la théorie de l'inflation et/ou aux scientifiques ayant mené l'observation. De l'autre côté du pays, à l'Université rivale de Harvard qui justement gère l'expérience, on y pense aussi et on en rajoute dans les déclarations pompeuses. En France, une émission de radio pour *La Tête au carré* est vite programmée. J'y suis invité en compagnie de mon ancien collaborateur Alain Riazuelo, membre de l'équipe Planck qui travaille sur la polarisation du rayonnement fossile. Nous faisons valoir que la prudence est de mise car il y a d'autres sources possibles susceptibles de polariser le rayonnement fossile ; avant de crier victoire, mieux vaut attendre les résultats du télescope *Planck* attendus pour les mois suivants, ce dernier étant bien mieux équipé pour étudier la polarisation sur sept bandes de fréquences que le télescope *BICEP2*, qui n'en a qu'une. En septembre, la sentence tombe : les chercheurs avaient en réalité observé une polarisation entièrement due aux grains de poussière de notre Voie lactée… Le verdict sera confirmé de façon irréfutable en 2016 par une analyse conjointe entre *Planck* et *BICEP2*. En somme, une poussière dans l'œil avait fait croire à la réalité de l'inflation !

Je précise que les ondes gravitationnelles d'origine primordiale n'ont rien à voir avec celles créées par les fusions de trous noirs qui se sont déroulées dans l'Univers plus tardif. Ces dernières ont bel et bien été détectées à partir de 2015 par les observatoires LIGO aux États-Unis, puis Virgo en Europe.

Cosmologies à rebond

Il est certes sain et utile de relever les faiblesses à la fois scientifiques et épistémologiques de l'inflation, encore faut-il pouvoir proposer des solutions alternatives, capables de rendre compte aussi bien, sinon mieux que ne le fait l'inflation, des divers problèmes rencontrés par le modèle standard de la cosmologie : la singularité initiale, l'asymétrie matière-antimatière, la quasi-platitude de l'espace, la structure du rayonnement fossile, la nature de la matière noire et de l'énergie sombre, etc.

Bien que la théorie de l'inflation (qui, pour beaucoup de cosmologistes, fait partie intégrante du modèle standard) réponde à un certain nombre d'entre eux, elle ne résout pas la question cruciale de la singularité initiale. Parce que la description de l'espace-temps s'y effondre, la singularité est source de non-sens pour les lois physiques, alors que lesdites lois présupposent un espace-temps.

Je l'ai déjà dit, l'une des motivations principales des théories de la gravité quantique consiste à éliminer les singularités, censées être absentes de toute description réaliste de l'Univers. Or on oublie souvent que des modèles d'Univers non singuliers foisonnent dans la littérature scientifique classique, sans quantification de la gravité. Il s'agit des « cosmologies à rebond », d'ailleurs préconisées par Paul Steinhardt à la fin de son article critique contre l'inflation.

Il semble ainsi qu'il y ait deux possibilités. Ou bien l'Univers a eu un réel commencement, un « temps zéro » singulier que nous appelons communément Big Bang, ou bien il n'y a pas eu de commencement, et ce qui a été appelé Big Bang a été en fait un « grand rebond » (Big Bounce), c'est-à-dire une transition entre une ère cosmologique précédente et la phase d'expansion actuelle. De façon intéressante, cette alternative à caractère scientifique peut être mise en parallèle avec celle des mythes cosmogoniques de diverses civilisations, qui peuvent être classés en deux vastes familles. Dans l'une d'elles, l'Univers émerge à un instant unique de création, comme dans les cosmogonies judéo-chrétiennes ou certaines cosmogonies amazoniennes. Dans l'autre famille, l'Univers est éternel, consistant en une suite infinie de cycles, comme dans les cosmogonies des Babyloniens et des Égyptiens ou les mythes de l'Éternel Retour.

Revenant à la cosmologie scientifique, il n'y a aucune preuve permettant d'affirmer que ce qui s'est passé dans notre cosmos il y a 13,7 milliards d'années a été un Bang ou un rebond. Contrairement au Bang, un rebond n'exige pas de période subséquente d'inflation pour créer un univers semblable à celui que nous observons.

Comme il y a de bonnes raisons de supposer que la singularité initiale n'est pas une propriété réelle de notre Univers, il est naturel que l'idée d'univers non singulier ait été étendue aux cosmologies cycliques, qui exhibent des phases d'expansion et de contraction. Les premières références aux univers cycliques dans le cadre de la cosmologie relativiste se trouvent dans des articles de Friedmann, Einstein, Tolman et Lemaître, tous publiés dans les années 1930. Comme mentionné plus haut, la théorie gravitationnelle d'Einstein-Cartan, qui complète la relativité générale en y ajoutant une variable dynamique de torsion, permet aussi d'éliminer la singularité en la remplaçant par un rebond.

Les premières solutions explicites pour une géométrie à rebond ont été obtenues à la fin des années 1970. On en compte maintenant des dizaines fort différentes, dont le cosmologiste brésilien Mario Novello a fait une vaste synthèse publiée en 2008. Certaines de ces solutions peuvent potentiellement résoudre les problèmes du modèle standard de la cosmologie sans avoir besoin de quantifier la gravité, sans poser de problème des conditions initiales ni faire intervenir une phase d'inflation.

On peut se demander pourquoi ces solutions n'ont pas attiré davantage l'attention de la communauté des chercheurs. Au début des années 1980, les théorèmes sur les singularités de Hawking et Penrose étaient considérés comme le dernier mot concernant l'occurrence d'une singularité initiale dans tous les modèles cosmologiques

« raisonnables ». L'apparition de la théorie de l'inflation a semblé en mesure d'apporter une réponse à certaines autres questions de façon relativement économique, et a ouvert la porte à une explication de l'origine du spectre des fluctuations primordiales. Face à ces développements et prenant en compte le statut apparemment incontournable des théorèmes de Hawking-Penrose, la question de la singularité initiale n'a plus paru si urgente et a été momentanément laissée de côté, dans l'espoir qu'une future théorie de gravité quantique y répondrait correctement.

Mais, à la fin des années 1990, la découverte de l'accélération de l'expansion cosmique a réintroduit l'idée qu'il pouvait exister des formes d'énergie répulsive à pression négative, ce qui, dans le cadre de la relativité générale, est précisément l'une des conditions nécessaires pour échapper aux singularités et obtenir un rebond cosmologique. Cela a contribué à un regain d'intérêt pour les univers non singuliers. Les modèles à rebond sont même venus sur le devant de la scène cosmologique au début du XXIe siècle, lorsqu'on s'est aperçu que certains modèles découlant soit de la théorie des cordes, soit de la gravité quantique à boucles suggéraient qu'une géométrie à rebond pouvait résoudre les mêmes problèmes que le faisait l'inflation.

Un rebond peut aboutir aux mêmes résultats qu'un Big Bang suivi d'une inflation parce que avant le rebond une période de lente contraction durant des milliards d'années a pu lisser et aplanir l'Univers. Il peut sembler contre-intuitif qu'une contraction lente puisse avoir le même effet qu'une expansion rapide, mais un argument simple montre qu'il doit en être ainsi. Sans inflation, un univers en expansion lente deviendrait de plus en plus courbé et inhomogène au cours du temps, en raison des effets de la gravitation sur l'espace et la matière. Imaginons un film de ce processus à l'envers : un univers vaste, fortement courbé et inhomogène, se contracte graduellement pour devenir plat et uniforme. Comme dans le cas de l'inflation mais à l'envers, les fluctuations quantiques modifient le taux de contraction d'un point à l'autre de l'espace, de sorte que certaines régions rebondissent et commencent à se dilater et à se refroidir avant d'autres. On peut ainsi construire des modèles dans lesquels le taux de contraction donne lieu à des variations de température après rebond qui sont consistantes avec le motif de taches chaudes et froides observé par les télescopes *WMAP* et *Planck*. En d'autres termes, une lente contraction avant rebond peut produire les mêmes effets que l'inflation sur la suite de l'évolution cosmique. En outre, les théories du rebond ont un avantage épistémologique important comparées à l'inflation : elles ne produisent pas de multivers où tout et n'importe quoi peut arriver. Quand la phase de contraction commence, l'Univers est déjà vaste et classique, c'est-à-dire décrit par la théorie de la relativité générale, et il rebondit lorsqu'il atteint une taille où les effets quantiques deviennent importants. Il en résulte qu'il n'y a jamais eu d'ère de Planck durant laquelle l'Univers entier a été entièrement dominé par la physique quantique, et il n'y a pas besoin d'inventer une transition quantique-classique. Et, comme il n'y a pas d'inflation durant le lissage pour faire exploser le volume des régions qui subissent les rares fluctuations quantiques de grande amplitude, le lissage dû à la contraction ne produit pas de multiples bulles d'univers aux propriétés physiques distinctes.

CHAPITRE 7

Voyages temporels et trous de ver

« Réfléchissez : il a tué son ancêtre avant que celui-ci ait eu le temps de prendre femme et d'avoir des enfants. Donc, il disparaît, c'est entendu, il n'existe pas, il n'a jamais existé. Il n'y a jamais eu de Pierre Saint-Menoux. Bon... Mais si Pierre Saint-Menoux n'existe pas, s'il n'a jamais existé, il n'a pas pu tuer son ancêtre !... »

René BARJAVEL, *Le Voyageur imprudent.*

En 1949, le mathématicien et logicien Kurt Gödel, qui s'était précédemment illustré en démontrant les fameux théorèmes d'incomplétude des systèmes axiomatiques, s'intéresse à la théorie de la relativité générale d'Albert Einstein, dont il est devenu un proche collègue à l'Institute for Advanced Study de Princeton. Il découvre alors une solution exacte des équations du champ gravitationnel décrivant un modèle d'univers homogène en rotation. Sa solution contient des courbes temporelles fermées (CTF) et autorise par conséquent un voyage dans le passé, accompagné de tous les paradoxes qui découlent d'une violation possible du principe de causalité.

À l'époque où Gödel a publié son article, le voyage temporel était déjà un thème rebattu de la science-fiction. Certains paradoxes associés avaient été discutés en 1917 dans plusieurs numéros de la revue *Amazing Stories*. Le plus connu d'entre eux est le paradoxe du grand-père. À ma connaissance il a été formulé pour la première fois en 1936 par Catherine Lucille Moore dans une nouvelle intitulée *Rendez-vous au fil du temps*, dans laquelle un voyageur temporel tente de tuer son grand-père avant que ce dernier ait une descendance. L'écrivain français René Barjavel en a fait l'épisode final de son célèbre roman publié en 1944, *Le Voyageur imprudent*. Désireux de modifier le cours de l'Histoire, le héros se projette à l'époque napoléonienne et tue par mégarde un homme sans savoir qu'il s'agit d'un de ses ancêtres. Il disparaît aussitôt, mais ce « final » ne résout nullement le paradoxe. La nouvelle édition de 1958 comporte d'ailleurs un post-scriptum intitulé « To be *and* not to be », où le romancier précise les tenants et aboutissants du paradoxe temporel. On peut penser que Barjavel, lecteur assidu de la littérature de vulgarisation scientifique, avait connaissance du paradoxe du chat à la fois « mort *et* vivant » qu'Erwin Schrödinger avait énoncé en 1935, ainsi que de la toute récente théorie des mondes multiples proposée en 1957 par Hugh Everett.

Certains auteurs ont estimé que la théorie d'Everett apportait une résolution possible au paradoxe du grand-père : en tuant son ancêtre, le voyageur entraînerait une modification du futur se traduisant par une ramification de l'espace-temps en plusieurs lignes de causalité différentes. Une telle solution n'est pas satisfaisante, car elle repose sur une mauvaise compréhension de la théorie d'Everett. Celle-ci est une interprétation du processus de mesure en physique quantique, selon laquelle tous les états superposés préexistant à la mesure continuent d'exister après, mais dans des univers disjoints – contrairement à l'interprétation standard, dite de Copenhague, où la mesure fixe le système dans un état classique unique. Or le fait d'assassiner son ancêtre n'a rien d'un processus quantique. En outre, même en admettant une bifurcation d'univers engendrée par la suppression de l'ancêtre, le paradoxe ne serait logiquement levé que si les différentes lignes de causalité ainsi créées interagissaient entre elles de façon très particulière, ce qui est aussi contraire à la théorie d'Everett.

Pour en revenir au modèle cosmologique de Gödel, le concept d'univers en rotation globale avait été précédemment inféré en 1946 par George Gamow, qui estimait légitime de généraliser à l'Univers dans son ensemble la rotation observée des masses cosmiques locales telles que planètes, étoiles et galaxies. Gamow n'avait toutefois pas proposé de solution mathématique issue de la théorie relativiste, ni d'observation astronomique de l'Univers à grande échelle susceptible de l'étayer. La première solution des équations du champ d'Einstein décrivant le champ engendré par un corps en rotation avait été découverte en 1937 par le mathématicien néerlandais Willem van Stockum. C'était aussi le premier exemple où l'on entrevoyait une connexion entre le voyage dans le temps et l'existence d'une rotation associée à l'espace-temps. Les travaux de van Stockum et de Gamow encouragèrent certainement Gödel à rechercher une solution relativiste exacte décrivant un univers en rotation rigide et contenant des courbes temporelles fermées. Outre l'exploit technique qui impressionna Einstein lui-même, Gödel cherchait avant tout à appuyer son point de vue philosophique sur le caractère illusoire du temps. Selon lui en effet, à partir du moment où un observateur partant d'un point de l'espace-temps pouvait, le long d'une trajectoire permise par le principe de relativité – c'est-à-dire confinée à l'intérieur des cônes de lumière –, atteindre son propre passé chronologique, alors le temps n'existait que relativement à l'observateur et perdait toute réalité indépendante. Gödel pensait vraiment que la non-réalité du temps était une véritable découverte de la physique, pas seulement une option métaphysique. De son point de vue de logicien, son modèle d'univers en rotation, qu'il soit réaliste ou non (Gödel reconnut qu'il n'y avait pas d'indice expérimental en sa faveur), était bel et bien un univers « possible » dans la mesure où il s'agissait d'une solution mathématique exacte des équations d'Einstein. Et pour Gödel, si le temps était une illusion dans un univers « possible », il devait l'être aussi dans l'univers « réel ».

Les arguments philosophiques développés par le logicien pour nier la nature physique du temps ont été analysés par de nombreux auteurs. À ma connaissance, l'étude la plus approfondie de la pensée complexe de Gödel a été faite par Pierre Cassou-Noguès[1], qui a eu accès aux milliers de pages et notes manuscrites inédites, conservées à l'Institute for Advanced Study de Princeton. Le philosophe français y voit un système mental qui se voulait logiquement cohérent, celui d'un génie scientifique modelé par une psychologie bizarre mêlant phobies irrationnelles, superstitions, hypocondrie et paranoïa.

L'univers de Gödel n'est pas en expansion, ce qui est en contradiction flagrante avec les observations des décalages vers le rouge des galaxies lointaines et les analyses modernes du rayonnement de fond cosmologique. Des contraintes expérimentales de plus en plus sévères ont été posées sur un éventuel mouvement tourbillonnaire de l'Univers à grande échelle – notamment dans un article de Stephen Hawking publié en 1969. Aujourd'hui, la possibilité d'un modèle cosmologique en rotation globale, bien que très soigneusement réétudiée, a été presque universellement rejetée. Mais il est fascinant de constater que l'option philosophique prônée par Gödel, à savoir le caractère illusoire du temps, est plus que jamais à l'ordre du jour de la physique contemporaine, avec certaines approches tentant de concilier la relativité générale et la théorie quantique des champs. Par exemple, les équations fondamentales de la gravité quantique à boucles ne contiennent pas de variable « temps ». Cette théorie décrit des processus où les changements s'effectueraient non pas sous l'action d'une variable temporelle identifiable, mais sous celle d'une suite non commutative d'opérateurs spatiaux, dont le classement ordonné simule un écoulement irréversible du temps. Comme chez Gödel, mais dans un cadre physico-mathématique

1. Pierre Cassou-Noguès, *Les Démons de Gödel. Logique et folie*, Seuil, 2007.

très différent, l'expérience du temps qui passe serait relative aux conditions particulières dans lesquelles se trouve l'observateur. Elle dépendrait aussi de la structure du système cognitif, la perception du temps chez les autres espèces animales étant certainement différente de la nôtre. Il ne faudrait donc pas chercher la manifestation du temps de notre expérience sensible dans la physique fondamentale, car elle ne s'y trouverait simplement pas : le temps ne serait plus une réalité première mais *émergente*, sous-tendue par des strates mêlant transformations spatiales et processus cognitifs.

Le voyage dans le passé est de fait intimement lié à des modèles d'espace-temps dépourvus de singularités gravitationnelles. Or nous avons vu précédemment que, moyennant certaines hypothèses « physiquement raisonnables », les singularités sont une conséquence incontournable des équations de la relativité générale classique. Le voyage dans le passé n'est donc possible que lorsque l'une ou l'autre de ces hypothèses est violée… Ce point est généralement omis dans la majeure partie de la littérature sur le sujet.

Précisons. Dans le cadre des métriques d'espace-temps solutions des équations de la relativité générale, la possibilité de voyage dans le passé est liée à l'existence de courbes temporelles fermées (CTF). Le modèle de Gödel est un exemple particulier, mais il est loin d'être unique. La raison vient de ce que la structure causale de l'espace-temps se décrit à l'aide du champ des cônes de lumière en chaque point. En relativité restreinte, vide de gravitation, tous les cônes de lumière passant par tous les événements sont « parallèles » entre eux, un peu comme un champ de blé où les épis seraient tous verticaux ; une CTF exigerait de sortir des cônes de lumière, ce qui est impossible.

En relativité générale, la situation est beaucoup plus intéressante : en vertu du principe d'équivalence stipulant l'influence de la gravitation sur toutes les formes d'énergie, les cônes de lumière s'inclinent et se déforment au gré de la courbure. De la même manière, des identifications entre points de l'espace permises par une topologie multiconnexe déforment le champ de cônes de lumière. On peut donc concevoir des espaces-temps à forte courbure ou à topologie globale multiconnexe, dans lesquels les cônes de lumière s'inclinent suffisamment le long de certaines trajectoires temporelles pour permettre à celles-ci de se refermer en boucle.

Dans l'univers de Gödel en rotation rigide, il existe un axe de symétrie privilégié ; au fur et à mesure que l'on s'éloigne de cet axe et que la vitesse de rotation augmente, le champ de cônes de lumière bascule au point de permettre la formation de boucles temporelles. Le cylindre de van Stockum et sa généralisation découverte en 1974 par Frank Tipler permettent de la même manière l'existence de CTF. D'autres solutions exactes contenant des CTF sont (entre autres) l'espace vide de Taub-Nut, l'espace de Misner obtenu en introduisant dans l'espace-temps de Minkowski une topologie multiconnexe de type torique (les faces opposées étant identifiées par des translations selon deux directions d'espace et par un *boost*[2] selon la troisième direction), ou encore l'espace de Gott représentant deux cordes cosmiques parallèles de longueur infinie qui se croisent à vitesse relativiste. Mais la solution la plus célèbre contenant des CTF est l'espace-temps de Kerr décrivant un trou noir en rotation.

Ces espaces-temps comprennent des régions dites « chronales » car dépourvues de toute CTF, et une ou plusieurs régions « achronales » pouvant en contenir, leur frontière commune étant appelée « horizon chronologique ». Par exemple, la solution de Kerr possède deux horizons des événements, l'un dit externe noté r+, l'autre dit interne noté r–. Les régions r > r+ et r+ > r > r– sont chronales, tandis que la région r < r– est achronale, l'horizon des événements interne r– jouant donc le rôle de frontière chronologique. Une courbe temporelle issue d'un point P de la région chronale extérieure au trou noir peut franchir successivement les deux horizons r+ et r–, traverser la région achronale r < r– et ressortir du trou

2. C'est-à-dire une transformation de Lorentz préservant dans tout changement de repère inertiel les équations de la physique, la vitesse de la lumière et les orientations de l'espace et du temps.

noir pour déboucher dans le passé chronologique de P, réalisant ainsi une CTF de type « trou de ver ».

La première solution « trou de ver » avait été initialement décrite dès 1916 par Ludwig Flamm et étudiée en 1935 par Albert Einstein et Nathan Rosen (sous le nom de pont d'Einstein-Rosen) dans le cadre de la solution de Schwarzschild décrivant un trou noir sphérique statique. Elle a été rebaptisée « trou de ver » en 1957 dans un célèbre article de Charles Misner et John Wheeler. L'introduction du système de coordonnées de Kruskal dans les années 1960 a permis de décrire complètement la structure géométrique et topologique de l'espace-temps de Schwarzschild et de montrer que l'existence d'une singularité temporelle au milieu du pont d'Einstein-Rosen rendait le trou de ver infranchissable.

La question s'est alors posée de savoir s'il existait des solutions plus générales (ne dépendant par exemple plus du seul paramètre de masse) présentant des CTF associées à des trous de ver traversables. Les solutions de Kerr pour un trou noir en rotation et de Reissner-Nordström pour un trou noir électriquement chargé ont répondu positivement à la question, de même que les trous de vers dits « lorentziens » tapissés de matière exotique, c'est-à-dire à densité d'énergie négative. Or, si ces espaces-temps possèdent bien des singularités, celles-ci ne sont pas du « genre temps » mais du « genre espace », lesquelles peuvent être évitées. C'est ainsi que le trou noir de Kerr possède une singularité en forme d'anneau couché dans le plan équatorial, et des trajectoires de particules parfaitement licites peuvent soit la survoler, soit passer à travers sans la toucher, donc sans subir une fin du temps. Quant aux modèles de Gödel, van Stockum, Tipler, Misner et Gott susmentionnés, ils sont pour leur part dépourvus de toute singularité. L'existence de CTF est, de fait, conditionnée par l'absence de singularités de genre temps.

Comme je l'ai déjà mentionné à plusieurs reprises, la question cruciale de l'occurrence des singularités en relativité générale a été traitée à la fin des années 1960 par Roger Penrose et Stephen Hawking dans le cadre de l'effondrement gravitationnel des étoiles (singularité du futur) et de son analogue par renversement du temps dans les solutions cosmologiques de type Big Bang (singularité du passé). À l'aide des méthodes puissantes de la topologie différentielle, ils réussirent à prouver que l'apparition de singularités de genre temps était inévitable, moyennant certaines hypothèses physiques simples.

Celles-ci se regroupent en deux grandes classes. La première exige certaines conditions sur l'espace-temps : existence d'une surface dite « de Cauchy » sur laquelle il est possible de définir des conditions initiales dont le développement détermine de façon univoque le passé et le futur, ou encore une limite sur la vitesse de rotation de l'Univers ou des corps qu'il contient. La seconde est constituée de diverses contraintes sur la positivité de l'énergie (conditions dites fortes, faibles ou dominantes).

Ces importants théorèmes sur les singularités ressemblent à ceux portant sur les trajets de rayons en optique géométrique. La formation d'une singularité équivaut à l'existence d'un point de convergence des rayons lumineux dans un système optique. L'horizon des événements du trou noir est l'analogue d'une lentille convergente : toutes les trajectoires matérielles et lumineuses qui le traversent se trouvent focalisées en un seul point, le foyer, qui correspond à une singularité centrale. De même, l'apparition d'une singularité du passé de type Big Bang en cosmologie s'établit à partir de la focalisation de toutes les lignes d'univers des galaxies au fur et à mesure que l'on remonte dans le passé.

En marquant une interruption du temps pour les trajectoires matérielles et lumineuses, les singularités les empêchent de se refermer en boucle et de violer la causalité. En relativité générale classique (c'est-à-dire sans corrections quantiques), la possibilité de voyager dans le passé est donc nécessairement liée à une violation de l'une ou l'autre des hypothèses sur l'occurrence de singularités de genre temps.

Dans la théorie, une large variété de solutions donne lieu à des CTF, mais, dans chaque cas, l'une ou l'autre des hypothèses présidant à l'occurrence de singularités n'est pas satisfaite. Les cylindres en rotation relativiste de longueur infinie ne sont pas physiquement pertinents, notre Univers ne tourne pas aussi vite que ce qu'exige la solution de Gödel, les cordes cosmiques de longueur infinie ne sont pas réalistes, les trous de ver traversables violent la positivité de l'énergie, etc.

Le débat pourrait s'arrêter là en décrétant que la « nature » interdit la formation de CTF. Toutefois, on peut parfaitement imaginer qu'une civilisation technologiquement très avancée soit capable de créer *artificiellement* des CTF afin de voyager dans le temps. C'est ce qu'a fait Carl Sagan dans son roman de 1985 *Contact*, adapté plus tard au cinéma. Dans son scénario, une ancienne race extraterrestre a envoyé un message radio dans l'univers comportant les plans d'une machine qui permet de voyager d'une étoile à une autre, en ouvrant entre elles un raccourci spatio-temporel sous forme de trou de ver. Comme les théorèmes sur les singularités l'interdisent, Sagan s'est adressé à son collègue Kip Thorne pour trouver une échappatoire. Ce grand spécialiste de l'astrophysique relativiste entamait là une carrière parallèle de conseiller scientifique pour des œuvres de fiction[3] ! Il a répondu à Sagan qu'il suffisait de violer l'une ou l'autre des conditions de positivité de l'énergie garantissant l'apparition de singularités, par exemple en introduisant une forme d'énergie « exotique » à pression négative. Certes, toutes les formes usuelles de matière obéissent à la positivité de l'énergie, de sorte qu'aucun corps constitué de matière classique en implosion gravitationnelle (trou noir, Big Bang en temps inversé) ne peut engendrer de région achronale. Mais la théorie quantique des champs offre une échappatoire. Les fluctuations quantiques de l'énergie du vide se décrivent comme un bouillonnement de paires de particules-antiparticules de toutes natures et de toutes masses (électrons, quarks, microtrous noirs, etc.), apparaissant et disparaissant sans cesse. Elles se font notamment sentir dans l'effet que Hendrik Casimir a théoriquement

3. En 2014, il a été conseiller scientifique du film de science-fiction *Interstellar*.

prévu en 1948 et que Steven Lamoreaux a vérifié expérimentalement en 1997 – à savoir que l'introduction dans le vide quantique de deux plaques conductrices faiblement séparées modifie la valeur de l'énergie du vide, qui se comporte comme s'il possédait une énergie négative : on mesure une force qui attire les deux plaques et les fait se rapprocher.

En 1988, Thorne et ses collaborateurs ont fait les calculs et montré que non seulement il était théoriquement possible d'ouvrir un passage entre deux points de l'espace et de le traverser sans encombre pour voyager de façon quasi instantanée entre les étoiles, mais qu'on devait aussi pouvoir voyager dans le temps ! Ayant en effet ouvert artificiellement un trou de ver traversable et l'ayant stabilisé, on peut imaginer laisser une de ses bouches d'entrée sur Terre tandis que la seconde est emportée à l'intérieur d'un vaisseau spatial en vol relativiste, effectuant un aller-retour disons de 10 000 ans pour un observateur resté sur Terre. Si la vitesse pendant le trajet est très proche de celle de la lumière, il ne se sera écoulé que quelques jours ou quelques semaines dans le vaisseau. Il existera donc un décalage temporel entre les deux bouches du trou, permettant de remonter dans le passé jusqu'à 10 000 ans avant le retour du vaisseau sur Terre pour quelqu'un resté sur la planète, ou bien dans le futur jusqu'à 10 000 ans après le départ du vaisseau.

Pour contrer cette éventualité physiquement embarrassante, bien que fondée sur des calculs de relativité générale semi-classique, Hawking a émis en 1992 une conjecture dite de *protection chronologique*, selon laquelle il existerait un mécanisme physique capable d'empêcher des CTF de se former dans toutes les circonstances concevables, qu'elles soient naturelles ou artificielles. Les régions achronales des espaces de Misner, Taub-Nut et Kerr sont classiquement instables ; les particules et les champs tombant dans un trou noir de Kerr, ou voyageant à vitesse relativiste dans les espaces de Taub-Nut et de Misner, voient leur décalage spectral vers le bleu diverger à l'approche de l'horizon chronologique, et il semble raisonnable de penser que la densité d'énergie associée, divergente elle aussi, rétroagit suffisamment sur l'espace-temps pour empêcher la formation de CTF. Mais la conjecture n'a jamais été prouvée, de sorte qu'aux échelles macroscopiques il est possible que la chronologie ne soit pas toujours protégée, comme le suggère le modèle des trous de ver traversables. Et même si elle l'était, la gravité quantique pourrait donner lieu à des amplitudes de probabilité non nulles autorisant la formation de CTF à l'échelle microscopique.

Une voie possible pour trouver un mécanisme de protection *universel* réside finalement dans l'instabilité quantique des horizons chronologiques. Celle-ci peut se décrire comme un empilement des fluctuations quantiques du vide au voisinage de l'horizon chronologique, faisant en sorte que les fluctuations ont une densité d'énergie renormalisée qui diverge à l'approche de l'horizon. En retour, *via* les équations d'Einstein semi-classiques, cette énergie devrait distordre la géométrie d'espace-temps de manière à protéger la chronologie.

Un tel mécanisme de rétroaction est l'analogue quantique de l'effet Larsen bien connu en acoustique, dans lequel un micro est amplifié de façon stridente par un haut-parleur : le micro enregistre le son émis par le haut-parleur, qui est renvoyé au micro pour être enregistré à son tour et réémis à l'aide du haut-parleur, et ainsi de suite. De manière similaire, des ondes électromagnétiques voyageant vers le passé dans un trou de ver traversable pourraient à nouveau l'emprunter dans le futur, de l'énergie positive s'accumulerait dans le trou de ver, finissant par contrebalancer l'énergie négative responsable de son caractère traversable et le faisant disparaître.

Le conditionnel est ici de mise, car à ma connaissance aucune démonstration rigoureuse de la protection chronologique, valide dans tous les types d'espaces susceptibles d'abriter des CTF, n'a été donnée. Certes, en l'état actuel de la physique testée expérimentalement, le voyage dans le passé paraît totalement impossible, et nous sommes condamnés à ne voir qu'au cinéma les machines à explorer le temps et autres « portes des étoiles ». Mais il ne faut jamais préjuger des surprises que peut nous réserver la physique de demain…

CHAPITRE 8

Boucles, réseaux et mousses de spins

« Ils cyclent consciencieux toupies acrobatiques
champions sélectionnés zigzaguant dans le ciel
leurs boucles pour un autre ont gueule d'astragale. »

Raymond QUENEAU,
Petite Cosmogonie portative (1950).

L'équation impossible à résoudre

Derrière l'image poétique de l'écume d'espace-temps évoquée en préambule se cache la « géométrodynamique quantique », ambitieuse tentative initiée au début des années 1960 par John Wheeler pour décrire l'espace-temps de manière purement géométrique, sans avoir recours à la théorie quantique des champs traitant normalement de la matière. Dans cette approche, les particules élémentaires sont elles-mêmes conçues en termes géométriques, comme des régions à très forte courbure de l'espace-temps.

En bref, la démarche cherche à appliquer aux équations d'Einstein les mêmes règles de quantification, dites « canoniques », que celles utilisées avec succès en mécanique analytique. Il faut pour cela introduire un « espace des phases » et une certaine fonction dite « hamiltonienne », qui représente l'énergie totale du système « champ de gravité + matière ». L'espace des phases est un espace abstrait[1] regroupant les grandeurs fondamentales de l'étude des mouvements que sont les positions (qui à elles seules constituent l'espace ordinaire) mais aussi les impulsions[2]. Un point de l'espace des phases du champ de gravitation représente alors un état possible de la géométrie de l'espace-temps courbé par la présence de matière et de ses mouvements qui engendrent impulsions et énergies. Cet espace de configurations de l'espace-temps est appelé « superespace », et son nombre de dimensions n'est ni trois ni quatre, il est infini.

En 1967, Wheeler et Bryce DeWitt ont pu construire l'analogue gravitationnel de l'équation de Schrödinger. Cette dernière est l'équation fondamentale de la mécanique quantique, mettant en jeu une « fonction d'onde » qui décrit l'évolution dans le temps d'un système à *N* particules, et elle remplit le même rôle que les équations de la dynamique en mécanique classique. Toutefois, les variables dynamiques de son analogue gravitationnelle, l'équation de Wheeler-DeWitt, ne sont plus les positions et les vitesses des particules, mais la géométrie de l'espace et les configurations de la matière qui l'emplissent. Contrairement au cas d'un système à N particules, l'équation de Wheeler-DeWitt doit prendre en compte toutes les configurations possibles que peut adopter l'espace tridimensionnel à un instant donné : finies ou infinies, de courbure et d'extension plus ou moins grandes, etc., ainsi que tous les champs possibles de matière et d'énergie qui le peuplent. Ses solutions permettent en principe de calculer les probabilités pour que l'Univers ait, à chaque instant, telle ou telle configuration géométrique et

1. Mathématiquement, c'est une variété continue munie d'une structure particulière dite « symplectique ».
2. La notion d'impulsion ou *moment linéaire* généralise celle de « quantité de mouvement », qui est le produit de la masse d'un corps matériel par son vecteur vitesse.

énergétique. Comme il y en a une infinité, on comprend aisément que la résolution générale d'une telle équation ne soit pas possible.

Son irruption dans le champ de la physique théorique a néanmoins été suivie d'une période d'euphorie dans la communauté restreinte des chercheurs en gravité quantique, euphorie qui est retombée lorsque l'équation de Wheeler-DeWitt s'est révélée inexploitable. La seule chance d'en trouver des solutions est de simplifier outrageusement le problème. On peut par exemple se limiter à considérer une famille extrêmement restreinte de géométries spatiales ne dépendant que d'un petit nombre de paramètres, comme les géométries à courbure constante. Cela revient à tronquer l'espace des phases en « gelant » des degrés de liberté pour ne conserver qu'un sous-ensemble très restreint, appelé « minisuperespace ». C'est la démarche adoptée par la « cosmologie quantique », discipline qui a occupé durant une trentaine d'années nombre de physiciens éminents comme Jim Hartle, Stephen Hawking, Andrei Linde ou encore Alexander Vilenkin, sans toutefois aboutir à des résultats probants.

La cosmologie quantique n'est pas une théorie de la gravitation quantique. Elle vise à décrire l'évolution de l'Univers dans son ensemble du point de vue quantique par l'intermédiaire d'une « fonction d'onde de l'Univers », mais elle n'implique pas nécessairement la quantification de la gravitation. La gravitation quantique, elle, vise à décrire les phénomènes à très petite échelle et n'implique pas nécessairement la description de l'Univers dans son ensemble.

Par ailleurs, la restriction de la théorie de Wheeler-DeWitt au minisuperespace n'est pas satisfaisante car ses hypothèses trop simplificatrices, si elles permettent de faire certains calculs, n'en restent pas moins des vœux pieux. La théorie complète devrait partir d'un espace-temps arbitraire, sans symétries particulières, et ce sont les résultats des calculs qui devraient fournir l'état de l'espace-temps. Il faudrait pour cela résoudre l'équation de Wheeler-DeWitt de manière générale, ce qui est, répétons-le, impossible.

Si séduisante soit-elle, la géométrodynamique quantique n'a par conséquent jamais débouché sur une théorie unificatrice cohérente, capable de retrouver à grande échelle la relativité générale ou de prédire les valeurs de la masse et de la charge des particules comme les électrons, ni de résoudre le problème des singularités ou de l'entropie des trous noirs. Wheeler lui-même l'a abandonnée dans les années 1980.

De l'écume à la boucle

Le programme de Wheeler a toutefois pris un nouveau départ en 1986, lorsque le physicien indien Abhay Ashtekar[3] a proposé d'utiliser comme variable dynamique non plus la métrique de l'espace tridimensionnel, mais un objet géométrique appelé « connexion », qui permet de transporter parallèlement des vecteurs d'un point à l'autre d'un espace courbe. Dans la foulée, Carlo Rovelli[4] et Lee Smolin[5] se sont rendu compte qu'en utilisant la reformulation d'Ashtekar l'équation de Wheeler-DeWitt admet des solutions associées à des courbes fermées dans l'espace, autrement dit des « boucles ».

Pour mieux le comprendre, considérons une courbe fermée tracée sur une sphère ; en chaque point de la courbe on définit un vecteur tangent, que l'on veut transporter le long de la courbe en le gardant parallèle à lui-même. On constate aisément que ce transport parallèle ne ramène pas à l'identique le vecteur tangent : revenu au point de départ il a tourné d'un certain angle – alors que, sur une surface plane, l'angle serait nul. Quand le transport parallèle le long d'une boucle dépend du chemin suivi, c'est que l'on est en

3. Alors professeur à l'Université de Syracuse aux États-Unis, aujourd'hui à l'Université d'État de Pennsylvanie.
4. Aujourd'hui à l'université de la Méditerranée à Marseille.
5. Perimeter Institute for theoretical physics de Toronto, au Canada.

présence de courbure. Autrement dit, la notion de boucle permet de capturer de façon élégante celle de courbure.

Les boucles étaient déjà très utilisées dans les théories de jauge sous le nom de « boucles de Wilson », du nom du physicien Kenneth G. Wilson. Toutes les boucles se déduisant les unes des autres par déformation continue sont considérées comme équivalentes. Une classe de boucles équivalentes correspond à la notion mathématique de « nœud ». Pour le mathématicien, un nœud est une courbe fermée qui ne se recoupe pas et qui ne dépend ni de la taille, ni de la forme, ni de l'orientation des brins. La grande difficulté de la théorie des nœuds est de classer tous les nœuds possibles, en identifiant ceux qui ne sont que des déformations les uns des autres. Jusqu'à maintenant, toutes les méthodes de classement proposées confondent certains nœuds. C'est donc un domaine de recherche mathématique actif, le problème se compliquant lorsque les nœuds s'entrelacent pour former des tresses ou des réseaux.

Au-delà de ces intéressants jeux de l'esprit, le formalisme des boucles a ouvert dans les années 1990 une nouvelle période faste pour la quantification de l'espace-temps. En considérant sur un espace-temps courbe les classes de boucles équivalentes, les résultats des calculs des transports parallèles de vecteurs le long de boucles caractérisent entièrement la courbure de l'espace-temps et sa forme. Dans cette approche, les véritables quantités physiques deviennent les classes de boucles équivalentes, que l'on peut utiliser comme nouvelles variables de l'équation de Wheeler-DeWitt, au lieu de la métrique tridimensionnelle de l'espace.

Les chercheurs ont alors compris que la théorie devait être formulée en termes de boucles entrecroisées, et que la notion d'espace-temps devait être remplacée par une interaction de particules et de boucles constituant les lignes individuelles du champ gravitationnel. Le traitement quantique des boucles devait ensuite être utilisé pour construire une « gravitation quantique à boucles ». Tel fut le nom désormais porté par cette nouvelle théorie (en anglais, *Loop Quantum Gravity*).

De la boucle au réseau

Les résultats infructueux obtenus précédemment dans le cadre de la géométrodynamique quantique reposaient sur l'hypothèse d'un espace continu quelle que soit l'échelle considérée. Sur la base nouvelle du formalisme des boucles, l'espace-temps devient granulaire et probabiliste, les grains élémentaires d'espace étant représentés par des nœuds et l'espace lui-même, par des entrelacs de nœuds. Les chercheurs ont donc dû revoir les anciens calculs de fond en comble. En 1994, Smolin et Rovelli ont réussi à trouver de vastes classes de solutions de l'équation de Wheeler-DeWitt, et ils ont précisé de façon rigoureuse l'espace des solutions de cette équation. Le résultat le plus spectaculaire est la possibilité de construire, pour la géométrie de l'espace-temps, des opérateurs de surface et de volume dont les spectres sont discontinus.

Dire que l'espace est discontinu ou « discret » signifie que les résultats possibles de la mesure expérimentale d'une surface ou d'un volume d'espace sont contenus dans un ensemble discret et non pas continu de valeurs. Le même type de problème se posait au début du XXe siècle avec le calcul de l'énergie des électrons circulant autour d'un noyau atomique. La mécanique classique prédit qu'un électron peut avoir une quantité quelconque d'énergie (donc des valeurs continues), tandis que la mécanique quantique n'autorise que certaines énergies (donc des valeurs discrètes), et stipule qu'on ne mesure jamais d'énergie comprise entre ces valeurs discrètes. La distinction est analogue à celle qui sépare la conception d'un écoulement d'eau continu – un fluide – et celle d'un écoulement de quantités dénombrables – les molécules de l'eau.

Dans la gravitation quantique à boucles, l'espace est constitué de quanta d'aires et de volumes. La valeur de ces quanta est calculée à partir de la longueur de Planck plusieurs fois mentionnée. De l'ordre de 10^{-35} mètre, elle correspond à l'échelle en dessous de laquelle la géométrie de l'espace ne peut plus être considérée comme continue. La plus petite aire possible (appelée aire de Planck-Wheeler) est donc le carré de la longueur de Planck, soit 10^{-70} mètre carré, et le plus petit volume est le cube de la longueur de Planck, soit 10^{-105} mètre cube. Ce quantum d'espace est vraiment minuscule : il y aurait 10^{105} « atomes de volume » dans 1 mètre cube d'espace, beaucoup plus qu'il n'y a de mètres cubes dans l'Univers observable tout entier (10^{81}) !

La structure quantique de l'espace est représentée par un graphe, c'est-à-dire un ensemble de nœuds – les vertex – reliés par des arêtes. Un tel graphe est nommé « réseau de spins ». Bien avant l'élaboration de la gravité quantique à boucles, les réseaux de spins avaient été introduits en 1971 par Roger Penrose pour représenter des fonctions compliquées à l'aide de diagrammes simples. Dans un réseau de spins, seules importent les relations, figurées par les arêtes, entre les objets figurés par les vertex. Une telle représentation se situe dans le droit fil des conceptions de Leibniz (1646-1716), qui s'était insurgé contre la vision newtonienne d'un espace rigide et absolu ; pour lui, l'espace n'était qu'un système de relations idéales entre les corps et n'avait donc pas d'existence indépendante de ces derniers.

Si l'on pouvait dessiner un diagramme de l'état quantique de l'espace, c'est-à-dire la géométrie courbée par l'action gravitationnelle des étoiles, des trous noirs, des galaxies et autres constituants de l'Univers observable, on obtiendrait un réseau de spins à la complexité gigantesque, comportant approximativement 10^{186} nœuds[6].

Comment s'effectue le lien entre une collection de ces atomes d'espace que sont les nœuds et l'espace continu de la relativité générale ? Un état quantique de l'espace est une superposition de boucles entrelacées. À cette échelle, l'espace-temps est discontinu, mais l'ensemble de ces boucles tisse une sorte de cotte de mailles qui, à plus grande échelle, apparaît comme un tissu continu. Nous

6. Soit, si l'on se réfère aux nombres mentionnés plus haut, $10^{81}/10^{-105}$.

savons bien qu'une nappe de table, qui nous paraît continue, est en réalité quantique, faite de molécules qui à leur tour sont faites d'atomes, qui sont faits de nucléons (les quarks et les gluons) et d'électrons. L'espace pourrait être fait de la même manière, son tissu étant constitué d'entités discontinues, par exemple de minuscules boucles. Tisser ces boucles ensemble conduit à un réseau de spins, qui représente un état quantique du champ gravitationnel. Dans ce schéma, non seulement l'espace est quantifié, mais la matière aussi. Les particules élémentaires, comme les électrons, sont représentées par certains types de nœuds auxquels on attribue, en plus du volume, des étiquettes qui décrivent leurs attributs.

Du réseau à la mousse

Quand enfin on ajoute le temps pour quantifier l'espace-temps et non plus seulement l'espace, il faut adapter les réseaux de spins : les lignes et les nœuds d'un réseau de spins deviennent respectivement des surfaces et des lignes, formant une « mousse de spins » à quatre dimensions – terme imagé proposé par Carlo Rovelli. Un réseau de spins, tranche découpée dans une mousse de spins, n'est autre qu'un instantané du monde, tranche découpée de l'espace-temps. Ainsi, le temps est lui-même discrétisé : de même que l'espace est défini par la géométrie discontinue du réseau de spins, le temps est défini par la séquence des sauts qui président au réarrangement du réseau ; il ne s'écoule plus tel un flot continu, mais comme les tics et les tacs d'une horloge, chacun durant à peu près un temps de Planck (longueur de Planck divisée par la vitesse de la lumière), soit 10^{-43} seconde.

Les atomes d'espace et de temps ainsi définis sont si petits qu'il est impossible de les mettre directement en évidence par des mesures expérimentales. En revanche, on peut mettre à l'épreuve théorique le formalisme des boucles en testant son aptitude à fournir des éclairages nouveaux sur certaines énigmes de la relativité générale classique, comme l'entropie des trous noirs, les singularités et le Big Bang.

Le premier vrai succès de la gravitation quantique à boucles a justement été de retrouver la relation postulée par Bekenstein et Hawking entre l'aire de l'horizon d'un trou noir et son entropie. Un résultat analogue avait précédemment été obtenu par la théorie des cordes, mais seulement dans le cas de certains trous noirs supersymétriques totalement irréalistes (voir chapitre 9). En gravité quantique à boucles, le résultat vaut directement pour les trous noirs de Schwarzschild, du type de ceux que l'on sait exister dans la nature. La théorie a pu aussi reproduire les caractéristiques du rayonnement de Hawking et fournir des précisions supplémentaires sur la structure fine de son spectre, ce qui a permis de démontrer qu'il n'y avait pas de perte d'information lors de l'évaporation quantique d'un trou noir.

Une conséquence encore plus fondamentale de la gravitation quantique à boucles est l'élimination pure et simple des singularités gravitationnelles, que ce soit celle prédite par la relativité générale classique au fond des trous noirs de Schwarzschild ou celle prédite dans les modèles cosmologiques de Friedmann-Lemaître au moment du fameux Big Bang. En 2007, Martin Bojowald[7] a calculé que la courbure de l'espace, au lieu de tendre vers l'infini au Big Bang, était bornée par une valeur certes gigantesque (10^{55} fois la courbure régnant à la surface d'un trou noir de 1 masse solaire, laquelle est déjà énorme), mais *finie*. Dans ce schéma, le Big Bang n'est plus un « grand boum » ni un temps zéro, c'est plutôt un Big Bounce, un « grand rebond », avant lequel l'Univers préexistait et subissait une contraction rapide. Cela signifie que notre Univers serait né

7. Alors à l'Institut Max-Planck de physique gravitationnelle de Potsdam, en Allemagne, il est aujourd'hui professeur à l'Université de Pennsylvanie.

d'un précédent Univers qui se serait contracté sur lui-même ; à un certain moment l'énergie gravitationnelle serait devenue répulsive, et cet univers d'avant Big Bang aurait rebondi pour former le nôtre. Si l'on représente le facteur d'expansion de l'Univers au cours du temps, celui-ci effectuerait un mouvement rappelant celui d'une balle rebondissant éternellement de façon élastique.

On pourrait penser que chaque cycle d'expansion-contraction reproduirait l'Univers à l'identique[8], mais Bojowald a fait remarquer que les équations quantiques rendaient en partie indéterminés les paramètres décrivant chaque nouveau cycle, lequel perdrait donc à chaque fois une partie des informations caractérisant l'état précédent. Néanmoins, quelques informations quantiques sur l'état antérieur de l'Univers ainsi que des ondes gravitationnelles auraient pu transiter par le Big Bounce. Si la théorie est juste, il n'est donc pas impossible que l'on découvre dans l'Univers actuel des indices fossiles de ce qui se serait passé avant le Big Bang (voir l'épilogue).

Les étoiles de Planck ou la fin des trous noirs

Pionniers des théories de l'effondrement gravitationnel, John Wheeler et Yacov Zel'dovich avaient montré que la géométrie de l'espace-temps interne d'une étoile s'effondrant en trou noir ressemblait (en inversant le sens du temps) à celle de l'Univers observable au moment du Big Bang. C'est sur cette base que Penrose et Hawking avaient développé à la fin des années 1960 leurs fameux théorèmes sur les singularités gravitationnelles survenant soit au fond des trous noirs, soit au début de l'Univers.

8. Comme l'avait envisagé en 1922 Alexandre Friedmann avec son modèle classique d'univers-phénix.

Or, comme nous venons de le voir, les travaux menés par Bojowald dans le cadre de la gravitation quantique à boucles conduisent à l'idée que le Big Bang résulte d'une phase de contraction gravitationnelle de l'Univers, qui se change en expansion lorsque sa densité volumique devient de l'ordre de la densité de Planck, soit 10^{94} g/cm^3 – valeur incomparablement plus élevée que celle qui règne au cœur des étoiles à neutrons.

Il est donc loisible d'imaginer que la matière et l'espace-temps en effondrement à l'intérieur d'un trou noir nouveau-né finissent eux aussi par subir un rebond une fois atteinte la densité de Planck.

La théorie de la relativité générale classique explique que toute matière franchissant l'horizon des événements d'un trou noir est irrémédiablement attirée vers le centre sans pouvoir s'en échapper et forme une singularité de densité infinie. Pour les physiciens, une telle singularité n'est pas réaliste car, à ces densités extrêmes, on ne peut plus faire abstraction des effets de la physique quantique. Dans le cadre de la gravitation quantique à boucles, une « étoile de Planck », dont l'existence a été suggérée en 2014 par Carlo Rovelli et Francesca Vidotto, serait l'objet de densité extrême mais finie à laquelle aboutirait l'effondrement d'un trou noir stellaire. Cet état atteint, l'espace-temps cesserait de s'effondrer et la matière rebondirait, la gravitation devenant transitoirement répulsive. Le trou noir stellaire exploserait alors, éjectant son contenu à la façon d'un trou blanc (ou fontaine blanche), c'est-à-dire un trou noir à temps inversé. Dans ce schéma, le trou noir n'est plus un état définitif et irréversible, c'est une étoile de Planck en rebond, qui se désintègre en explosant. Notons au passage que ce modèle permet d'envisager une solution au paradoxe de l'information qui découle du rayonnement de Hawking.

Le temps de désintégration des trous noirs de Schwarzschild dans le cadre de la gravitation quantique à boucles a été calculé par Rovelli et ses collaborateurs en 2016. Il est proportionnel au carré de la masse du trou noir en unités de la masse de Planck (2×10^{-5} gramme) et proportionnel au temps de Planck

(5×10^{-44} seconde). Comme il se déroule dans le contexte d'une courbure extrême de l'espace-temps, sa durée propre n'a rien à voir avec sa durée perçue par un observateur extérieur, du fait de l'extrême dilatation temporelle relativiste due au champ gravitationnel. Pour un trou noir de masse stellaire, la durée propre du processus d'effondrement-rebond est de l'ordre de la milliseconde, mais sa durée apparente pour tout observateur lointain se compterait en plusieurs millions ou milliards d'années. Il ne faut donc pas s'attendre à observer les étoiles de Planck en rebond sous forme de supernovæ hyperlumineuses !

Souvenons-nous toutefois de l'existence possible de trous noirs de masse beaucoup plus faible que celle du Soleil, qui se seraient formés dans l'Univers primordial (voir chapitre 2). Il est alors facile de calculer quelle devrait être la masse d'un trou noir primordial pour que sa durée de vie soit égale à l'âge de l'Univers actuel, et dont l'explosion devrait être visible aujourd'hui. Le résultat donne une masse de l'ordre de celle de la Lune, ce qui correspond à un trou noir de taille millimétrique.

L'hypothèse de rebond des trous noirs et sa durée n'ont cependant pu être calculées que pour les trous noirs statiques de Schwarzschild, alors que les trous noirs en rotation, décrits par la solution de Kerr, sont bien plus proches de la réalité attendue, avec un moment cinétique important qui pourrait modifier l'évaluation de la durée de rebond. Pour l'heure, les étoiles de Planck associées à des trous noirs de Kerr ne sont pas calculables.

Carlo Rovelli, associé à Aurélien Barrau, a estimé quel pourrait être le signal électromagnétique produit par la désintégration des trous noirs de Schwarzschild primordiaux de taille millimétrique[9]. Le processus devrait produire deux composantes, une première à très haute énergie ressemblant étonnamment à de singuliers sursauts gamma, la seconde à plus basse énergie dans une longueur d'onde

9. Il ne s'agit pas ici du phénomène d'évaporation quantique d'un trou noir par rayonnement de Hawking, mais bel et bien de la désintégration d'une étoile de Planck calculée dans le cadre de la gravité quantique à boucles.

égale à la taille des trous noirs en question, donc dans les ondes radio millimétriques.

Lorsqu'on observe l'ensemble des photons gamma intégrés sur toute la voûte céleste et qu'on les interprète non plus comme les sursauts gamma habituels (produits lors d'explosions d'hypernovæ ou de coalescences d'étoiles à neutrons), mais comme des désintégrations de miniétoiles de Planck primordiales, la forme du spectre en énergie serait si particulière qu'elle fournirait une preuve observationnelle de l'existence des étoiles de Planck. Pour l'heure, aucune caractéristique observée du fond de rayonnement gamma ne vient corroborer l'hypothèse.

Du côté du possible signal radio millimétrique, Rovelli et Barrau ont espéré fournir une explication des mystérieux « sursauts radio rapides », les FRB (*Fast Radio Bursts*). Ces sursauts d'ondes radio d'une durée de quelques millisecondes ont été observés pour la première fois en 2007, et l'on estime aujourd'hui qu'ils se produisent 10 000 fois par jour dans le ciel, bien que très peu d'entre eux soient détectables. La pauvreté extrême des données observationnelles laisse libre cours à l'imagination des astrophysiciens pour expliquer l'origine de ces flashs cosmiques, qui demeure non élucidée. La désintégration d'étoiles de Planck primordiales de taille millimétrique fait partie des explications les plus exotiques. Elle se heurte toutefois à un problème de taille : le sursaut radio rapide FRB121102 s'est révélé être une source récurrente (plus de 200 événements ont été enregistrés entre fin 2012 et fin 2017), ce qui est totalement incompatible avec la désintégration unique d'une étoile de Planck. FRB121102 a d'ailleurs été identifié à un astre visible fortement magnétisé, situé dans une galaxie naine à 3 milliards d'années-lumière, probablement une étoile à neutrons ou un reste d'explosion de supernova.

Sur la centaine de sursauts radio rapides observés jusqu'ici (2020), cinq ont pu être localisés, dont deux ont eu des sursauts répétés.

Quelques problèmes quand même

La théorie de gravitation quantique à boucles peut également être testée grâce à des phénomènes astronomiques qui seraient modifiés par la nature discrète de l'espace-temps – en particulier la propagation de la lumière dans le cosmos. Lorsque la lumière se déplace dans un milieu, sa longueur d'onde subit des altérations ; des phénomènes analogues doivent se produire si les photons se déplacent dans un espace granulaire et non pas continu. Bien que les effets soient infimes, ils s'accumulent avec la distance parcourue. À cet égard, les sursauts gamma, ces puissantes explosions de rayons gamma nous parvenant des profondeurs du cosmos, sont les sources les plus intéressantes : deux photons gamma émis au même moment mais à différentes énergies lors d'un sursaut devraient voyager à des vitesses un peu différentes à travers les mailles du réseau de spins et, au bout de plusieurs milliards d'années-lumière de trajet, nous parvenir à des moments légèrement distincts et avec des polarisations différentes.

La précision temporelle des signaux reçus par les télescopes gamma comme *Swift*, *Integral* et *Fermi* est inférieure à la précision requise ; en revanche, le télescope *Integral* de l'Agence spatiale européenne a pu mesurer la polarisation des photons à différentes longueurs d'onde du domaine gamma et a conduit à placer une forte contrainte sur la taille maximale présumée des grains « d'espace » : ces derniers seraient 10 000 milliards de fois plus petits que la longueur de Planck prévue par la théorie des boucles, ce qui, reconnaissons-le, est un très mauvais point pour elle…

Un autre problème sérieux, cette fois d'ordre théorique, est que la gravitation quantique à boucles ne décrit pas les cas spéciaux où la gravité est négligeable, c'est-à-dire l'espace-temps plat de la relativité restreinte. Dans cette théorie extrêmement bien vérifiée, un objet semble se contracter en fonction de la vitesse de déplacement relatif d'un observateur par rapport à cet objet. Cette contraction doit aussi affecter la taille des aires et des volumes discrétisés de l'espace-temps quantique, qui seraient donc perçus différemment par des observateurs à différentes vitesses. Or cela est incohérent avec le principe fondamental de la théorie d'Einstein appelé « invariance de Lorentz », en vertu duquel les lois de la physique doivent être les mêmes indépendamment de la vitesse de l'observateur.

Plus généralement et au-delà du cas particulier de la gravité quantique à boucles, il est difficile d'introduire des structures discrètes de l'espace-temps sans se heurter aux difficultés de la relativité restreinte. De telles structures discrètes fournissent en effet un référentiel privilégié qui conduit à des violations de l'invariance de Lorentz. Or cette dernière est vérifiée expérimentalement avec une précision inouïe. Certains chercheurs en gravité quantique ont suggéré que l'invariance de Lorentz n'est qu'une symétrie émergente à basse énergie, qui est brisée à l'échelle de Planck. Aucun test expérimental n'est toutefois en mesure de vérifier cette hypothèse.

Dans un article de 2014, Jorge Pullin et Rodolfo Gambini ont suggéré que, si l'on veut que la gravitation quantique à boucles soit cohérente avec la relativité restreinte, il faut l'adapter en utilisant des méthodes et des interactions issues de la grande théorie rivale : la théorie des cordes. Celle-ci fait l'objet des trois chapitres qui suivent.

CHAPITRE 9

Sauts à la corde

> « Les cordes des harpes célestes vibrent sous des doigts immortels, et des chants harmonieux résonnent à travers l'espace. »
>
> Friedrich Gottlieb KLOPSTOCK, *La Messiade*.

De la particule à l'élastique

Plusieurs ouvrages de vulgarisation de qualité ayant déjà été publiés sur la théorie des cordes[1], je ne lui consacrerai ici qu'un assez bref chapitre introductif afin d'en rappeler les principes. Je le reprends d'ailleurs essentiellement d'un ouvrage précédent consacré aux trous noirs et à la cosmologie[2], où j'annonçais le présent livre comme suite logique. Les deux chapitres suivants traitent par ailleurs, de façon bien plus développée, de quelques conséquences

---

1. Brian Greene, *L'Univers élégant*, Gallimard, 2005 ; Leonard Susskind, *Le Paysage cosmique*, Gallimard, 2007 ; Lee Smolin, *Rien ne va plus en physique*, Seuil, 2010.
2. Jean-Pierre Luminet, *Le Destin de l'Univers. Trous noirs et énergie sombre*, Fayard, 2006.

parmi les plus radicales de la théorie des cordes : le principe holographique et le multivers.

Jusque dans les années 1960, les physiciens avaient de bonnes raisons de considérer les particules élémentaires – les électrons et les quarks – comme ponctuelles, donc infiniment petites, et interagissant jusqu'à une distance nulle. Cette hypothèse avait d'abord engendré d'immenses difficultés techniques, les calculs de certaines quantités physiques aboutissant à des valeurs infinies. Pour les résoudre, les théoriciens avaient développé des techniques mathématiques dites de « renormalisation », qui éliminent effectivement les infinis indésirables et permettent de retrouver les bonnes valeurs de la masse et de la charge des particules élémentaires. La première des théories fondées sur la renormalisation, l'électrodynamique quantique, qui décrit les interactions entre électrons et photons, est devenue la théorie physique la plus précise jamais élaborée.

Encouragés par ce succès, les physiciens des particules ont forgé des théories sur le même modèle pour décrire les autres interactions. Ils ont obtenu le « modèle standard », qui rend compte avec succès des interactions électromagnétique, nucléaire forte et nucléaire faible entre toutes les particules.

Toutefois, comme déjà dit au chapitre 1, la renormalisation ne fonctionne pas pour la gravité. Cette dernière est par définition sensible à la masse, donc aussi à l'énergie d'après la fameuse formule d'équivalence $E = mc^2$. Le graviton, boson médiateur de l'interaction gravitationnelle, doit donc interagir avec lui-même, ce qui crée de nouveaux gravitons, qui à leur tour interagissent, et ainsi de suite… Il en résulte des valeurs d'énergie qui divergent à l'infini sans pouvoir être éliminées.

La démonstration de la non-renormalisabilité de la gravitation allait lancer les théoriciens dans une sorte de fuite en avant. Certains d'entre eux ont pensé que l'origine des infinis apparaissant dans toute théorie quantique des champs (renormalisable ou non) était liée à l'hypothèse que les particules étaient ponctuelles, et qu'une nouvelle modélisation des particules en termes d'objets étendus, comme une ligne à une dimension spatiale, pourrait juguler ces infinis. À la suite de Gabriele Veneziano et de Yoichiro Nambu, ils ont proposé, au début des années 1970, que les constituants fondamentaux de la matière – les quarks, les leptons et les bosons – ne sont pas des particules ponctuelles de dimension 0, mais des sortes d'élastiques longilignes et vibrants de dimension 1, appelés « cordes ».

Une corde, de taille extrêmement petite (de l'ordre de la longueur de Planck, 10^{-33} centimètre), est caractérisée par sa taille, sa tension, son énergie, son degré d'enroulement et ses modes vibratoires. Comme ces derniers sont quantifiés, ils peuvent être associés à des particules de masse, de charge et de spin donnés. Une corde correspond ainsi à une infinité de particules : telle une corde de violon, l'infime élastique vibrant dans un certain mode décrit un électron, dans un autre mode il décrit un quark, ou encore un photon, un neutrino, et ainsi de suite. Quant aux interactions entre particules, elles sont décrites en termes de jonction et de scission de cordes.

Étant unidimensionnelles, les cordes ne peuvent prendre que deux formes, deux topologies : ouvertes aux extrémités libres, ou fermées en anneau. Les avantages de cette nouvelle formulation sont évidents. D'une part, c'est la fin du « zoo des particules », puisque toutes les particules élémentaires se réduisent à deux familles : les cordes ouvertes et les cordes fermées ; d'autre part, les cordes admettent une échelle spatiale minimale et permettent d'éviter l'apparition des quantités infinies qui sont inévitables dans les théories quantiques des champs habituelles. Il n'y a plus besoin de procéder à la renormalisation de la théorie, y compris celle du graviton. La formulation de la gravitation quantique semble donc moins ardue dans le cadre d'une théorie des cordes.

Dimensions enroulées

Il y a cependant un lourd prix à payer pour cette belle progression : il faut supposer que l'espace-temps, décrit d'ordinaire à l'aide des quatre dimensions « étendues » que nous lui connaissons (trois d'espace, une de temps), possède aussi un certain nombre de dimensions supplémentaires, toutes spatiales mais compactifiées, enroulées sur elles-mêmes.

Pour comprendre cette étrangeté, le lecteur peut se souvenir de la façon dont on résout la célèbre devinette : comment créer quatre triangles équilatéraux de même taille avec six allumettes ? Si l'on pose les allumettes sur une table et que l'on essaie les diverses combinaisons, on s'aperçoit vite qu'il n'est possible de former que deux triangles avec cinq allumettes, la sixième ne servant à rien. Pour résoudre le problème, il faut « sortir » du plan de la table et utiliser la troisième dimension : on construit alors une pyramide à base triangulaire, qui possède effectivement quatre faces équilatérales et six arêtes. De nombreux problèmes mathématiques ou géométriques peuvent ainsi être résolus en élargissant le cadre dimensionnel.

Pour l'unification des interactions fondamentales, c'est un peu la même chose et l'idée n'est pas nouvelle. Dans les années 1920, le mathématicien autrichien Theodor Kaluza et le physicien suédois Oscar Klein avaient déjà tenté d'unifier l'électromagnétisme de Maxwell avec la gravitation d'Einstein en introduisant une « cinquième » dimension. Dans l'espace-temps à cinq dimensions, une des dimensions spatiales était enroulée sur elle-même pour former un cercle, les quatre autres étant celles de l'espace-temps de la théorie gravitationnelle d'Einstein. Kaluza et Klein avaient alors construit une théorie contenant la relativité générale dans l'espace-temps à quatre dimensions, mais aussi la théorie électromagnétique de Maxwell et un champ supplémentaire de spin 0, appelé « dilatation ». Leur théorie avait cependant été abandonnée car le champ de dilatation superfétatoire n'avait jamais été mis en évidence.

Il se trouve que, pour résoudre les divers problèmes de la théorie des cordes – qui sont un peu plus qu'une simple devinette –, il faut ajouter non pas une mais *plusieurs* dimensions spatiales. Où sont-elles ? Quelle taille ont-elles ? Dans la vie de tous les jours, nous ne percevons pas les dimensions supplémentaires de l'espace, ni le caractère longiligne des objets fondamentaux que seraient les cordes. L'explication la plus simple est que les dimensions supplémentaires sont tellement « repliées sur elles-mêmes » qu'elles sont totalement imperceptibles. Une bonne analogie est celle d'un tuyau d'arrosage. Celui-ci possède une longueur – dimension étendue – et deux dimensions supplémentaires : l'une est enroulée sur elle-même pour former un cercle (on l'observe en sectionnant le tuyau), l'autre est l'épaisseur de ce cercle. Les différences de taille sont néanmoins si grandes que, de loin, le tuyau d'arrosage est perçu comme un fil sans épaisseur, c'est-à-dire un espace unidimensionnel. Les deux autres dimensions – essentielles, puisqu'elles permettent à l'eau de couler dans le tuyau ! – ne sont perçues qu'à courte distance. Ainsi en irait-il des dimensions cachées de l'Univers : elles sont peut-être là, mais si petites que nous ne les voyons pas.

On pourrait penser que la voie était dès lors toute tracée pour unifier les forces et quantifier la gravité à l'aide de cordes : il suffirait d'ajouter des dimensions spatiales jusqu'à obtenir le résultat désiré. Les choses se révélèrent infiniment plus compliquées. La première théorie des cordes n'était viable que dans un espace-temps de dimension 26, n'était capable de modéliser que les bosons, particules médiatrices des interactions fondamentales, et admettait l'existence de « tachyons », particules censées voyager à une vitesse supérieure à celle de la lumière, violant donc les règles élémentaires de la relativité. Ce fut une première déception. Il fallait au moins incorporer les fermions, c'est-à-dire les particules de matière ordinaire qui sont soumises aux interactions.

En 1984 eut lieu ce qu'il est convenu d'appeler la « première révolution de la théorie des cordes » : le physicien américain John Schwarz et le Britannique Michael Green construisirent le premier modèle cohérent fondé sur les cordes, comprenant à la fois la description des bosons et celle des fermions. Pour cela, ils durent avoir recours à la « supersymétrie », une prescription mathématique faisant correspondre à chaque boson (particule de spin entier) un fermion (particule de spin demi-entier). Leur théorie fonctionnait dans un espace-temps à dix dimensions, intégrait le graviton et rejetait les tachyons. C'était un progrès, puisqu'on n'avait plus désormais que six dimensions spatiales supplémentaires au lieu de vingt-deux !

Dès lors, l'intérêt pour le formalisme des cordes n'a cessé de grandir et a gagné aussi la communauté des mathématiciens. En effet, l'appareil mathématique de la théorie des cordes est très complexe et hétérogène, faisant appel à différentes branches. Les quelques années suivantes ont vu une explosion d'idées et de résultats mathématiques, conduits par de remarquables théoriciens comme Edward Witten (médaille Fields en 1990) et David Gross (prix Nobel de physique en 2004 pour ses travaux sur l'interaction nucléaire forte).

De la poussière d'orchestre

> « Ah qu'il fait froid dans les espaces de Calabi-Yau
> Bien plus que dans les mers où l'on pêche le cabillaud.
> C'est pourquoi les dimensions s'y sont pelotonnées
> Les onze ensemble (avec le Temps), chacune en son boyau. »
>
> Jacques RÉDA, *La Physique amusante.*

Les physiciens n'étaient toutefois pas au bout de leurs peines. Ils s'aperçurent rapidement que l'intégration de la supersymétrie dans la théorie des cordes en dix dimensions pouvait se faire non pas d'une seule façon, comme l'avaient imaginé Green et Schwarz, mais de cinq manières différentes. Dans certaines, toutes les cordes sont obligatoirement fermées sur elles-mêmes, formant des boucles ; dans une autre, les cordes sont ouvertes et leurs extrémités sont libres. Dès lors, la théorie des cordes supersymétriques s'est appelée « la théorie des supercordes », dont une renversante et profonde anagramme trouvée par le pianiste et poète Jacques Perry-Salkow est « de la poussière d'orchestre[3] » ! Contrairement au but initialement visé, aucune de ces cinq variantes ne pouvait décrire totalement la réalité physique.

D'énormes complications mathématiques sont par ailleurs apparues : pour satisfaire les équations de la théorie, les dimensions spatiales supplémentaires ne peuvent se replier sur elles-mêmes que dans une classe particulière de formes géométriques, les espaces dits de Calabi-Yau à six dimensions, sortes de monstruosités géométriques incompréhensibles au profane, mais que le poète Jacques Réda a joliment mis en boîte. Déjà, le repliement de deux dimensions pose des problèmes de topologie : si on les replie séparément, on obtient un tore, si on les replie en même temps, on obtient une sphère, sans compter d'autres repliements possibles conduisant à une bouteille de Klein – l'enroulement de la feuille est combiné avec une torsion de 180 degrés – et autres surfaces bizarres. Ces espaces repliés se distinguent entre eux notamment par leur nombre de trous et leur orientabilité : par exemple, la sphère n'a aucun trou et elle est orientée, en ce sens que l'on peut définir un intérieur et un extérieur ; le tore a un trou et il est orienté, la bouteille de Klein a un trou et n'est pas orientée, et ainsi de suite. La structure de l'espace fondamental qui en résulte dépend donc de la topologie des dimensions supplémentaires. Lorsque le nombre de dimensions croît, le nombre de repliements possibles augmente encore. C'est ainsi qu'en dimension 6 les espaces de Calabi-Yau forment une classe gigantesque. La physique des particules qui en résulte change du tout au tout selon la topologie de l'espace de Calabi-Yau. Plus précisément, le nombre de « trous » d'un tel espace, ainsi que leur agencement spatial, est censé déterminer les différentes familles

3. Étienne Klein et Jacques Perry-Salkow, *Anagrammes renversantes ou le Sens caché du monde, op. cit. op.*

de particules et leurs masses. Or personne ne sait classifier tous les repliements possibles des espaces de Calabi-Yau.

Une avancée majeure vint en 1995, lorsque Edward Witten, de l'Institute for Advanced Study de Princeton, nota certaines relations mathématiques appelées « dualités » entre les cinq théories des supercordes, avançant l'idée que chacune d'elles était un cas particulier d'une métathéorie baptisée « théorie M » (M pour *Meta, Mother, Matrix, Mystery, Magics, Membrane*, etc.) fonctionnant cette fois dans un espace-temps à onze dimensions – donc une dimension spatiale de plus que dans les théories précédentes. En tant que théorie-mère de toutes les manifestations de la théorie des cordes, la théorie M restaurait le rêve d'unification…

La onzième dimension engendre de nouveaux objets fondamentaux que, par analogie avec les membranes qui enveloppent le tissu de l'espace-temps, le physicien Paul Townsend a appelés « *p*-branes », *p* étant un entier indiquant le nombre de dimensions spatiales de l'objet en question. Les cordes peuvent être vues comme des 1-branes, notre espace tridimensionnel habituel, comme une 3-brane, tandis qu'une 0-brane serait une particule ponctuelle. Ce fut la « seconde révolution des cordes », au cours de laquelle la théorie changea encore de nom pour s'appeler « théorie des branes ».

Une brane possède certaines caractéristiques physiques (énergie, masse, charge…), se propageant dans l'espace-temps de façon dynamique. Ce dernier point signifie qu'une brane n'est pas un objet statique, mais peut changer de configuration et de position. Notre 3-brane univers se déplacerait ainsi dans l'espace fondamental à dix dimensions.

Mais, loin d'être bien établie, la théorie des branes contient de nombreux degrés de liberté qui laissent toute latitude à l'imagination des chercheurs. Rien n'interdit *a priori* l'existence de plusieurs *p*-branes, *p* allant de 0 à 9, ce qui se traduirait expérimentalement par l'existence de plusieurs univers analogues (ou non) au nôtre mais n'interagissant que gravitationnellement avec nous. Tout ce que nous appelons « particules » serait, à l'exception des gravitons, des modes d'excitations de cordes ouvertes à dix dimensions dont les extrémités, attachées à notre 3-brane, s'y déplaceraient en nous apparaissant sous forme de particules usuelles. Les gravitons correspondraient, eux, à des cordes fermées et ne seraient pas attachés à notre brane : ils se déplaceraient en dix dimensions.

Un problème de hiérarchie

Un autre degré de liberté de la théorie concerne la taille des dimensions supplémentaires. En construisant la théorie des cordes, les physiciens avaient initialement imaginé que ces dimensions, toutes enroulées, étaient de taille extrêmement petite, et même qu'elles avaient la plus petite longueur imaginable en physique, la longueur de Planck. La raison était que la théorie était censée décrire la gravitation en même temps que les autres interactions fondamentales, et ce n'est qu'à l'échelle de Planck que l'intensité de la gravitation devient comparable à celle des trois autres interactions. Mais, en 1996, Edward Witten a fait remarquer que la taille des dimensions supplémentaires était un paramètre libre et qu'il n'y avait aucune raison de la fixer à l'échelle de Planck. Les théoriciens se sont donc penchés sur l'idée que les dimensions supplémentaires n'étaient peut-être pas aussi petites que cela. Dans certains modèles, leur rayon de courbure peut être aussi grand que le millimètre. La loi de gravité de Newton en $1/r^2$ serait modifiée à cette échelle, devenant par exemple une loi en $1/r^4$. Or les expériences les plus récentes ont assuré la validité de la loi de Newton jusqu'au millionième de mètre, ce qui élimine une hypothèse formulée dans les années 2000 par certains chercheurs et qui avait fait grand bruit : la possibilité de créer artificiellement des microtrous noirs lors des expériences effectuées au CERN, au cours de collisions à haute énergie entre particules élémentaires. L'idée avait suscité à l'époque quelques inquiétudes auprès d'une partie du public. Cependant, les énergies effectivement atteintes dans le grand collisionneur de hadrons du CERN, le LHC, sont 1 000 milliards de fois plus faibles que celles requises pour fabriquer des microtrous noirs, du moins dans le cadre de la physique actuellement connue. La création de microtrous noirs artificiels n'était énergétiquement possible que dans des modèles de la théorie des cordes où les dimensions supplémentaires avaient un rayon de courbure de l'ordre du millimètre. Ces modèles sont dorénavant totalement exclus.

En 1999, Lisa Randall et Raman Sundrum ont suggéré la possibilité d'une dimension supplémentaire non enroulée, donc de taille étendue comme nos trois dimensions spatiales usuelles. En novembre 2014 sortait sur les écrans de cinéma le film de science-fiction *Interstellar*, réalisé par Christopher Nolan. Vers la fin, on voit la scientifique Murph écrire une équation censée résoudre l'incompatibilité entre la relativité générale et la mécanique quantique. On aperçoit dans le fond une série de tableaux noirs couverts de diagrammes et de symboles mathématiques censés aboutir à l'équation ultime, celle d'une « Théorie du Tout ». Le sort de l'humanité en dépend ! Malgré la naïveté d'une telle représentation, on peut se demander si les équations fugitivement montrées dans la scène ont la moindre signification. De fait, les physiciens familiers de la théorie des cordes peuvent y reconnaître « l'action effective » de la théorie M « au premier ordre de son développement perturbatif » ! Il s'agit d'un clin d'œil adressé par le conseiller scientifique du film, Kip Thorne, à l'adresse de la communauté pour signifier que la future « Théorie du Tout » devrait ressembler à la théorie M. Plus spécifiquement, certains symboles de l'équation indiquent que, tout comme dans le modèle de Randall-Sundrum, il s'agit d'une théorie en cinq dimensions : une de temps et quatre d'espace. L'analogue d'un cube dans l'espace 4D sans courbure est appelé hypercube, ou tesseract. Le tesseract est au cube ce que le cube est au carré. De même que la surface d'un cube est constituée de six faces carrées, l'hypersurface d'un tesseract est constituée de huit cellules cubiques. Le tesseract est représenté de manière frappante dans *Interstellar* sous forme d'un espace multidimensionnel dans lequel le temps est transformé en dimension spatiale. Piégé dans la cinquième dimension à l'intérieur du tesseract, le héros du film, Cooper, ne peut communiquer avec sa fille Murph qu'au moyen de signaux gravitationnels, puisque eux seuls se propagent dans les cinq dimensions tandis que les ondes électromagnétiques restent confinées dans l'espace-temps usuel. Cooper peut alors fournir à Murph les données dont elle a besoin pour résoudre l'équation finale !

Ces amusantes jongleries avec la taille possible des dimensions supplémentaires ont en réalité pour but de comprendre le problème plus sérieux dit de la « hiérarchie » des interactions fondamentales : pourquoi l'intensité de la gravitation est-elle si extraordinairement petite comparée à celle des autres interactions, notamment l'interaction électromagnétique ? La répulsion électrique et l'attraction magnétique sont 10^{36} fois plus grandes que l'attraction gravitationnelle. C'est la raison pour laquelle un simple aimant de mercerie suffit pour arracher à l'attraction de la Terre entière une aiguille posée sur une table… Ce problème de la hiérarchie des forces tracasse les physiciens au moins autant que leur unification, car elle n'est pas expliquée par le modèle standard des particules. La théorie des branes offre une explication séduisante, proposée en 1998 par Nima Arkani-Hamed, Savas Dimopoulos et Gia Dvali : tandis que les interactions électromagnétiques et nucléaires restent confinées sur notre brane d'univers, la gravité serait, elle, diluée dans les dix dimensions spatiales – à condition toutefois que certaines d'entre elles soient de taille beaucoup plus grande que la longueur de Planck. Ainsi, son intensité ressentie à quatre dimensions serait beaucoup plus faible que ce qu'elle serait « réellement » dans l'espace fondamental. Autrement dit, la faiblesse de la gravité ne serait qu'une illusion, due au fait que nous n'en percevrions qu'une projection. Comme dit plus haut, le phénomène aurait des conséquences radicales concernant les trous noirs, lesquels pourraient dès lors être créés, sous forme microscopique, dans les plus puissants accélérateurs de particules – une possibilité strictement exclue dans le cadre de la relativité générale classique.

Ekpyrosis

> « Le cosmos, le même pour tous ni un dieu ni un homme ne l'a fait, mais il était toujours et il est et sera, feu éternel s'allumant en mesure et s'éteignant en mesure. »
>
> HÉRACLITE.

Si la théorie branaire livre une explication possible au problème de la hiérarchie, elle a aussi pour ambition de jeter une nouvelle lumière sur une autre zone d'ombre de la cosmologie moderne : l'origine et l'évolution de l'Univers.

Dans la Grèce antique, sous l'impulsion de penseurs comme Héraclite et Plutarque, a émergé l'idée que notre Univers aurait débuté dans une grande explosion de feu, suivie d'une destruction puis d'une renaissance, et ainsi de suite. C'est avec une idée analogue que des physiciens « cordistes » ont bâti un nouveau modèle cosmologique qualifié d'« ekpyrotique » (du mot grec signifiant « conflagration »). Développé depuis 2001 par Justin Khoury et Paul Steinhardt, de l'Université de Princeton, et Neil Turok, de l'Université de Cambridge, il est fondé sur l'idée que notre Univers est une 3-brane flottant à proximité d'une autre dans un espace de dimension supérieure. Notre brane attire et est attirée par une autre brane. L'espace les séparant se comporte comme un ressort, qui les conduit à entrer en collision tandis qu'elles se contractent. L'énergie du choc est convertie en matière et en rayonnement : c'est le Big Bang vu depuis notre brane. Puis les branes rebondissent l'une sur l'autre et l'espace subit une expansion décélérée.

Dans une variante du modèle (qui contient beaucoup de paramètres libres !), les collisions se produisent de façon cyclique. Deux branes se rencontrent, rebondissent et s'écartent avant de retomber l'une sur l'autre, et ainsi de suite. Entre ces collisions, les branes se dilatent continuellement, à l'exception d'une phase de contraction juste avant le choc. L'expansion ralentit quand les branes s'écartent, et accélère lorsqu'elles se rapprochent à nouveau, de sorte que la phase actuelle d'accélération de l'expansion annoncerait une prochaine collision… Nous retrouvons de façon inattendue le concept d'« univers phénix » renaissant périodiquement de ses cendres, que les pionniers de la cosmologie relativiste Alexandre Friedmann et Georges Lemaître avaient envisagé dans les années 1920-1930.

Dans le scénario ekpyrotique, le Big Bang n'est plus qu'une péripétie de la grande histoire cosmique car, si l'espace fondamental est un gaz de branes, celles-ci ne cessent de se percuter et de se croiser, chacune de ces rencontres suscitant, vue depuis l'une des branes, l'illusion d'un Big Bang. L'accélération actuelle de l'expansion de notre Univers étant due à un rapprochement entre deux branes, il n'y aurait plus besoin de faire appel à l'énergie sombre. Le modèle s'offre même le luxe de n'invoquer aucun processus analogue à l'inflation.

Il offre surtout la possibilité d'être mis à l'épreuve expérimentale par des prédictions observables. En tant qu'alternative au mécanisme de l'inflation, il prévoit l'absence de modes de polarisation particuliers des ondes gravitationnelles primordiales, les modes B. Si les observations montraient effectivement une telle polarisation dans le rayonnement fossile, le modèle ekpyrotique serait éliminé au profit de l'inflation. Pour l'instant, rien n'a été détecté, et il survit.

Les cordes noires

La relativité générale n'est pas la seule théorie de la gravitation prédisant l'existence des trous noirs : comme ces derniers représentent l'aboutissement inéluctable d'états où la gravité domine sur toutes les autres interactions, ils existent également dans la plupart des autres théories plausibles de la gravité, en ayant simplement des propriétés peu ou prou différentes. Ainsi, en 1996, Andrew Strominger et Cumrun Vafa, de l'Université Harvard, ont considéré le trou noir comme un immense enchevêtrement de cordes. En comptant les états quantiques associés aux vibrations des cordes, ils ont pu retrouver la formule de Bekenstein-Hawking donnant l'entropie d'un trou noir en fonction de l'aire de son horizon des événements, sa température en fonction de sa gravité de surface, ainsi que les caractéristiques du rayonnement de Hawking (voir chapitre 2).

Avant même de développer la théorie des cordes, les physiciens avaient imaginé qu'un trou noir suffisamment petit pouvait s'évaporer en un spectre de particules massives, sans l'inconvénient de s'achever en une singularité nue qui violerait toutes les lois de la physique. Les théories des cordes donnent un moyen de comprendre conceptuellement ce qui pourrait se produire. Le trou noir émet des particules et, dans la limite des hautes énergies, il émet tout un spectre de cordes. La température des cordes est proportionnelle à leur masse. La température du trou noir ne peut pas dépasser celle des cordes. Lorsque la température du trou noir est basse, on retrouve l'émission de particules ponctuelles. Lorsque la température du trou noir est haute et comparable à celle des cordes, son émission est dominée par celle de cordes très massives, et on ne peut plus distinguer le trou noir de ces cordes : il y a un changement de phase entre trou noir et cordes, ressemblant à une transition de phase dans un liquide, où le trou noir apparaîtrait comme l'état condensé et la corde, comme l'état gazeux. La transition se ferait lorsque le rayon du trou noir en rétrécissement atteindrait la longueur fondamentale d'une corde (de 10^{-33} à 10^{-18} centimètre selon les modèles). De cette façon, l'évaporation d'un trou noir ne ferait plus apparaître de température infinie, comme c'est le cas dans la théorie des particules ponctuelles. En outre, l'information tombée dans le trou noir et stockée sous forme de vibrations de cordes pourrait éventuellement être intégralement récupérée, en accord avec les règles de la physique quantique.

Notons enfin que les théorèmes qui interdisent la formation d'un trou de ver stable dans un espace-temps classique ne s'appliquent pas aux géométries à plus de trois dimensions spatiales. En théorie des cordes, des trous de ver stables existent et peuvent être considérés comme des connexions entre deux branes. On retrouverait ici la possibilité de voyager dans l'espace-temps en utilisant ces raccourcis, mais le voyage ferait passer d'une brane d'univers à une autre, ce qui ne laisse guère d'espoir pour visiter les étoiles et les galaxies lointaines de notre propre Univers !

Même pas fausse ?

Quarante ans après la publication de l'article de Green et Schwarz, il est temps de poser la question : la théorie des cordes révèle-t-elle des lois profondes du réel ? Ou bien n'est-elle qu'un beau mirage mathématique qui a fait s'égarer une génération entière de physiciens ?

Parvenu à ce stade, le lecteur pourra en effet avoir le sentiment d'une grande dispersion d'idées et de concepts allant quelque peu à l'encontre du but initialement visé, à savoir l'unification de la physique. Et il aura raison ! Il n'y a pas *une* théorie des cordes, mais une quantité phénoménale, au point que, pour reprendre l'expression du physicien Peter Woit[4], cette théorie ne peut « même pas être fausse ». Autre détracteur de la théorie des cordes, Lee Smolin a compté 105 paramètres libres (c'est-à-dire ajustables à volonté, sans contrainte expérimentale ou théorique), ce qui implique *a minima* 10^{500} variantes théoriques du formalisme des cordes, chaque solution correspondant à un modèle d'univers complètement différent. Un nombre faramineux, beaucoup plus grand que le nombre de

4. Peter Woit, *Not Even Wrong : The Failure of String Theory* (*Même pas fausse : l'échec de la théorie des cordes*), Basic Books, 2007.

particules élémentaires dans notre Univers observable, qui n'est « que » de l'ordre de 10^{80} ! Il semble dès lors impossible de « faire le tri » entre ces innombrables solutions pour déterminer laquelle correspondrait à notre Univers, le seul où l'on puisse faire des expériences. La théorie des cordes ne serait ainsi ni prouvable ni réfutable, et n'obéirait donc pas aux critères habituels[5] de ce que doit être une « bonne » théorie scientifique. Telle est la position de chercheurs comme Peter Woit, Paul Steinhardt ou encore George Ellis, qui soulève bien des remous dans la communauté, et que je suis enclin à partager malgré les perspectives fascinantes ouvertes par la théorie.

Force est de constater qu'aujourd'hui les physiciens qui « croient » encore en la théorie des cordes le font pour des raisons formelles, et pour certains d'entre eux pas très éloignées d'une forme de religion… L'un des « papes » de la théorie, l'Américain Leonard Susskind, argumente que les 10^{500} univers hypothétiques de la théorie des cordes ne sont pas virtuels mais existent vraiment, formant le paysage du multivers (chapitre 11). Susskind est assez unanimement reconnu comme un physicien très brillant, mais à l'ego quelque peu surdimensionné. Rêvant de devenir aussi célèbre que Stephen Hawking, dans ses livres de vulgarisation – au demeurant réussis – il ne cesse de faire allusion aux rencontres qu'il a eues avec l'icône britannique et aux controverses scientifiques qui les ont opposés, dont il serait évidemment sorti vainqueur ! Il y a quelques années, à l'occasion d'un colloque grand public à Rome où nous étions tous deux orateurs, comme il ne parlait que théorie des cordes, je lui ai fait valoir les récents succès théoriques de la gravité quantique à boucles développée par Abhay Ashtekar et Carlo Rovelli, des physiciens de tout premier plan. Il m'a répondu « Qui ça ? Ce sont des physiciens ? »

Beaucoup plus discret sur le plan médiatique mais pas plus enclin à changer d'avis, Edward Witten a pour sa part déclaré que,

---

5. Selon le philosophe des sciences Karl Popper, dans son ouvrage de 1934 *La Logique de la découverte scientifique.*

malgré ses difficultés, la théorie des cordes restait le seul candidat pour une physique unifiée. Quand on lui oppose la non-réfutabilité de la théorie, il s'indigne que son interlocuteur ne soit pas convaincu de sa merveilleuse et incroyable consistance mathématique, de sa remarquable beauté et de son élégance. En d'autres termes, pour lui, la théorie est trop belle pour être fausse. Et, quand on lui demande ce qu'il pense des théories d'unification alternatives, il n'hésite pas à affirmer qu'il n'y a aucune autre suggestion compétitive. L'une des raisons, selon lui, est que les approches alternatives dignes d'intérêt, comme la théorie des twisteurs de Penrose ou la géométrie non commutative de Connes, devraient être intégrées comme cas particuliers du cadre universel fourni par la théorie des cordes.

Si l'on entend par « meilleure théorie » celle qui a produit le plus d'articles, alors oui, la théorie des cordes est bien la meilleure. Mais ce n'est certainement pas la bonne façon de juger. Comment pouvons-nous savoir si une théorie est meilleure qu'une autre s'il n'existe aucun test expérimental susceptible de la comparer à d'autres ?

Que choisir ?

Cela fait quatre-vingts ans que les physiciens ont réalisé que la mécanique quantique et la gravitation ne faisaient pas bon ménage, et ils n'ont toujours pas réussi à marier ces deux théories fondamentales – si tant est que ce soit possible. Ces dernières décennies, les chercheurs ont simplifié le problème de la gravitation quantique en deux lignes de pensée principales, avec la théorie des cordes d'un côté et la gravitation quantique à boucles de l'autre côté. Les partisans de chaque bord se battent depuis des années, car ils estiment que les deux approches sont incompatibles. Les différences conceptuelles sont en effet évidentes et profondes.

En premier lieu, la théorie des cordes présuppose un cadre d'espace-temps continu, fixe et absolu, de même que la mécanique newtonienne et la relativité restreinte. Or, pour être en accord avec les principes fondamentaux de la relativité générale, une théorie quantique de la gravitation ne devrait pas reposer sur un espace-temps donné *a priori*. À cet égard, le formalisme des cordes paraît moins adapté que celui des boucles, même si cinquante fois plus de chercheurs en ont fait leur sujet d'étude exclusif.

En second lieu, nombre de problèmes techniques séparent les deux champs. La théorie des cordes nécessite que l'espace-temps soit continu et possède dix ou onze dimensions. La gravitation quantique à boucles ne fonctionne pas avec des dimensions supérieures mais dans un espace-temps discrétisé. Troisièmement, la théorie des cordes suppose la validité de la supersymétrie, qui stipule que les particules connues possèdent toutes des partenaires que l'on n'a pas encore découverts. La gravitation quantique à boucles n'invoque pas la supersymétrie.

Ces différences et bien d'autres ont créé au fil du temps des camps très retranchés. Les conférences des physiciens adeptes de l'une ou de l'autre théorie sont distinctes. Pendant longtemps les théoriciens des cordes, qui occupaient la position dominante, ne voulaient même pas entendre parler de la gravitation quantique à boucles. Les ouvrages polémiques de Lee Smolin et de Peter Woit n'ont pas arrangé les choses.

De fait, la plus grande différence entre les deux théories est peut-être la manière de définir les questions, et le conflit entre les deux serait plus sociologique que scientifique. Heureusement, les chercheurs de la nouvelle génération font preuve d'une plus grande ouverture d'esprit que leurs aînés, certains même commençant à discuter d'une possible compatibilité entre la théorie des cordes et la gravité quantique à boucles, qui seraient deux faces d'une même pièce. À l'appui de cette idée pacificatrice, des outils mathématiques communs. Pour ma part je n'y crois guère, pour au moins trois raisons. D'abord, au-delà de techniques mathématiques utilisables dans plusieurs approches de la gravitation quantique, il y a une différence quasiment « ontologique » entre les théories dont la formulation dépend de la géométrie de fond – comme la théorie des cordes – et celles dont la formulation n'en dépend pas – comme la gravité quantique à boucles. Ensuite, l'argument de non-réfutabilité de la théorie des cordes ne tient pas vraiment : comme précisé dans le paragraphe qui suit, des indices expérimentaux récents la mettent très sérieusement en difficulté. Enfin, pourquoi se cantonner sempiternellement à comparer les deux principales théories rivales de gravité quantique, alors qu'une bonne poignée d'autres ne sont pas moins dignes d'intérêt : la géométrie non commutative, les causets, les triangulations dynamiques causales, la gravité à sécurité asymptotique ou encore la gravité émergente ? La dernière partie de cet ouvrage leur est justement consacrée.

Coups durs pour la théorie des cordes

Un indice que la théorie des cordes pourrait être crédible aurait pu venir des expériences au grand accélérateur de particules du CERN, avec la mise en évidence de particules supersymétriques apparaissant à haute énergie. On sait aujourd'hui que c'est un échec cuisant pour la supersymétrie, sur laquelle est bâtie la théorie des supercordes. Mais les modèles de supersymétrie possèdent tellement de paramètres libres que l'on peut toujours repousser la détection des particules supersymétriques toujours plus haut, à des énergies encore inaccessibles au LHC.

Une contrainte expérimentale plus forte et inattendue sur la théorie des cordes est venue en 2018 de l'observation de l'événement GW170817, détecté le 17 août 2017, d'abord sous forme d'ondes gravitationnelles par les interféromètres LIGO et Virgo, puis sous forme lumineuse au sein de la galaxie NGC 4993, par 70 observatoires au sol et dans l'espace. C'est la première détection d'ondes gravitationnelles pour laquelle une contrepartie électromagnétique a été détectée, les précédents événements captés par LIGO et Virgo, associés à des fusions de trous noirs stellaires, n'ayant donné qu'un signal purement gravitationnel. GW170817 est donc interprété comme la coalescence de deux étoiles à neutrons ayant probablement formé un petit trou noir stellaire, donnant un premier signal gravitationnel suivi d'un puissant sursaut gamma, puis d'une émission lumineuse dans les domaines ultraviolet, visible et proche infrarouge.

Cette observation extraordinaire fournit plusieurs tests originaux sur les théories de gravitation. Comme on l'a vu, la théorie des cordes suppose l'existence de dimensions supplémentaires de l'espace dans lesquelles seule la gravité se propage. Dans ce cas, les ondes gravitationnelles émises lors de l'événement GW170817 « fuitent » en partie dans les dimensions supplémentaires, conduisant à une diminution d'amplitude des ondes observées dans notre espace-temps ordinaire et à une erreur corrélative dans la mesure de la distance de la source déduite de son signal gravitationnel. En revanche, les ondes électromagnétiques ne se propagent pas dans les dimensions supplémentaires et ne sont pas affectées. En 2018, une équipe de chercheurs américains a donc eu l'idée de comparer la distance de GW170817 inférée à partir des ondes gravitationnelles avec celle déduite de la contrepartie électromagnétique, identifiée au télescope de façon certaine avec la galaxie NGC 4993, pour voir s'il y avait une différence. Les deux distances ont été trouvées égales à mieux que 1 % près, ce qui implique qu'il n'y a pas eu de fuite dans des dimensions supplémentaires et que les ondes gravitationnelles se propagent bel et bien dans un espace-temps de dimension 3 + 1, comme on s'y attend en relativité générale classique. Balayée, la poussière d'orchestre ?

CHAPITRE 10

L'hypothèse holographique

> « Nos rêves sont presque toujours des recombinaisons à partir d'éléments de réalité hétéroclites survenus à l'état de veille ; cela a conduit certains à y voir une preuve de la non-unicité du réel. D'après eux, nos rêves seraient des aperçus sur d'autres branches d'univers existantes au sens d'Everett-DeWitt, c'est-à-dire d'autres bifurcations d'observables apparues à l'occasion de certains événements de la journée ; ils ne seraient ainsi nullement l'expression d'un désir ni d'une crainte, mais la projection mentale de séquences d'événements consistantes, compatibles avec l'évolution globale de la fonction d'onde de l'Univers. »
>
> Michel HOUELLEBECQ,
> *La Possibilité d'une île* (2005).

De la lumière à la réalité multiple

L'histoire de l'art, la littérature, la philosophie, l'histoire des sciences et celle des religions se penchent depuis longtemps sur la lumière et ses diverses manifestations. Chez de nombreux artistes et plasticiens, la lumière est même devenue matériau de création. Elle est aussi la matière première des astronomes. Apparemment si simple, si commune, la lumière transporte l'information à travers tout l'Univers. Longtemps l'homme a cru déchiffrer à travers elle la réalité du monde. Or l'analyse moderne et approfondie de la lumière, avec ses aspects multiples et contre-intuitifs révélés par la mécanique quantique, avec aussi ses innombrables jeux, illusions et mirages dévoilés par l'astrophysique et la cosmologie, ne conduit-elle pas plutôt à s'interroger sur l'unicité du réel ?

En 1957, le physicien américain Hugh Everett publia un article qui le rendit célèbre pour son hypothèse des mondes multiples. Selon lui, la « fonction d'onde » de la mécanique quantique décrit toute la réalité d'un système, à savoir une superposition quasiment infinie d'états possibles qui ont chacun une réalité dans autant d'univers distincts. Il en découle que tout ce qui est physiquement permis par les équations de la mécanique quantique se réalise de front. Notre monde, comme tous les autres univers, est né du résultat des probabilités. Prenons le jeu de pile ou face. Juste avant qu'on lance la pièce, les deux probabilités qu'elle retombe sur pile ou sur face ont la même chance. Si la pièce retombe sur face, cela veut dire que la possibilité qu'elle tombe sur pile a échoué dans notre Univers. Mais, dans un autre univers tout aussi réel, la pièce est retombée sur pile, et les deux univers se sont séparés lors du jet de la pièce. Cet exemple est simplifié au maximum car, en réalité, les multiplications de probabilités se produisent au niveau des particules élémentaires et engendrent une succession indéfinie d'univers parallèles où cohabitent plusieurs réalités. L'appellation courante d'« univers parallèles » est d'ailleurs impropre, puisque les univers d'Everett ont au moins un point commun dans leur passé. Il est plus correct de parler d'« univers divergents ».

L'interprétation d'Everett anticipait le concept plus général de multivers, selon lequel notre Univers ferait partie d'un ensemble gigantesque, voire infini, d'univers. Semblant découler naturellement de plusieurs modèles aujourd'hui utilisés dans différentes branches de la physique fondamentale, il a acquis une certaine crédibilité auprès d'une partie de la communauté scientifique, et a été popularisé dans de nombreux articles à sensation circulant sur les réseaux sociaux. Il existe plusieurs types de multivers, techniquement très différents ; outre celui découlant de l'hypothèse d'Everett, les multivers le plus souvent discutés sont le multivers des cosmologies inflatoires, le multivers des cosmologies à rebond et le multivers de la théorie des cordes (pour plus de détails, voir chapitre 11). Malgré leurs différences, tous les types de multivers confrontent l'observateur à des vérités multiples et interrogent nos certitudes sur ce qu'il est d'usage d'appeler le réel.

Loin de ces théories cosmologiques encore très abstraites et spéculatives, l'holographie fournit de manière très concrète un champ d'expérimentation mettant à l'épreuve notre perception du réel à travers la lumière. Un hologramme est une photographie d'un type particulier qui engendre une image tridimensionnelle lorsqu'on l'éclaire de façon appropriée. L'objet à photographier doit d'abord être baigné dans la lumière d'un rayon laser. Un deuxième rayon laser – qui peut être de même source – « rebondit » sur la lumière du premier rayon reflétée par l'objet, et les motifs d'interférence qui en résultent, c'est-à-dire les secteurs où les deux rayons laser se mélangent, sont capturés sur un film à deux dimensions. Le film développé montre un entrelacs de zones claires et sombres sans signification apparente. Mais aussitôt qu'il est éclairé par un autre rayon laser, une image tridimensionnelle de l'objet original apparaît. Autrement dit, toute l'information décrivant une scène en trois dimensions, censée occuper un volume de l'espace, peut être entièrement codée sur un film à deux dimensions.

Prenons un exemple encore plus simple à une dimension : un segment de route nationale long de 15 kilomètres, délimité par une ligne de départ et une ligne d'arrivée. La vitesse maximale autorisée d'un véhicule circulant sur cette route est de 90 km/h, et la police veut déterminer si un véhicule a commis ou non un excès de vitesse. La façon la plus coûteuse en temps et en moyens techniques de recueillir l'information serait de surveiller le véhicule tout au long de son parcours et de mesurer à chaque instant sa vitesse. Une autre façon moins lourde mais quand même coûteuse est d'installer un ou deux radars sur le parcours (choix fait par la police française), mais ce n'est pas très fiable car le véhicule peut très bien rester dans les normes en passant devant les radars et commettre ses excès de vitesse sur le reste du parcours. Le moyen de loin le plus économique consiste simplement à chronométrer les moments de départ et d'arrivée du véhicule. À la vitesse de 90 km/h, le véhicule parcourt 1,5 kilomètre par minute, de sorte que, si l'intervalle de temps entre le départ et l'arrivée est inférieur à 10 minutes, la police sera certaine que le véhicule a commis un excès de vitesse… Mathématiquement, l'espace (ici le segment de route unidimensionnel) peut être représenté comme un hologramme de l'enveloppe qui l'encadre (ici les points d'arrivée et de départ, de dimension 0).

La technique des hologrammes, aujourd'hui largement utilisée dans la création artistique, l'industrie des loisirs, la publicité ou la scénographie, pose la question théorique du codage de l'information associée à un système physique donné, voire à l'Univers tout entier. Le concept « d'univers holographique » a été proposé pour la première fois dans les années 1980 par David Bohm, mais dans un formalisme relevant davantage de la mystique New Age que de la physique quantique (dont Bohm était pourtant un praticien jusqu'alors réputé). Il a pris par la suite une certaine consistance scientifique dans le cadre élargi de la théorie des cordes, approche la plus connue tentant d'unifier l'ensemble des interactions fondamentales.

Le paradoxe de l'information

« Vous voilà sur les bras une fâcheuse affaire. »

MOLIÈRE, *Le Misanthrope*.

Le physicien britannique Stephen Hawking, décédé le 14 mars 2018, a tenté jusqu'au bout de résoudre le paradoxe de l'information lié à l'évaporation quantique des trous noirs, processus qu'il avait lui-même découvert il y a plus de quarante ans (voir chapitre 2). La fable suivante explique ce dont il s'agit.

L'ordinateur de l'écrivain Jean, contenant tous ses fichiers, dont le manuscrit de son prochain roman, est totalement pulvérisé dans une explosion ; il n'en reste qu'un nuage de particules élémentaires. La catastrophe est-elle réparable ? Oui, assure son ami Pierre, qui est physicien : comme les lois de la nature sont symétriques par renversement du temps, il suffit de retrouver toutes les particules du système initial et d'inverser leur mouvement ; il sera alors possible de reconstituer l'ordinateur ainsi que toute l'information qu'il contenait. C'est le principe de la « microréversibilité » : quand on lance en l'air un jeu de cartes, l'ordre initial des cartes disparaît ; mais, si l'on sait exactement comment les cartes ont été jetées, on peut retrouver l'ordre initial.

Jean est rassuré ; il récupère en effet son ordinateur ainsi que le fichier de son roman en suivant les instructions de Pierre. Mais, un mois plus tard, il laisse par mégarde tomber son ordinateur dans un trou noir. Cette fois, il se dit qu'il n'a plus aucun moyen de récupérer ses fichiers : le « théorème de calvitie » de John Wheeler stipule que l'information est irrémédiablement perdue pour tout observateur extérieur au trou noir ; et, s'il va chercher ses fichiers à l'intérieur, il sera détruit avec eux dans la singularité centrale. Son ami Pierre lui rappelle alors que, selon une découverte théorique faite en 1975 par Stephen Hawking, s'il attend suffisamment longtemps à l'extérieur, le trou noir finira par s'évaporer, rayonnant toute sa masse sous forme de photons et autres particules. Jean, qui vient justement de lire le best-seller de Hawking *Une brève histoire du temps*, rétorque que l'information récupérée dans le rayonnement du corps noir est tellement dégradée qu'elle est inutilisable. Son roman est bel et bien perdu ! Pas si sûr, argumente Pierre. Si l'information était vraiment perdue, la mécanique quantique ne serait plus valable ; celle-ci assure la microréversibilité ainsi que la conservation de l'énergie qui va avec. Si le trou noir violait la première, il violerait la seconde et, en engloutissant à jamais les informations, il devrait produire d'énormes quantités d'énergie qui échaufferaient l'Univers en une fraction de seconde. Comme cela n'a pas eu lieu, il doit bien y avoir un moyen de récupérer toute l'information tombée dans un trou noir…

Alors, qui a raison ? Nul ne le sait encore. Tel est le paradoxe de l'information. Il divise la communauté des théoriciens depuis quatre décennies, en ce qu'il illustre le conflit toujours non résolu entre les lois de la mécanique quantique et les modèles classiques de trou noir décrits par la relativité générale. À ce titre, il joue un rôle central dans l'élaboration de théories de la « gravitation quantique » tentant de concilier les deux.

Stephen Hawking a lui-même plusieurs fois changé d'avis sur la question. Lors d'un exposé donné en août 2015 à Stockholm, il avait annoncé avoir résolu le problème. Selon lui, toute l'information sur la matière et l'énergie contenue dans le volume tridimensionnel du trou noir résiderait en réalité sur sa surface bidimensionnelle, le fameux « horizon des événements », et serait codée sous forme d'hologramme. Cette information pourrait ensuite être entièrement restituée (bien que sous forme chaotique) grâce au rayonnement libéré lors de son évaporation quantique.

L'idée n'est au demeurant pas nouvelle : elle fait appel à un modèle d'univers holographique précédemment étudié par des centaines de physiciens, et objet d'un tel engouement qu'il a conduit certains d'entre eux à imaginer des scénarios parfaitement surréalistes. Par exemple, Samir Mathur a proposé qu'au lieu d'être détruit par des forces de marée gravitationnelles ou par un pare-feu quantique un astronaute tombant dans un trou noir serait simplement converti en hologramme sans se rendre compte de rien…

La communauté scientifique avait dans son ensemble réagi avec beaucoup de prudence et de scepticisme, pour ne pas dire d'embarras devant l'annonce prématurée d'une idée insuffisamment élaborée sur le plan technique : comment l'information s'inscrit-elle sur l'horizon des événements, comment est-elle restituée au monde extérieur ? Un article plus technique a certes été produit en 2016, en collaboration avec Malcom Perry et Andrew Strominger, mais il est toujours aussi peu convaincant. Et, en 2018, ses collaborateurs ont mis en ligne un article posthume prétendant ouvrir une nouvelle voie pour résoudre le paradoxe, mais cette fois sans passer par la gravitation quantique. J'y reviendrai à la fin du chapitre. En attendant, un petit retour en arrière s'impose…

La thermodynamique des trous noirs

Pour des raisons de fluidité pédagogique, je vais commencer par rappeler des éléments déjà exposés au chapitre 2.

Au cours des années 1970 – âge d'or de la théorie des trous noirs en relativité générale classique –, il a été démontré que l'état final d'un trou noir à l'équilibre ne dépend que de trois paramètres : sa masse M, son moment angulaire J et sa charge électrique Q (ce qui paradoxalement fait de lui l'objet le plus simple de toute la physique). Ce théorème, dit de calvitie, avait été initialement énoncé par John Wheeler sous la forme d'une conjecture titrée « un trou noir n'a pas de chevelure ». En parallèle, d'autres chercheurs comme Stephen Hawking, Brandon Carter et Remo Ruffini ont montré que la dynamique des trous noirs en interaction se résumait en quatre lois présentant une analogie extrêmement frappante avec celles de la thermodynamique usuelle. En particulier, la seconde loi stipule que l'aire d'un trou noir, c'est-à-dire la superficie de son horizon des événements, ne peut que croître au cours du temps. Ce résultat fondamental suggérait une connexion étroite entre l'aire d'un trou noir et l'entropie d'un système thermodynamique, quantité qui ne peut également qu'augmenter au cours du temps.

En 1973, Jacob Bekenstein fut le premier à suggérer qu'un trou noir pouvait vraiment posséder une entropie au sens thermodynamique. Selon le théorème de calvitie, quand un corps matériel franchit l'horizon des événements d'un trou noir, toute connaissance de ses propriétés internes est perdue pour l'observateur extérieur, seules subsistent les valeurs modifiées (M, J, Q) du trou noir. Cela implique que le trou noir avale une gigantesque quantité d'informations, auxquelles on peut attribuer une entropie, donnée par la formule très simple dite de Bekenstein-Hawking : $S = A/4$, où A est l'aire de l'horizon des événements (les constantes fondamentales de la nature c, G, k_B et $\hbar$ qui interviennent dans la formule ont été posées égales à l'unité, selon l'usage en vigueur en physique théorique).

Sur le moment, Stephen Hawking s'opposa à l'idée de Bekenstein, car un système thermodynamique possédant une entropie et une température doit rayonner de la chaleur, ce qui est en contradiction flagrante avec la définition classique du trou noir. Mais, en 1975, la thermodynamique des trous noirs connaît un coup de théâtre : Hawking calcule que, lorsque la mécanique quantique est prise en compte, le trou noir émet un rayonnement dit « de corps noir », un peu à la manière d'un four caractérisé par une température proportionnelle à la gravité uniforme régnant à l'horizon des événements. Ce rayonnement dissipe l'énergie totale du trou noir, jusqu'à son évaporation finale.

Un tel résultat implique un paradoxe : si un trou noir peut s'évaporer, une partie de l'information qu'il contient est perdue à jamais, car l'information contenue dans le rayonnement thermique est dégradée. Il est impossible de retrouver à partir d'elle toute l'information sur la matière préalablement avalée par le trou noir. Or le fait que les trous noirs puissent détruire irréversiblement de l'information entre en conflit avec la propriété déjà mentionnée de microréversibilité de la mécanique quantique, selon laquelle les systèmes physiques évoluant dans le temps selon l'équation de Schrödinger ne peuvent créer ni détruire l'information.

La gravité quantique façon théorie des cordes

Le paradoxe de l'information lié aux trous noirs reflète les difficultés actuelles à élaborer une théorie cohérente de la gravité quantique. L'approximation semi-classique de Hawking cesse d'être valide quand le trou noir devient suffisamment petit pour que le rayon de courbure à l'horizon des événements atteigne la longueur de Planck, 10^{-33} centimètre, autrement dit lorsque non seulement la matière et l'énergie, mais aussi le champ gravitationnel doivent être quantifiés. La description finale de l'évaporation et la restitution partielle ou complète de l'information exigent donc un traitement complet en gravité quantique.

L'application de cette dernière aux objets physiques qui s'étendent dans l'espace et le temps a connu un succès éclatant avec la théorie quantique des champs. On l'a vu, celle-ci forme la base de la compréhension du modèle standard de la physique des particules élémentaires, rendant compte des interactions électromagnétiques, nucléaire forte et nucléaire faible. Elle permet de calculer les probabilités d'événements en utilisant les techniques de la théorie des perturbations. Les diagrammes de Feynman décrivent les chemins de particules ponctuelles et leurs interactions. Chaque diagramme représente une contribution à un processus d'interaction. Pour leurs calculs, les physiciens additionnent en premier lieu les contributions les plus fortes, puis les plus petites, et ainsi de suite, jusqu'à atteindre la précision désirée.

Mais ce procédé ne marche que si les contributions deviennent réellement négligeables à mesure qu'un plus grand nombre d'interactions est pris en compte. Lorsqu'il en va ainsi, la théorie est dite « faiblement couplée » et les calculs convergent vers des valeurs physiques finies. S'il en va différemment, la théorie est dite « fortement couplée », et les méthodes standards de la physique des particules échouent. Répétons-le, c'est ce qui arrive avec le graviton, supposé être la particule médiatrice du champ gravitationnel. En créant de la masse-énergie, le graviton interagit avec lui-même, créant de nouveaux gravitons qui à leur tour interagissent, et ainsi de suite jusqu'à la divergence. L'échec de la technique des perturbations pour quantifier la gravité a donc conduit les physiciens à explorer d'autres voies.

Jusqu'à présent, la théorie de gravité quantique la plus étudiée est la théorie des cordes, même si les autres approches présentées dans ce livre offrent de prometteuses alternatives.

Là encore, je rappelle que l'idée de départ de la théorie des cordes est la suivante : les constituants fondamentaux de la matière (les quarks, les leptons et les bosons) ne sont pas des particules ponctuelles sans dimension, mais des objets longilignes et vibrants de dimension 1. Ces « cordes », de taille extrêmement petite, peuvent avoir deux formes : ouvertes, aux extrémités libres, ou fermées, en anneau. Leurs modes de vibration et d'enroulement sont quantifiés, et peuvent être associés à des particules de masse et de spin donnés.

Une corde correspond ainsi à une variété infinie de particules. Les interactions entre particules sont décrites en termes de jonction et de scission de cordes. Toutes les particules élémentaires se réduisent à deux familles, les cordes fermées et les cordes ouvertes. Par ailleurs, les cordes admettent une échelle spatiale minimale et permettent d'éviter l'apparition de singularités, qui sont inéluctables dans les théories quantiques des champs fortement couplées.

La cohérence mathématique de la description n'est assurée qu'en supposant que l'espace-temps, décrit d'ordinaire à l'aide de quatre dimensions (trois d'espace, une de temps), acquiert six dimensions spatiales supplémentaires. Dans les années 1920, Theodor Kaluza et Oscar Klein avaient déjà tenté d'unifier l'électromagnétisme de Maxwell avec la gravitation d'Einstein en introduisant une cinquième dimension spatiale, enroulée sur elle-même. La tentative avait échoué, mais l'idée a été reprise et généralisée dans les années 1980 pour les besoins de la théorie des cordes. En outre, l'intégration de la supersymétrie dans la théorie des cordes peut se faire de cinq manières différentes. Dans certaines, toutes les cordes sont obligatoirement fermées sur elles-mêmes, formant des boucles ; dans une autre, les cordes sont ouvertes et leurs extrémités sont libres. La théorie des cordes supersymétriques s'est donc scindée en cinq théories dites des supercordes, aucune ne décrivant totalement la réalité.

Enfin, au début des années 1990, les théoriciens notèrent certaines relations entre les cinq théories de supercordes, appelées dualités. Au sens le plus général du terme, une dualité est une relation qui identifie deux théories. On peut imaginer une dualité comme un type particulier d'unification : dans une unification normale, on fusionne deux théories en une théorie plus large qui contient les deux précédentes à une certaine limite. Si on relie deux théories par une dualité, on démontre que les théories sont les mêmes ; elles n'apparaissent distinctes qu'en fonction du regard que l'on porte sur elles. Moyennant quoi les physiciens des cordes, au premier rang desquels Edward Witten, firent l'hypothèse que chacune des cinq théories était un cas particulier d'une métathéorie, baptisée théorie M, et fonctionnant cette fois dans un espace-temps à onze dimensions.

Les dimensions spatiales supplémentaires de la théorie M engendrent de nouveaux objets fondamentaux qui, par analogie avec les membranes qui enveloppent le tissu de l'espace-temps, sont appelés p-branes, p étant un entier indiquant le nombre de dimensions spatiales de l'objet en question. Les cordes peuvent être vues comme des 1-branes, et notre espace tridimensionnel habituel comme une 3-brane – raison pour laquelle la théorie des cordes est parfois appelée « théorie des branes ». Le système de branes forme donc un espace-temps multidimensionnel, la « matrice » (*bulk*), les cordes ouvertes ont leurs extrémités s'appuyant sur des 3-branes, tandis que les cordes fermées (représentant les gravitons) vivent dans les autres dimensions.

Notons que ces concepts très techniques et abstraits évoquent des images de réalité virtuelle et l'idée que nous vivrions dans une Matrice, ce qui, en dehors de Hollywood, peut laisser quelque peu sceptique.

Pour clore ce long rappel, je précise que la théorie des cordes et la théorie M sont toujours en chantier. Les chercheurs dits « cordistes » disposent d'équations approximatives pour les cordes et les branes, mais ils en ignorent les équations exactes. Ils ignorent aussi comment calculer à partir des équations des cordes d'innombrables quantités physiques. Mais ils croient qu'en régime de couplage fort les branes courbent suffisamment l'espace-temps pour engendrer des « branes noires », généralisation des trous noirs de la relativité générale classique. Raison pour laquelle, dans les années 1990, ils ont pu aborder d'un œil neuf la question du paradoxe de l'information dans le cadre de la gravité quantique des cordes.

De l'entropie à l'hypothèse holographique

Il s'agissait dans un premier temps de retrouver les lois de la thermodynamique classique des trous noirs, c'est-à-dire savoir calculer, en termes de mécanique statistique quantique, leur entropie et leur température en fonction de leur aire et de leur gravité de surface. La tâche n'est pas aisée. Comme en thermodynamique, l'entropie mesure le nombre total d'états microscopiques internes correspondant à un état externe donné du trou noir, défini par ses trois paramètres (*M*, *J*, *Q*). Encore faut-il comptabiliser les « vrais » états microscopiques, c'est-à-dire les degrés de liberté ultimes sur lesquels il faut calculer l'entropie. Pour évaluer le contenu ultime en informations d'un élément de matière, c'est-à-dire son entropie thermodynamique, il faut en toute rigueur connaître ses constituants fondamentaux au niveau le plus profond de structuration.

Dans le modèle standard de la physique des particules, les quarks et les leptons semblent suffisants pour coder toute l'information. Mais, dans la théorie des cordes et sa théorie-mère (*M-theory*), les quarks et les leptons sont des états excités de supercordes, qui deviennent alors les constituants les plus élémentaires du monde physique.

Très généralement, comme il y a moins de bits d'information sur la surface d'un volume que dans le volume lui-même, c'est qu'il y a moins de choses qui peuvent arriver dans le volume que ce à quoi on aurait pu s'attendre. C'est un peu comme si on considérait que les particules à l'intérieur d'une boîte seraient toutes indépendantes les unes des autres, alors qu'en réalité il y a certaines corrélations entre elles. On observe dans une grande pièce des enfants qui courent et sautent apparemment librement, mais on s'aperçoit soudain que, chaque fois que l'un d'entre eux saute, pour une raison mystérieuse dix autres gosses sautent exactement au même moment. Il y a donc moins de degrés de liberté de mouvements que ce à quoi on aurait pu s'attendre (en fait les enfants suivent les consignes d'un professeur de gymnastique, ce que l'observateur ignore).

En 1993, Gerard 't Hooft[1] fut le premier à revisiter le travail de Hawking sur la thermodynamique des trous noirs dans le cadre de la théorie des cordes. Il calcula que le nombre total de degrés

1. Futur lauréat du prix Nobel de physique 1999 pour ses travaux sur l'interaction électrofaible.

de liberté dans le volume d'espace-temps intérieur au trou noir était proportionnel à la superficie de son horizon. La surface bidimensionnelle du trou noir peut être divisée en unités quantiques fondamentales appelées aires de Planck (10^{-66} centimètre carré). Du point de vue de l'information, chaque bit sous forme de 0 ou de 1 correspond à quatre aires de Planck, ce qui permet de retrouver la formule de Bekenstein-Hawking $S = A/4$ pour l'entropie. Tout se passe comme si l'information perdue pour un observateur extérieur – l'entropie du trou noir – portée initialement par la structure 3D des objets ayant traversé l'horizon des événements était codée sur sa surface 2D à la façon d'un hologramme, et 't Hooft en conclut que l'information avalée par un trou noir devait être intégralement restituée lors du processus d'évaporation quantique.

C'est dans le cadre encore plus général de la théorie M qu'en 1996 Andrew Strominger et Cumrun Vafa sont parvenus à calculer l'entropie d'un trou noir chargé « extrémal » en dimension 5. Un trou noir chargé extrémal est décrit par une solution de Reissner-Nordström dans laquelle la masse M et la charge électrique totale Q du trou noir extrémal sont liées par la relation $M^2 = Q^2$. Ce type de trou noir supersymétrique n'a rien à voir avec les trous noirs astrophysiques que l'on rencontre dans la nature, mais il permet de simplifier les calculs. Strominger et Vafa ont donc considéré le trou noir comme un gaz de cordes, et, en comptant les états quantiques associés aux vibrations des cordes, ils ont retrouvé la formule de Bekenstein-Hawking.

À la suite de ces résultats encourageants, de nombreux travaux ont réussi à reproduire l'entropie microscopique de trous noirs un peu plus généraux, en quatre et cinq dimensions, affectés de charges électriques et de moments angulaires proches de l'extrémalité. On pouvait dès lors considérer l'évaporation d'un trou noir comme l'émission de cordes fermées (des gravitons) à partir d'un système de branes représentant le trou noir.

À ce moment, la théorie des cordes semblait prête à résoudre le paradoxe de l'information des trous noirs, c'est-à-dire à prouver que le rayonnement de Hawking contient bien toute l'information relative à ses propriétés internes. Le programme s'est toutefois révélé trop optimiste. On s'est vite aperçu que tout contrôle calculatoire est perdu dès qu'on s'éloigne significativement des conditions d'extrémalité, de sorte que le trou noir le plus simple du point de vue de la relativité générale, la solution de Schwarzschild, échappe au calcul des microétats – sans parler du trou noir astrophysique le plus réaliste, en rotation, décrit par la solution de Kerr.

Malgré tout, l'idée que la quantité d'informations détenue dans un trou noir dépende de l'aire de son horizon des événements, et non pas de son volume, suscita un extraordinaire engouement. Reprise et largement développée par Leonard Susskind, elle est devenue connue sous le nom de *principe holographique*, avec la folle ambition de se généraliser à tout système physique occupant un volume d'espace-temps : le principe postule alors que la physique complète – incluant les phénomènes gravitationnels – dans ce volume peut être entièrement décrite par une autre théorie physique opérant seulement sur sa frontière !

On pouvait d'ores et déjà soupçonner que le principe holographique ne s'applique pas à notre Univers dans son ensemble. À notre connaissance, ce dernier est un espace-temps à quatre dimensions macroscopiques ; s'il était holographique, un ensemble de lois physiques alternatives s'appliquant sur sa frontière tridimensionnelle existerait quelque part et équivaudrait à la physique quadridimensionnelle usuelle. Mais quelle surface spatiale pourrions-nous prendre comme enveloppe de notre espace-temps ? Le modèle cosmologique standard est une solution de Friedmann-Lemaître ouverte, de courbure spatiale proche de 0 et en expansion accélérée, et qui, contrairement au cas du trou noir, ne possède pas de frontière spatiale définie où placer un quelconque hologramme[2]. De plus, la limite holographique sur l'entropie déduite des trous noirs est

2. Toutefois, le physicien Raphael Bousso a suggéré en 1999 que, même dans un univers spatialement infini, des « strates lumineuses » (*light sheets*) pourraient faire office d'enveloppe sur laquelle l'information serait codée.

pulvérisée dans un univers spatialement homogène et isotrope en expansion : l'entropie d'une région d'espace-temps non effondrée en trou noir, remplie de matière et de rayonnement, est vraiment proportionnelle à son volume, non à l'aire de son enveloppe.

La conjecture de Maldacena

Confrontés à la difficulté d'appliquer le principe holographique à un modèle d'univers réaliste, les physiciens se sont tournés vers des modèles simplifiés, dans lesquels le principe pourrait s'appliquer. La première réalisation concrète a été l'œuvre du chercheur argentin Juan Maldacena qui, en novembre 1997, publia un résultat étonnant, assorti d'une audacieuse conjecture mathématique.

Considérant un trou noir dans un modèle d'espace-temps à cinq dimensions macroscopiques caractérisé par une géométrie dite anti-de Sitter (AdS), il montra que les détails des phénomènes se déroulant dans cet univers, décrits par la théorie des cordes et incluant donc la gravitation, étaient entièrement codés dans le comportement de certains champs quantiques (non gravitationnels) se déroulant sur la frontière quadridimensionnelle de cet univers.

L'espace-temps de De Sitter est une solution exacte des équations de la relativité générale ordinaire découverte dès 1917, vide de matière mais qui comprend une force répulsive appelée constante cosmologique, de valeur positive (chapitre 5). Si maintenant on change le signe de la constante cosmologique, la force de répulsion devient attractive, et le modèle se transforme en un espace-temps anti-de Sitter. Ce dernier acquiert une géométrie spatiale hyperbolique (c'est-à-dire de courbure négative) et, bien qu'il soit infini, possède un « bord » bien défini. Pour représenter ce bord, on utilise la représentation de Poincaré du disque hyperbolique qui, à l'aide d'une transformation conforme conservant les angles mais non les distances, ramène l'infini à distance finie. À la fin des années 1950, l'artiste néerlandais Maurits Cornelis Escher a créé une célèbre série d'estampes intitulées *Circle Limits* dans lesquelles il utilise la représentation de Poincaré.

Pour l'espace-temps anti-de Sitter en dimension 5, noté AdS_5, le bord est de dimension 4 et, localement autour de chaque point, ressemble à l'espace de Poincaré-Minkowski, qui est précisément le modèle d'espace-temps plat utilisé en physique non gravitationnelle. Cela signifie qu'un trou noir dans l'espace-temps anti-de Sitter 5D est strictement équivalent à un champ de particules et de rayonnement existant dans l'espace-temps plat 4D de la frontière. Or cette dernière description fait appel à des théories de champs quantiques bien connues et maîtrisées, analogues aux champs de Yang-Mills utilisés par exemple en chromodynamique quantique (qui est, rappelons-le, la théorie de l'interaction forte). Notons cependant qu'aux cinq dimensions spatiales de l'espace-temps anti-de Sitter il faut ajouter cinq dimensions spatiales compactifiées en forme de sphère S^5, afin de traiter le problème dans le cadre de la théorie des cordes standard à dix dimensions.

L'intérêt majeur de l'équivalence est que la physique gravitationnelle dans AdS_5 est en régime de couplage fort (donc non traitable en théorie perturbative), tandis que la physique non gravitationnelle sur la frontière 4D est une théorie de jauge en couplage faible, donc calculable. Comme les théories de jauge sont bien définies quelle que soit la force de couplage, Maldacena a audacieusement conjecturé que sa description s'appliquait en toute généralité, quelle que soit l'intensité du couplage de part et d'autre de l'équivalence. Sa conjecture peut alors se résumer ainsi :

Théorie des cordes sur $AdS_5 \times S^5 \sim$ *Théorie de jauge sur la frontière 4D*

où $\sim$ est le symbole de la dualité, autrement dit l'équivalence entre les deux théories. En toute rigueur, la théorie de jauge du membre de droite est une « théorie de Yang-Mills supersymétrique sur l'espace R^4 avec supersymétrie étendue N = 4 et groupe de jauge U(N) ».

Une théorie de jauge 4D est une théorie des champs conforme (CFT), à savoir une variété particulière de théorie quantique des champs admettant comme groupe de symétrie le groupe conforme, lequel caractérise une invariance d'échelle. La conjecture de Maldacena a donc été rebaptisée « correspondance AdS/CFT », ou encore « dualité jauge/gravité », afin de mettre l'accent sur l'émergence de la gravité à partir d'une théorie de jauge, et *vice versa*. Notons que cette terminologie inverse l'ordre des termes de la correspondance, puisque « jauge » se réfère à CFT et « gravité » à AdS.

In fine, la correspondance AdS/CFT relie deux types de théories. La gravité quantique formulée en termes de théorie des cordes ou de théorie M s'applique dans un espace-temps particulier à cinq dimensions, mais, dans l'enveloppe quadridimensionnelle de ce dernier, c'est une théorie conforme des champs décrivant les particules élémentaires qui opère. La correspondance AdS/CFT est donc souvent décrite comme une « dualité holographique », en ce sens que l'univers à cinq dimensions serait « enregistré » comme un hologramme sur son enveloppe extérieure à quatre dimensions. L'article original de Maldacena ne citait pas le mot holographique, c'est Edward Witten qui a en premier souligné le lien.

Cette propriété serait surprenante : comme il y a généralement moins de bits d'information sur la surface d'un volume que dans le volume lui-même, si tout est codé dans l'hologramme, c'est qu'il y a certaines corrélations cachées entre les particules du volume, qui les empêchent d'être toutes indépendantes les unes des autres. Cette limitation sur le nombre de degrés de liberté des particules, due à l'holographie, ne deviendrait cependant significative que pour les trous noirs ou pour les plasmas à des densités très élevées, inaccessibles aux tests expérimentaux. La réalisation effective de ce type de dualité, même de façon approchée, serait néanmoins intéressante parce que la physique est essentiellement l'art de l'approximation astucieuse ; or l'utilisation de dualités offre potentiellement de nouvelles astuces calculatoires. La correspondance AdS/CFT a donc donné une nouvelle impulsion à la théorie des cordes, et fleuri en un sujet aux vastes ramifications. La publication originale de Maldacena comporte aujourd'hui plus de 10 000 citations, ce qui en fait l'article le plus cité de toute la littérature en physique théorique !

Le premier mérite du travail de Maldacena a été de résoudre le paradoxe de l'information, du moins dans le cas particulier d'un trou noir dans AdS_5. Ce dernier équivaut à un plasma chaud sur la frontière, caractérisé par la température de Hawking T_H et décrit par une théorie de jauge ; tous deux ont donc la même entropie. En outre, le plasma obéit aux règles usuelles de la mécanique quantique, et en particulier il évolue unitairement (c'est-à-dire de façon microréversible), ce qui conduit automatiquement le trou noir à évoluer également unitairement et à respecter les principes quantiques. Ce résultat a d'ailleurs conduit Hawking à réviser sa position et à annoncer en 2005 que le paradoxe était bel et bien résolu par la correspondance AdS/CFT en faveur de la conservation de l'information.

La quête des dualités

Des centaines de chercheurs ont exploré les conséquences de la conjecture de Maldacena, avec l'espoir que la dualité jauge/gravité, sous sa forme la plus générale, pourrait établir une sorte de dictionnaire pratique entre les propriétés d'un système physique en gravitation quantique, décrit par la théorie des cordes dans un espace courbe de dimensionnalité élevée (la Matrice), et un autre système physique, plus simple celui-là, quantiquement décrit par une théorie de jauge sur l'enveloppe de la Matrice – espace plat de dimensionnalité moindre. Il existe notamment une approche en théorie M, développée en 1997 et baptisée BFSS[3], destinée à fournir une formulation numériquement calculable, qui a en outre le mérite d'établir un lien avec l'approche *a priori* différente de la géométrie non commutative d'Alain Connes (chapitre 16).

L'avantage serait évident : certains calculs très complexes – voire impossibles – en gravité quantique pourraient être menés de façon plus simple dans le cadre de la théorie de jauge, comme on l'a vu plus haut pour l'évaporation quantique d'un trou noir dans AdS_5. Inversement, quand les champs de la théorie quantique sont fortement couplés (comme dans le plasma quark-gluon, voir ci-dessous), ceux de la théorie gravitationnelle interagissent faiblement et pourraient être plus facilement appréhendés mathématiquement. Cette dualité forte/faible permettrait ainsi d'explorer des aspects complexes de la physique nucléaire et de la physique de la matière condensée, en les traduisant en termes de théorie des cordes à haut degré de symétrie, plus aisément traitable.

Les possibles réalisations de la dualité jauge-gravité font aujourd'hui l'objet d'ambitieux programmes théoriques, rattachés à trois vastes domaines de la physique :

- *physique nucléaire*, avec notamment l'étude du plasma quark-gluon (programme AdS/QCD) ;
- *physique de la matière condensée*, avec l'étude des états exotiques de la matière (programme AdS/CMT) ;
- *relativité générale et cosmologie*, avec les programmes Kerr/CFT et dS/CFT.

Développons brièvement chacun de ces programmes, en mentionnant leurs succès et leurs échecs.

• La chromodynamique quantique (QCD) est la théorie de l'interaction forte entre quarks et gluons. Cette interaction a la propriété particulière d'être fortement couplée à (relativement) basse énergie, ce qui rend les calculs extrêmement difficiles mais explique que,

3. Du nom de ses auteurs Tom Banks, Willy Fischler, Steve Shenker et Leonard Susskind.

dans ce régime, les quarks isolés restent toujours « confinés » au sein des noyaux ; mais, à haute énergie, l'interaction devient de plus en plus faible (propriété dite de « liberté asymptotique »), de sorte qu'au-dessus d'une certaine température d'environ 2×10^{12} K les quarks et les gluons cessent d'être confinés pour former un plasma de quarks et de gluons.

Si le plasma quark-gluon est aujourd'hui produit artificiellement dans les accélérateurs de particules comme le LHC, quand des ions lourds comme des noyaux d'or ou de plomb entrent en collision à haute énergie, il a dû jouer un rôle essentiel dans l'Univers primordial, lequel a connu des conditions de température similaires un cent-milliardième de seconde après le Big Bang. Les régimes de transition pré- et postdéconfinement offrent une excellente occasion d'appliquer les techniques holographiques, et les chercheurs ont montré qu'une dualité AdS/QCD pouvait être utilisée pour comprendre certains aspects du plasma quark-gluon, en le décrivant dans le langage de la théorie des cordes en termes de trous noirs particuliers dans AdS_5 (espace-temps anti-de Sitter en dimension 5). Ces résultats ont clarifié après coup un travail précurseur de 't Hooft qui, dès 1974, avait soutenu que certains calculs de la théorie quantique des champs ressemblaient à ceux de la théorie des cordes lorsque le nombre de couleurs N (réduit à 3 en QCD) tendait arbitrairement vers l'infini.

Si les applications de la dualité jauge/gravité au plasma quark-gluon ont initialement suscité beaucoup d'enthousiasme, un certain scepticisme a aussi vu le jour. La QCD est certes une théorie de jauge, mais, contrairement à la théorie super-Yang Mills N = 4 qui apparaît dans la correspondance AdS/CFT, elle n'est pas supersymétrique ni conforme. Il n'y a pas équivalence entre les deux, seulement des similitudes qui ne garantissent aucunement la pertinence des calculs dans la dualité AdS/QCD.

• La physique de la matière condensée expérimentale a découvert un certain nombre d'états exotiques de la matière comme la supraconductivité et la superfluidité. Ces états sont décrits à l'aide du formalisme de la théorie quantique des champs, mais certains sont difficiles à traiter lorsque le régime devient fortement couplé. Là encore, la théorie gravitationnelle duale est faiblement couplée, donc plus facile à utiliser. Le programme AdS/CMT (CMT pour *Condensed Matter Theory*) a ainsi permis de modéliser les transitions d'un superfluide en isolant les liquides non Fermi[4] (également appelés métaux étranges) et les supraconducteurs à haute température. Dans ces trois domaines, la correspondance AdS/CMT a fourni le meilleur (parfois unique) outil pour traiter des problèmes physiques complexes.

Si les progrès ont été rapides à mesure que des méthodes analytiques et numériques ont été développées, d'autres chercheurs, comme le prix Nobel de physique 1977 Philip Anderson[5], ont récemment exprimé leur scepticisme sur l'efficacité de cette approche.

• La plupart des trous noirs considérés dans le contexte de la correspondance AdS/CFT « vivent » dans AdS_5, et sont donc physiquement irréalistes. Le programme Kerr/CFT, initié en 2009, tente de montrer que la dualité holographique peut néanmoins être utilisée pour comprendre certains trous noirs astrophysiques. Les résultats ne s'appliquent cependant qu'aux trous noirs de Kerr extrémaux, qui ont le plus grand moment angulaire possible et pour lesquels l'horizon des événements disparaît. Rappelons ici que la solution de Kerr décrit un trou noir « naturel » à l'équilibre, c'est-à-dire en rotation mais non chargé, caractérisé par les deux paramètres seulement (M, J). Lorsque la condition d'extrémalité $M^2 = J^2$ est satisfaite, l'horizon des événements tourne à la vitesse de la lumière et se disloque, ce qui rend ces solutions très particulières non réalistes.

---

4. Un *liquide de Fermi* est un état quantique de la matière observé à basse température pour la plupart des solides cristallins. Ses propriétés sont constatées pour pratiquement tous les alliages, mais quelques matériaux très spécifiques ne suivent pas ce comportement universel ; on parle alors d'un état de « liquide non Fermi ».
5. Philip Anderson nous a quittés le 29 mars 2020 à l'âge de 96 ans, en pleine crise du Covid-19.

La correspondance Kerr/CFT a toutefois été étendue aux trous noirs de plus faible moment angulaire et permettrait de retrouver la formule de Bekenstein-Hawking pour n'importe quel couple de valeurs (M, J).

En revanche, il n'a jamais été prouvé que la correspondance AdS/CFT ou une dualité analogue puissent s'appliquer à notre Univers physique, même si des centaines d'articles pleins d'espoirs (et d'illusions) ont été écrits sur le sujet. Le modèle d'univers pentadimensionnel AdS_5 utilisé dans la dualité jauge/gravité, qui est vide, statique et à constante cosmologique négative, n'a aucun point commun avec notre cosmos à quatre dimensions, empli de matière et d'énergie et muni d'une constante cosmologique positive (ou l'équivalent sous forme d'un champ d'énergie sombre) qui lui confère une expansion accélérée.

C'est la raison pour laquelle certains chercheurs ont étudié une possible correspondance dS/CFT, reliant donc la gravité quantique en espace de De Sitter dS (à constante cosmologique positive) à une théorie conforme des champs euclidienne CFT vivant sur sa frontière. Une telle dualité serait intéressante du point de vue de la cosmologie, car de nombreux chercheurs pensent que l'Univers primordial, lors de sa phase d'inflation, était proche d'un espace de De Sitter, et qu'il pourrait également lui ressembler dans un futur lointain si son expansion actuellement accélérée atteignait un rythme exponentiel.

Hélas, jusqu'ici, la dualité dS/CFT ne semble pas devoir fonctionner, ne serait-ce que parce que la frontière de l'espace-temps de De Sitter ne peut être définie correctement. Toutes les autres tentatives de décrire notre Univers de façon holographique, en stipulant par exemple une dualité holographique dans des espaces-temps éloignés de AdS, ont été vouées à l'échec. Bref, la dualité jauge/gravité n'est d'aucune utilité en cosmologie rationnelle, n'en déplaise à ses partisans acharnés comme Leonard Susskind !

Black Holism[6]

La correspondance AdS/CFT et plus généralement les dualités holographiques ont soulevé énormément d'enthousiasme dans la communauté des cordistes, suscité des milliers de publications et des centaines de thèses de doctorat – ce qui après tout constitue l'activité courante et « normale » de la recherche scientifique. On peut cependant rester perplexe devant un tel phénomène qui, au-delà de l'intérêt technique certain qu'il peut représenter, relève surtout d'une certaine dérive sociologique pointée du doigt par d'éminents chercheurs de la discipline.

Au crédit de la correspondance, il faut reconnaître qu'elle permet de troquer certains calculs difficiles, voire impossibles, contre des calculs plus faciles. A *minima*, la dualité holographique apparaît comme un intéressant outil de calcul en physique fondamentale. Le « dictionnaire » qu'elle propose entre le monde en espace-temps plat et le monde courbe où se trouve la gravitation fonctionne dans les deux sens. Certains calculs sont plus simples avec la supergravité que dans la théorie de jauge duale, de sorte qu'aucun de ces mondes n'est plus fondamental que l'autre. Mais ce n'est pas parce que l'on peut considérer des calculs plus simplement dans un espace-temps plat, sans gravitation et de plus basse dimension que celui de la théorie des cordes, qu'il en découle que la réalité cosmique soit un hologramme ! On peut entièrement encoder la topographie 3D d'un terrain dans une carte 2D sur laquelle le relief est indiqué par des courbes de niveau (un encodage bien utile aux randonneurs),

6. J'aime bien ce jeu de mots (qui ne fonctionne qu'en langue anglaise), jouant sur les termes *Black Hole* et *Holism*. L'holisme se définit en effet par la pensée qui tend à expliquer un phénomène comme ensemble indivisible, la simple somme de ses parties ne suffisant pas à le définir. Le trou noir ne peut être vraisemblablement compris que de manière holistique, ne se réduisant pas à une addition de propriétés séparées se manifestant dans les registres gravitationnel, électromagnétique, quantique, etc.

mais, selon le célèbre aphorisme d'Alfred Korzybski, il ne faut jamais perdre de vue que « la carte n'est pas le territoire ».

À son crédit également, et là je parle en ardent pratiquant de la théorie de la relativité générale classique aujourd'hui centenaire, la dualité jauge/gravité a conféré à la théorie d'Einstein un statut beaucoup plus large. L'édifice intellectuel de la relativité générale a certes connu de remarquables succès au cours du siècle dernier, et fourni une clé essentielle pour toute la partie de la physique théorique traitant de la gravitation. La révolution conceptuelle qu'elle a entraînée sur la nature de l'espace et du temps a rendu la théorie populaire, au point qu'il serait difficile de trouver aujourd'hui une personne possédant un minimum de culture scientifique n'ayant jamais entendu parler de la théorie d'Einstein.

Pourtant, malgré son élégance universellement reconnue, jusqu'à récemment la relativité générale n'avait été utilisée que par une partie plutôt restreinte des chercheurs (beaucoup plus restreinte que celle utilisant la mécanique quantique), communauté essentiellement réduite aux théoriciens relativistes, aux cosmologistes et à une fraction d'astrophysiciens. Cela n'est pas surprenant : après tout, les effets de la relativité générale semblaient réduits à la description d'espaces-temps fortement courbés : étude des astres compacts, cosmologie du Big Bang, ondes gravitationnelles ; ils sont en revanche tout à fait négligeables aux échelles mises en jeu dans la physique de la matière condensée ou dans la physique nucléaire. Il semblait donc *a priori* très audacieux d'imaginer que la gravitation puisse jouer un rôle dans le monde quantique.

Or, au cours des vingt dernières années, la relativité générale a fini par percoler la quasi-totalité de ces champs. Aujourd'hui, des spécialistes de la matière condensée, de la physique nucléaire, de la turbulence des fluides ou de l'information quantique s'intéressent activement à la relativité générale, non par simple curiosité intellectuelle (auquel cas ils s'y seraient intéressés bien avant), mais comme un outil crucial pour leurs recherches. Quelle est l'origine de ce spectaculaire retournement de situation ?

Naturellement, à mesure que la science progresse et que les vertus de la fertilisation croisée entre différentes aires du savoir deviennent plus largement appréciées, la science tend vers davantage de multidisciplinarité. Mais cela est le résultat plutôt que la cause. Le facteur clé du changement a été la correspondance AdS/CFT, qui a suggéré que, grâce à la relativité générale et ses extensions cordistes, on pouvait aussi décrire des phénomènes qui n'ont rien à voir avec la gravité en champ fort.

Au débit de la correspondance AdS/CFT, force est d'admettre qu'elle n'a pas été démontrée mathématiquement. Le principe holographique reste une conjecture. Son degré de vérification expérimental est nul. Les théoriciens des cordes croient en lui parce que leur théorie supporte une version spécifique de l'holographie, et, sous certaines (importantes) restrictions, la thermodynamique des trous noirs le suggère également. Mais de là à conclure qu'il s'agit d'une représentation correcte de la nature, le saut est immense. Déjà, il faut bien comprendre que l'on ne sait toujours pas si la théorie des cordes est la bonne théorie quantique unifiée des interactions et de la matière.

Supposons que ce soit bien le cas. Les différentes formulations qui incorporent le principe holographique, que ce soit la théorie BFSS ou la correspondance AdS/CFT qui sont censées être équivalentes à la théorie des cordes, n'ont été testées que dans des situations qui ne correspondent pas à notre monde. Dit autrement, les équations découlant de ces formulations contiennent des mondes possibles qui partagent des points communs avec notre Univers, mais qui ne lui sont pas identiques. Les solutions étudiées ont permis de tester les principes de la théorie des cordes dans des cas limites et de montrer la cohérence de la théorie… mais jamais dans des situations correspondant exactement au monde dans lequel nous vivons.

Supposons maintenant que ce ne soit pas le cas, autrement dit que la théorie des cordes s'avère être incorrecte pour décrire le monde physique (ce qui est à mon avis plus crédible). Que deviendrait le statut de la correspondance AdS/CFT ? D'intéressants éléments de réponse commencent à voir le jour. Comme nous l'avons vu au chapitre 8, la gravitation quantique à boucles est une autre approche de la gravité quantique, dans laquelle l'espace-temps émerge comme grainage grossier (*coarse-graining*) de structures fondamentales discrétisées, les « atomes d'espace ». Or, dans cette approche, la formation d'un trou noir et son évaporation ultérieure se décrivent par un processus unitaire respectant les lois de la mécanique quantique, sans rencontrer les problèmes du scénario cordiste exposés tout au long du présent chapitre. De même, les trous noirs décrits dans l'approche de la géométrie non commutative ne s'évaporent pas complètement et échappent au paradoxe de l'information.

Une solution par les ondes gravitationnelles ?

Quoi qu'il en soit, toutes les approches en gravité quantique restent des hypothèses de travail. La résolution du paradoxe de l'information – lorsque paradoxe il y a – serait donc bien plus convaincante en s'en tenant au strict cadre de la relativité générale classique. C'est précisément cette voie qui est explorée dans l'article posthume de Stephen Hawking, coécrit avec un de ses anciens élèves, Malcolm Perry, et Andrew Strominger qui avait été le premier à calculer l'entropie d'un trou noir en théorie des cordes (voir plus haut).

En astrophysique, les trous noirs se forment par effondrement gravitationnel, et leur état final se décrit par deux types de solutions exactes des équations d'Einstein : la solution de Schwarzschild pour un trou noir statique et la solution de Kerr pour un trou noir en rotation (ce qui est génériquement le cas). Or la formation d'un trou noir s'accompagne d'une émission d'ondes gravitationnelles qui rayonnent jusqu'à l'infini, y transportant une sorte de mémoire cachée des informations piégées dans le trou noir (rappelons que les ondes gravitationnelles issues de la fusion de trous noirs sont depuis 2015 bel et bien détectées par les interféromètres gravitationnels LIGO et Virgo). La structure globale de l'espace-temps en est modifiée ; elle est décrite par un groupe de symétries dit BMS (du nom des physiciens Hermann Bondi, Kenneth Metzner et Rainer Sachs qui l'avaient décrit en 1962). Par une certaine forme d'holographie, ce groupe est lié à la structure de l'horizon des événements. Or tout groupe de symétrie implique l'existence de quantités conservées.

Le premier article du trio Perry-Strominger-Hawking, posté en 2015, suggérait qu'au groupe BMS était associé un nombre infini de quantités conservées pouvant contenir toute la mémoire gravitationnelle du trou noir. Le travail, encore ébauché, n'avait guère convaincu la communauté scientifique. Dans leur dernier article de 2018, les chercheurs semblent avoir fait un pas en avant. Ils ont débusqué un nouveau type de transformations géométriques (les « supertranslations ») lié aux trous noirs de Kerr, et engendrant de nouvelles quantités conservées. À l'aide de techniques semblables à celles jadis utilisées par Strominger et Vafa dans le cadre de la théorie des cordes, ils ont pu calculer l'entropie du trou noir et retrouver la formule de Bekenstein-Hawking, sans faire appel cette fois à la théorie des cordes !

Il reste cependant à prouver que l'évaporation quantique des trous noirs n'efface pas la mémoire cachée dans ces quantités conservées, ce qui est loin d'être acquis. Seul l'avenir nous dira si la résolution du paradoxe de l'information par le biais des ondes gravitationnelles aura été le dernier coup de maître de Stephen Hawking…

Pour conclure, et me posant cette fois en praticien de la physique des trous noirs, je ne puis que me réjouir de constater que la conjecture holographique – qu'elle soit correcte ou non – a fait très positivement évoluer le statut épistémologique de ces objets proprement extraordinaires. Dans une perspective historique remontant à un siècle (la première solution exacte de la relativité générale décrivant l'espace-temps du trou noir a été découverte par Karl Schwarzschild en 1916), n'est-il pas amusant de voir combien le statut des trous noirs est devenu de plus en plus prééminent ? Au départ et jusque dans les années 1950, ils représentaient un véritable embarras pour la relativité générale en raison des singularités, réelles ou non, qui leur étaient associées ; ils sont ensuite devenus des objets ésotériques tout juste crédibles, puis, dans la période 1960-1990, pertinents sur le plan de l'astrophysique autant que fascinants par leurs propriétés physico-mathématiques ; enfin ils se sont révélés être des éléments clés pour la compréhension de la gravitation quantique, sous-tendant même de profondes dualités entre des champs éloignés de la physique théorique. Peut-être finiront-ils par devenir omniprésents dans la description des systèmes de tous les jours…

CHAPITRE 11

De l'Univers au multivers

> « Combien de mondes estropiés, manqués, se sont dissipés, se reforment et se dissipent peut-être à chaque instant, dans des espaces éloignés… où le mouvement continue et continuera de combiner des amas de matière, jusqu'à ce qu'ils aient obtenu quelque arrangement dans lequel ils puissent persévérer ? »
>
> Denis DIDEROT, *Lettre sur les aveugles*.

Le terme de « multivers » a été utilisé pour la première fois en 1895 par le psychologue américain William James dans le contexte de la morale : « La nature visible n'est que plasticité et indifférence, un multivers moral, pour ainsi dire, plutôt qu'un univers moral », écrivit-il. Aujourd'hui, le néologisme est entré dans le vocabulaire de certains physiciens théoriciens mais dans une acception radicalement différente, se référant à l'existence d'univers au sens physique et bien réel du terme.

Dans sa *Métaphysique*, Aristote avait tenté de démontrer l'unicité de l'Univers – argument notamment repris au IXe siècle par le mathématicien Thabit ibn Qurra et d'autres commentateurs du

Stagirite. Mais, à l'époque médiévale, des voix commencèrent à contester le dogme aristotélicien. Al-Ghazali en Orient et Jean Duns Scot en Occident se demandèrent si Dieu avait créé « le meilleur des mondes possibles », admettant implicitement par là qu'il aurait pu en créer d'autres. La condamnation émise en 1277 par l'évêque de Paris Étienne Tempier à l'encontre de 219 propositions philosophiques et théologiques d'inspiration aristotélicienne ou averroïste dénonça en particulier l'idée d'unicité du monde, selon lui contraire à l'omnipotence divine.

Dans ses *Essais de théodicée* publiés en 1710, Gottfried Wilhelm Leibniz imagina qu'il pourrait exister une infinité d'univers munis de lois de la nature différentes, à condition toutefois que celles-ci ne conduisent pas à des contradictions logiques. L'argumentation de Leibniz se heurte toutefois à l'obstacle d'ordre philosophique déjà posé par Aristote quant à la notion d'infini « actuel » – qui serait réalisé effectivement dans la nature –, par opposition à celle d'infini « potentiel » – qui n'existerait que comme fiction utile à la pensée, sans contrepartie physique[1]. Suivant la tradition aristotélicienne, Leibniz estima donc qu'une infinité d'univers logiquement cohérents ne pouvaient avoir été créés « en acte » même par un dieu omnipotent, et que ce dernier aurait sélectionné le monde présent sur le seul critère d'être « le meilleur possible ».

Une réponse étonnante au conflit flagrant entre la conception leibnizienne d'un univers unique, censé être le meilleur possible, et la réalité historique qui ne cesse de démontrer le contraire, n'est nullement d'ordre philosophique, mais d'ordre physico-mathématique, faisant appel à l'apparent paradoxe du « réglage fin » des paramètres cosmologiques et à une possible explication de celui-ci en termes d'un multivers physique.

1. Voir par exemple Jean-Pierre Luminet, Marc Lachièze-Rey, « Prologue », *De l'infini. Horizons cosmiques, multivers et vide quantique*, Dunod, 2016.

L'apparente précarité du vivant

L'astrophysicien britannique Martin Rees a considéré que, dans un univers aux lois physiques arbitraires, les conditions pour que la vie apparaisse étaient extrêmement improbables, car elles exigent un réglage extrêmement fin entre les valeurs de six constantes universelles et les conditions d'émergence de structures complexes comme celles du vivant. Selon lui, ces six nombres sont :

- le nombre de dimensions de l'espace ; dès 1917, Paul Ehrenfest avait fait valoir que la vie – telle que nous la connaissons en tout cas – ne pouvait exister que dans un espace-temps quadridimensionnel, sans quoi les systèmes atomiques et planétaires seraient instables ;
- le rapport entre les intensités de l'interaction gravitationnelle et de l'interaction électromagnétique, dont dépend la formation des étoiles ;
- la fraction de l'énergie de masse des noyaux atomiques qui est libérée dans les réactions nucléaires, et permet aux étoiles de fabriquer les atomes lourds par fusion ;
- les valeurs de la constante cosmologique et de la densité totale de matière-énergie dans l'Univers, qui régulent le rythme d'expansion cosmique ;
- la fraction de la masse-énergie d'un amas de galaxies requise pour le disperser gravitationnellement, dont dépend la distribution à grande échelle des structures astronomiques.

Selon Rees, tout écart, même infime, aux valeurs que ces constantes universelles possèdent dans notre Univers empêcherait l'émergence du vivant. Même si l'on peut discuter ce choix spécifique de six constantes fondamentales pour contraindre l'apparition de la vie, il n'en reste pas moins que toute variation notoire d'un certain nombre de constantes de la physique (comme le doublement de la masse du proton) lui serait défavorable, et Rees avait largement été précédé dans cette voie par des chercheurs comme Robert Dicke, Brandon Carter ou John Barrow. Ces derniers ont développé le concept de « principe anthropique cosmologique », en vertu duquel la vie ne peut apparaître que dans un univers dont les lois physiques sont très proches de celles qui règnent dans le nôtre. Comme ces lois sont fondées sur des constantes universelles invariables au cours du temps, cela implique que seul un ensemble extrêmement restreint de conditions initiales est favorable au développement de la complexité. Il s'agit là d'un paradoxe, du moins en apparence, dit du « réglage fin » des paramètres cosmologiques.

Une première justification possible est celle du « dessein intelligent », en l'occurrence la thèse d'un Esprit Créateur qui aurait judicieusement et très précisément sélectionné au sein d'un ensemble infini de valeurs initiales possibles celles qui permettent notre existence. Bien que fondé sur des constatations de nature physique, le raisonnement consistant à déduire l'existence d'un dieu créateur du réglage fin des paramètres cosmiques n'est en aucune manière une explication scientifique (ce n'est même pas de la bonne théologie). Très généralement, l'histoire des sciences démontre que l'avancée des connaissances met systématiquement à bas tous les types de raisonnements à caractère finaliste – le cas le plus probant étant celui de la théorie de la sélection naturelle, selon laquelle les constructions complexes observées dans les plantes et les animaux sont le fruit de mutations au hasard et relèvent d'un « bricolage » réussi, plutôt que d'une invention ou d'un dessein programmés. La théorie de Charles Darwin a notamment démonté « l'argument de la montre » proposé en 1802 par le révérend anglais William Paley, selon lequel les montres, tout comme les plantes et les animaux, démontraient par leur construction complexe un dessein conçu par une intelligence supérieure.

Les chercheurs en physique fondamentale ont donc proposé une autre explication au réglage fin, selon laquelle notre Univers si particulier ne serait qu'une réalisation aléatoire au sein d'un ensemble très grand, voire infini, d'univers « parallèles » réunissant toutes les variations possibles des constantes de la nature : un multivers. Dès lors, nous nous trouverions dans cet univers qui nous semble si particulier uniquement parce que c'est le seul rassemblant les conditions de notre existence. Il s'agit là d'un raisonnement non plus théologique mais scientifique, même s'il se fonde sur des théories de physique fondamentale encore en développement et nullement testées expérimentalement. La résolution du paradoxe y repose sur un effet de sélection de type « anthropique faible », où les prétendues coïncidences se dissolvent dans la banalité d'un multivers.

Fort de cet apparent succès épistémologique, le concept de multivers a donc gagné en popularité, comme en témoignent les nombreux ouvrages de vulgarisation écrits par des chercheurs réputés qui l'ont promu (Michio Kaku, Alexander Vilenkin, Stephen Hawking ou encore Brian Greene), au point de faire quelques ravages philosophiques dans certains cercles de pensée peu formés à la discipline normalement rigoureuse de la physique théorique.

Or, même s'il semble apte à résoudre le paradoxe du réglage fin, l'argument anthropique faible ne prouve nullement l'existence réelle d'un multivers. Ce n'est pas parce que notre Univers est finement réglé qu'il doit nécessairement faire partie d'un ensemble d'autres univers. Il se pourrait que des principes physiques encore ignorés augmentent considérablement la probabilité que l'Univers soit unique, tout en possédant les propriétés à première vue improbables que nous observons – un peu comme dans un jeu de dés truqué où toutes les faces marqueraient six.

C'est la raison pour laquelle nombre de chercheurs se sont mis en quête d'une Théorie du Tout réellement fondamentale, dont les lois prouveraient qu'un univers tel que le nôtre est unique car inéluctable… Cela constituerait sans doute la réponse la plus économique et la plus élégante à la célèbre question posée par Albert Einstein : « Dieu a-t-il eu le choix quand il a créé l'Univers ? »

Comme nous l'avons vu cependant, une Théorie du Tout est actuellement hors de notre portée, et pourrait le rester encore longtemps, voire ne pas exister ailleurs que dans le rêve des physiciens en quête d'unification. On peut y croire et espérer y parvenir un jour, mais en attendant, faute de mieux, on est en droit de prendre au sérieux le nombre croissant de chercheurs qui considèrent que le multivers explique mieux le problème du réglage fin qu'une hypothétique Théorie du Tout.

Les justifications physiques du multivers

Le concept de multivers semble découler naturellement de plusieurs modèles aujourd'hui utilisés dans différentes branches de la physique fondamentale. Une liste exhaustive de tous les types de multivers déborderait largement le cadre de ce chapitre. Je me contenterai ici d'en mentionner cinq, très différents les uns des autres, et d'expliquer succinctement leur genèse.

Le multivers de la mécanique quantique dans l'interprétation d'Everett

La mécanique quantique est historiquement la première théorie de physique contemporaine à avoir sérieusement envisagé l'existence de mondes multiples, grâce à l'interprétation proposée en 1957 par Hugh Everett de la transition entre les niveaux microscopique et macroscopique d'un système lors de la « réduction de la fonction d'onde », autrement dit d'une mesure. Rappelons qu'en mécanique quantique l'état générique d'un système est une superposition d'états affectés de diverses probabilités, le tout étant décrit par une fonction d'onde dont l'évolution temporelle est gouvernée par l'équation de Schrödinger, laquelle est réversible et déterministe. L'exemple le plus fameux est celui du chat de Schrödinger, enfermé dans sa boîte avec une fiole de poison asservie à la désintégration atomique d'un noyau radioactif. Avant toute mesure, la fonction d'onde du chat établit que l'état de l'animal est la superposition d'un état « mort » et d'un état « vivant », avec des probabilités identiques. Après mesure, il semble « aller de soi » que l'état macroscopique du chat est soit mort, soit vivant. Autrement dit, la mesure du système a détruit la superposition d'états et réduit la fonction d'onde en un unique état classique.

Telle est du moins l'interprétation usuelle de la mécanique quantique, fondée sur l'école de Copenhague, qui ne va pas sans poser quelques difficultés épistémologiques du fait que le processus de mesure introduit une irréversibilité violant le déterminisme inhérent à l'équation de Schrödinger, propriété appelée microréversibilité ou unitarité[2].

Dans l'interprétation d'Everett, la mesure ne réduit nullement la fonction d'onde à un seul état ; au contraire, tous les états possibles continuent à exister, mais dans des univers disjoints. Dans le cas très simple du chat, ce dernier est bel et bien mort dans un univers (par exemple celui où se trouve l'observateur qui a effectué la mesure), mais tout à fait vivant dans un autre univers. Ainsi, à chaque mesure se créent autant d'univers qu'il y avait d'états superposés dans la fonction d'onde avant mesure. Dans le multivers façon Everett, il n'y a qu'une seule fonction d'onde qui évolue de façon unitaire, sans bifurquer. En revanche, pour chaque observateur évoluant dans un univers particulier, la fonction d'onde bifurque irréversiblement à chaque mesure effectuée. Ce multivers quantique présente donc une structure arborescente, le nombre de mondes constamment créés croissant au cours du temps, tout en restant fini.

Pour déroutante qu'elle semble, l'interprétation d'Everett est plus conservatrice que l'interprétation de Copenhague, en ce qu'elle prend au pied de la lettre les postulats de la théorie quantique, en préservant notamment la propriété d'unitarité.

2. J'ai déjà mentionné cette propriété à propos du paradoxe de l'information des trous noirs.

Le multivers des cosmologies inflatoires

Le modèle standard de la cosmologie relativiste repose sur une solution spatialement homogène et isotrope des équations d'Einstein, implémentée d'une hypothétique phase initiale d'expansion ultrarapide, l'inflation. Pour des raisons de clarté pédagogique, je reprends ici des éléments développés dans le chapitre 6.

Il n'existe pas de véritable théorie cohérente de l'inflation, mais un ensemble de « scénarios » donnant lieu à une vaste diversité de modèles et de paramètres ajustables qui permettent de rendre compte de n'importe quelle donnée cosmologique expérimentale. Très généralement, les scénarios d'inflation supposent l'existence d'un champ d'énergie à pression fortement négative baptisé « inflaton », assimilable à une forme de vide quantique qui, pendant un bref instant situé très tôt dans l'histoire de l'Univers (typiquement 10^{-35} seconde), aurait fortement accéléré l'expansion du facteur d'échelle en lui imprimant un rythme exponentiel. Celui-ci aurait notamment fait grandir la région de l'espace où nous nous trouvons d'un facteur au moins 10^{26}, voire beaucoup plus selon les modèles, ce qui est compatible avec la très faible valeur observée de la courbure spatiale et la très grande homogénéité du fond diffus cosmologique. En outre, lors de la phase d'inflation, les fluctuations quantiques du vide sont amplifiées et amenées à des échelles macroscopiques, où elles perdent leur caractère quantique. Ces inhomogénéités issues du vide peuvent ensuite se condenser sous l'effet de la gravitation, pour donner naissance aux structures observées.

Les modèles d'inflation se comptent par centaines. Dans le scénario d'« inflation chaotique » proposé en 1983 par Andrei Linde, le processus de dilatation n'a pas eu lieu de façon homogène dans l'espace ; de place en place, l'inflation a agrandi les fluctuations quantiques du vide en bulles gigantesques, notre Univers observable ne représentant qu'une partie infime de l'une de ces bulles.

Quant aux autres univers-bulles, ils peuvent hériter de toutes les propriétés physiques possibles et imaginables, en raison du caractère aléatoire et fluctuant du vide quantique : des bulles en expansion-contraction, d'autres en expansion perpétuelle, certaines emplies d'étoiles, d'autres vides, ou remplies uniquement de rayonnement, ou de trous noirs, etc.

Dans l'« inflation éternelle », les fluctuations quantiques du champ d'inflaton sont suffisamment grandes pour faire passer différentes régions de l'Univers d'un état du vide à un autre, d'où l'idée d'une inflation globalement éternelle au sein de laquelle les régions qui subissent une fluctuation basse sortent du mécanisme d'expansion exponentielle et se stabilisent (ce serait le cas de la nôtre), tandis que dans un nombre infini d'autres régions l'expansion exponentielle se poursuit indéfiniment, formant des bulles largement séparées les unes des autres, chacune munie de ses propres lois physiques. Le multivers inflatoire ainsi produit est infini et conduit à une structure fractale arborescente d'univers dans laquelle chacun n'a qu'un ancêtre : le vide primordial. Notons que les hypothèses nécessaires au développement d'une inflation éternelle n'ont jamais été vérifiées rigoureusement.

Le multivers de la théorie des cordes

Je rappelle très succinctement que les différentes théories des cordes, ainsi que la possible métathéorie (*M-theory*) censée les englober toutes, requièrent d'une part que l'espace-temps, décrit classiquement à l'aide de trois dimensions spatiales et d'une dimension temporelle, acquière un certain nombre de dimensions spatiales supplémentaires, d'autre part l'intégration de la supersymétrie pour décrire les différentes particules élémentaires et leurs interactions.

Une réalisation « effective » d'une théorie des cordes dans un espace-temps physique exige l'existence d'états stables ou métastables du vide quantique. Jusqu'au début des années 2000, aucun d'eux n'était connu, jusqu'à ce que Raphael Bousso et Joseph Polchinski commencent à découvrir l'étendue des solutions de la théorie des cordes en montrant l'extrême diversité des minima locaux des vides possibles, correspondant à des univers métastables. Des mécanismes de stabilisation du vide ont ensuite été proposés par divers théoriciens, qui ont trouvé que tous les vides décrivant des univers en expansion exponentielle étaient métastables et finissaient par se stabiliser en bulles d'univers aux propriétés physiques uniformes. Le dénombrement de ces vides a été estimé à environ 10^{500}, voire bien davantage. Leonard Susskind a ensuite développé le scénario du « paysage cosmique », fondé sur l'étude des transitions de phase entre les différents vides des théories des cordes. Le paysage est l'ensemble gigantesque des vides munis de pratiquement toutes les valeurs imaginables. Dans certaines zones du paysage assimilables à une « plaine » d'altitude zéro, les vides sont supersymétriques et la constante cosmologique y est strictement nulle (ce qui est contraire aux observations dans notre Univers observable). Mais ces vides sont marginalement stables et peuvent être excités ; en s'éloignant de la plaine, on trouve donc des vallées et des collines où la supersymétrie est brisée. Les vallées sont des minima locaux présentant leur propre énergie du vide, en nombre tel qu'il s'en trouve forcément au moins un pouvant correspondre à la valeur aujourd'hui observée de la constante cosmologique. Mais, selon Susskind et ses suiveurs, tous les minima locaux sont des univers physiques à part entière, d'où le multivers très vaste, quoique non infini, associé au paysage des théories des cordes.

Le multivers de la gravité quantique à boucles

J'ai déjà souligné plusieurs fois qu'en relativité générale classique et sous des hypothèses extrêmement générales les lois qui gouvernent le destin de la matière à l'intérieur des trous noirs conduisent inéluctablement à la formation de singularités, où la courbure et autres grandeurs physiques deviennent infinies ; il en va de même avec les modèles de la cosmologie relativiste conduisant à une singularité gravitationnelle lors du Big Bang. Cependant, avant qu'une singularité soit atteinte, la dynamique correcte ne peut être décrite que par une théorie quantique de la gravitation (ou par des cosmologies à rebond non quantiques, voir chapitre 6). Dès les années 1960, les pionniers du domaine John Wheeler et Bryce DeWitt ont émis la conjecture que les effets de gravité quantique devraient renverser l'effondrement et engendrer une expansion. Le temps ne s'achèverait donc pas en des singularités, et il existerait de nouvelles régions d'espace-temps en expansion dans le futur de ce qui aurait « classiquement » été une singularité.

La gravité quantique à boucles a donné une assise théorique relativement solide à ces spéculations. L'effondrement gravitationnel est interrompu avant la singularité en raison d'une interaction fortement répulsive ne se manifestant qu'à l'échelle de Planck, faisant « rebondir » la matière en effondrement. On peut, dans ce modèle, supposer que notre propre Big Bang est un rebond dans un univers-hôte, et que dans chaque trou noir il y a un nouveau Big Bang, c'est-à-dire un nouvel univers, sorte de phénix renaissant de ses cendres.

Le physicien américain Lee Smolin est parti d'une conviction évolutionniste le conduisant à considérer des générations d'univers, et a ajouté une hypothèse purement darwinienne : dans chaque nouveau Big Bang, les valeurs des constantes fondamentales changent de façon aléatoire, mais très peu – exactement comme chez les êtres vivants les gènes des enfants diffèrent très peu des gènes des parents. Ces prémisses permettent de construire une théorie évolutionniste du cosmos dans laquelle un univers comme le nôtre sera produit immanquablement un jour ou l'autre, parce que le cosmos va évoluer selon les lois de la sélection naturelle basée sur le simple succès reproductif. Un univers qui produit beaucoup de trous noirs est un univers fécond. Tous ses descendants auront des paramètres très proches qui conduiront à engendrer plus ou moins de trous noirs, et donc à se reproduire plus ou moins. La productivité en trous noirs est ainsi favorisée au cours des générations.

Selon certaines estimations recensant les trous noirs aussi bien stellaires que galactiques et primordiaux, notre propre Univers aurait au moins 10^{18} trous noirs ; il aurait donc engendré autant de bébés univers. Le multivers formé par des rebonds de trous noirs s'apparente ainsi à un arbre généalogique temporellement infini, dans lequel chaque univers a un ancêtre et une descendance.

Le multivers mathématique

Partant du postulat que notre Univers physique serait une structure mathématique, le cosmologiste américain Max Tegmark a fait l'hypothèse que toutes les structures mathématiques sont des univers bien réels. Cela implique que les éléments les plus fondamentaux de la réalité ne seraient ni l'espace, ni le temps, ni les particules élémentaires et leurs interactions, ni même le vide quantique, mais le cadre mathématique beaucoup plus général dans lequel s'insèrent toutes les théories de physique fondamentale comme cas très particuliers. C'est évidemment le multivers le plus spéculatif et potentiellement le plus riche, contenant notamment tous les multivers précédemment évoqués. Face cependant aux difficultés qu'il y a à bien définir ce qu'est une structure mathématique, et tenant compte de l'incomplétude des systèmes axiomatiques démontrée par le théorème de Gödel, Tegmark a ultérieurement restreint sa proposition de multivers mathématique à l'ensemble (toujours infini) des univers calculables, correspondant à toutes les structures mathématiques ne contenant pas de proposition indécidable au sens de Gödel.

Peut-on prouver le multivers ?

> « Ils ne cherchent pas à édifier les théories et les causes pour rendre compte des faits observés, mais ils sollicitent les faits pour les faire entrer dans certaines théories et opinions qui leur sont propres, et ils s'efforcent seulement de les y accommoder. [...], et ils puisent leur conviction non pas dans les faits, mais plutôt dans les raisonnements. »
>
> ARISTOTE, *Traité du ciel.*

Nous venons de voir que des approches très diverses en physique fondamentale suggèrent, de façon quasi générique, des multivers contenant un nombre très grand, voire infini, d'univers. Dans chacune de ces théories, il faudrait ajouter des contraintes drastiques pour réduire le nombre d'univers possibles à un seul, tandis que, libres de telles contraintes, les théories en question sont beaucoup plus « pures » et plus élégantes, même si leur simplicité ontologique s'obtient au prix d'un foisonnement d'univers distincts. Ces théories révèlent aussi des multivers aux formes très variées : dans le multivers de l'inflation chaotique, les univers différents sont séparés par des distances colossales ; dans celui de la théorie des cordes, ils se déploient dans les dimensions supplémentaires de l'espace ; dans celui de la gravitation à boucles, ils se succèdent au cours du temps, séparés par des phases de rebond, et dans celui de la mécanique quantique façon Everett, ils divergent le long de lignes de temps différentes tout en coexistant dans le même espace. Cependant, si l'on se contente de chercher une solution au problème du réglage fin évoqué plus haut, on n'a pas à se soucier de ces subtilités : à ce niveau, tous les multivers sont plus ou moins équivalents.

Le fait qu'un certain nombre de théories récentes de la physique fondamentale (mais non toutes) prédisent une forme ou une autre de multivers ajoute-t-il de la crédibilité à leur existence effective ? On aurait envie de le croire si l'on se souvient que la théorie pure a maintes fois prédit de façon correcte des phénomènes jamais observés auparavant. Un exemple souvent cité est celui du positron, l'antiparticule de l'électron. En 1928, Paul Dirac écrivit l'équation relativiste décrivant l'électron et s'aperçut qu'elle admettait des solutions mathématiques dont une partie seulement correspondait à l'électron, tandis que l'autre partie ne semblait pas avoir de sens. En 1931, il finit par lui donner un sens physique en proposant l'existence d'une nouvelle particule, l'antiélectron. Ce dernier fut découvert effectivement l'année suivante dans les rayons cosmiques. D'autres objets de la physique aussi fondamentaux que les neutrinos, les étoiles à neutrons, les trous noirs, les ondes gravitationnelles ou le boson de Higgs-Englert ont également été prédits par de pures spéculations théoriques avant d'être révélés par l'observation ou l'expérience.

Par rapport aux cas précédents, celui du multivers pose toutefois des problèmes spécifiques, d'ordre épistémologique. Le premier est celui de sa vérifiabilité. Une preuve directe de l'existence d'un multivers est clairement hors d'atteinte actuellement, mais ce n'est pas une objection fatale. Ce fut aussi longtemps le cas pour les trous noirs, dont l'existence ne reposait que sur des preuves indirectes, jusqu'à leur récente détection (fin 2015) par le biais des ondes gravitationnelles émises par la coalescence de couples de trous noirs, suivie de la première image télescopique du trou noir supermassif M87* délivrée en avril 2019.

Une preuve indirecte est en revanche envisageable. Andrei Linde est le premier physicien à avoir proposé un modèle relativement précis de multivers. Comme je l'ai brièvement mentionné plus haut, l'idée clé de la cosmologie inflatoire est d'engendrer de vastes régions de l'espace (dont notre Univers observable serait un sous-ensemble homogène compatible avec les observations) mais causalement indépendantes, chacune étant munie de propriétés physiques différentes. Pour faire la distinction entre ces régions exponentiellement agrandies de l'Univers et les bien plus hypothétiques « autres univers » entièrement déconnectés les uns des autres prédits par d'autres modèles, Linde les a appelées « mini-univers » (ou encore « univers de poche »). Dans ce cas précis, le terme « multivers » s'applique à l'ensemble des mini-univers au sein d'un univers *unique* immensément agrandi.

Des chercheurs ont récemment cru relever dans le rayonnement fossile micro-ondes, cet écho refroidi du Big Bang, des traces de collisions entre les mini-univers « à la Linde » et notre propre Univers observable. Ces observations font toutefois appel à un tel nombre d'hypothèses et d'interprétations tirées par les cheveux qu'elles n'ont aucun degré de crédibilité, du moins tant qu'on n'aura pas éliminé toute interprétation alternative (ce qui, à mon avis, ne risque pas d'arriver).

Le second problème épistémologique auquel se heurte le concept de multivers, sans doute plus sérieux que le précédent, est celui de sa réfutabilité. Le concept de réfutabilité a été approfondi dans les années 1930 par le philosophe des sciences Karl Popper, pour qui le principe selon lequel l'accord avec l'expérience serait l'unique critère de vérité d'une théorie scientifique ne suffit pas, dans la mesure où aucune « expérience cruciale » ne permet de confirmer un énoncé. Popper proposa donc le critère de réfutabilité plutôt que celui de vérifiabilité pour caractériser non pas la vérité, mais la *survie* d'une théorie scientifique : un énoncé n'est scientifiquement viable que s'il lui correspond une observation ou une expérience susceptible de le contredire. Par exemple, la théorie darwinienne de l'évolution est réfutable : il suffirait de découvrir des lapins fossiles datant du Précambrien pour l'invalider. De même, le modèle de Big Bang est réfutable : il suffirait de trouver une étoile plus ancienne que l'âge de l'Univers calculé dans le modèle. Mais ce n'est pas parce que ces deux modèles n'ont pas (encore ?) été réfutés qu'ils sont prouvés !

La réfutabilité est donc une manière de rejeter les énoncés scientifiques qui ne peuvent se confronter à l'expérience. La position quelque peu rigoriste de Popper a eu par la suite un très grand impact en philosophie des sciences au point que, même si d'autres conceptions épistémologiques plus souples se sont élevées contre celle de Popper, dans l'esprit de nombre de chercheurs actuels, la non-réfutabilité d'un modèle ou d'une théorie reste un signal d'alerte épistémologique.

Il est intéressant de noter que le débat sur la réfutabilité du multivers de la théorie des cordes a dépassé le simple enjeu de l'habituelle et salutaire confrontation scientifique, pour aboutir à des échanges virulents et pas toujours honorables entre d'éminents physiciens d'avis opposés[3]. De fait, ce qui était débattu était non pas le multivers en soi, mais le cadre théorique lui-même, à savoir le paysage cosmique de la théorie des cordes. On constate au demeurant que les multivers très différents de la mécanique quantique, des cosmologies inflatoires ou de la gravité à boucles n'ont pas particulièrement fait l'objet de débats quant à leur réfutabilité.

En France, le chercheur Aurélien Barrau est un fervent défenseur du concept selon lui générique de multivers – pour des raisons d'ailleurs plus philosophiques que techniques. Il soutient que toute théorie de multivers « scientifiquement intéressante » est capable de faire des prédictions sur notre propre Univers, lesquelles peuvent être testées expérimentalement. Si la théorie passe les tests, elle gagne en crédibilité et le multivers qu'elle prédit aussi ; si elle échoue, elle est réfutée. En ce sens, les théories de multivers seraient réfutables. Le raisonnement semble cependant douteux. D'abord, il faudrait définir les multivers qui sont plus « scientifiquement intéressants » que les autres – par exemple ceux qui abritent nécessairement un univers exactement semblable au nôtre. À cet égard, certains modèles très spécifiques issus de la théorie des cordes sont d'ores et déjà éliminés. Ensuite, n'importe quelle preuve expérimentale que nous pourrions recueillir dans notre Univers sera, *ipso facto*, toujours compatible avec tel ou tel de ces

3. Leurs échanges (en anglais) se trouvent sur le site https://www.edge.org/3rd_culture/smolin_susskind04/smolin_susskind.html.

multivers « scientifiquement intéressants ». Il semble en effet que, de même qu'il n'y a aucune limite au nombre d'univers possibles, il n'y en a apparemment aucune au nombre de *multivers possibles*.

Une agréable folie

« C'est n'être en aucun lieu, que d'être partout. »

Michel DE MONTAIGNE, *Essais*, I, 8.

Parvenus à ce stade de confusion, on peut se demander pourquoi il faudrait se donner tant de mal pour prouver la vérifiabilité ou la réfutabilité des modèles de multivers. Pour continuer à travailler sereinement, ne suffit-il pas d'adopter la position épistémologique prônée par le philosophe des sciences Paul Feyerabend, qui consiste à rejeter toute méthodologie prescriptive ? Selon lui en effet, la science progresse au cours de son histoire en usant de toutes les méthodes disponibles pour imposer une théorie ou une autre, de sorte que la seule règle méthodologique valide pour définir l'avancée des sciences est « l'anarchisme épistémologique », lequel peut se résumer par la simple formule « Tout est bon ». C'est dans cet ordre d'idées que se place le concept de multivers mathématique, avec lequel je conclurai ce chapitre.

Dans son ouvrage de 1986 *On the Plurality of Worlds*, le philosophe David Lewis a avancé l'hypothèse du « réalisme modal », selon laquelle *tous* les mondes possibles existent effectivement sous forme d'univers déconnectés. C'est une sorte de réminiscence de « l'ensemble de tous les mondes possibles » jadis invoqué par Leibniz. Les raisons qui ont conduit Lewis à promouvoir le réalisme modal étaient quelque peu différentes de celles qui sont généralement avancées par les physiciens. Les mondes de Lewis concernent la reconstruction du sens commun. Lewis dit que, dans le sens commun, nous manipulons des jugements conditionnels « contrefactuels » – c'est-à-dire qui auraient pu avoir lieu mais qui ne se sont pas déroulés –, et qui ont des valeurs de vérité. Comment expliquer la valeur de vérité d'un jugement tombant sous le sens commun tel que « si j'avais lâché le verre il serait tombé », alors qu'il ne porte pas sur quelque chose d'observable ? Lewis soutient que sa valeur de vérité dépend des autres mondes possibles où l'on a lâché le verre. Il y en a certes une infinité, mais, si l'on définit une « mesure de proximité » entre les mondes possibles, on dira que c'est le fait que « dans les mondes les plus proches le verre se casse » qui donne valeur de vérité au jugement contrefactuel initialement énoncé.

Les mondes possibles de Lewis sont donc construits et structurés en termes de proximité pour analyser la logique du sens commun. Ils n'ont rien à voir avec les univers décorrélés les uns des autres des multivers de la physique. Ces derniers sont généralement présentés en termes d'un nombre inconcevablement grand mais *fini* d'univers. On l'a vu, le nombre d'univers associé à la théorie des supercordes est au moins 10^{500} – un nombre si colossal qu'à côté de lui le nombre d'atomes dans notre Univers observable est insignifiant. À mesure que la théorie progresse (si tant est qu'elle le fasse dans la bonne voie), elle découvre de plus en plus de variantes ; on parle déjà de $10^{100\,000}$, peut-être même sont-elles finalement en nombre infini. Alan Guth, l'un des pères du modèle d'inflation, en est convaincu : lorsque l'inflation a commencé, elle n'aurait pas créé un seul, mais une infinité dénombrable d'univers.

Le réalisme modal soutenu par Lewis met en jeu, lui, *tous* les mondes possibles, le *tout* correspondant à un infini peut-être non dénombrable. Je rappelle que le dénombrable est le plus petit des infinis mathématiques, correspondant au cardinal de l'ensemble des nombres entiers. Mais l'ensemble des nombres réels a un cardinal infini d'ordre supérieur, non dénombrable[4]. Or le multivers

4. Voir notamment Jean-Pierre Luminet, Marc Lachièze-Rey, *De l'infini*, *op. cit.*, chapitre 2.

« ultime » prôné par Tegmark entre dans cette dernière catégorie. Selon lui, toutes les structures mathématiques se réaliseraient en termes d'univers physiques, ce qui peut se résumer par la simplissime équation *Mathématiques* = *Physique*. Par exemple, les équations d'une Théorie du Tout (*M-theory* ou toute autre imaginable) ne sont que des structures mathématiques parmi d'autres, juste suffisamment compliquées pour nous laisser le temps d'y réfléchir. Le multivers mathématique est donc le multivers « ultime » car il contient nécessairement tous les multivers de toutes les théories possibles de la physique.

Le multivers mathématique élimine la nécessité d'expliquer pourquoi nous vivons dans une réalisation particulière : l'existence d'un univers hospitalier à l'homme est un hasard dont il ne faut plus s'étonner, il s'agit d'une simple conséquence statistique. Parmi le nombre infini d'univers, le nôtre doit simplement exister tout comme il se trouvera toujours quelqu'un pour tirer les six bons numéros du Loto si suffisamment de personnes ont joué. On calcule assez facilement que, si tous les êtres humains jouaient au Loto sur Terre, il y aurait plus de 1 000 gagnants à chaque tirage !

À première vue, le multivers mathématique semble contredire le sacro-saint principe de simplicité, appelé aussi « rasoir d'Ockham », du nom de ce théologien anglais du XIVe siècle qui avait déclaré : « Il est inutile d'accomplir par un plus grand nombre de moyens ce qu'un nombre moindre de moyens suffit à produire. » En d'autres termes, dans un ensemble de modèles expliquant des faits, la préférence doit être donnée à celui qui fait appel au nombre minimal d'hypothèses. Le principe de simplicité a souvent joué un rôle de guide dans l'histoire des sciences pour trier des modèles et des théories en compétition[5]. Mais l'intuition peut aisément nous égarer dans la recherche de ce qu'est vraiment la simplicité. L'ensemble de toutes les équations de la théorie des cordes est en un certain

5. Voir mon billet de blog sur http://blogs.futura-sciences.com/luminet/2015/09/03/le-rasoir-dockham-1-le-principe-de-simplicite.

sens plus « simple » que n'importe laquelle de ses solutions particulières, parce qu'elle présente davantage de symétries et fait appel à moins de paramètres libres.

La thèse de Tegmark est considérée par de nombreux physiciens théoriciens (dont je suis) comme purement fantaisiste et mathématiquement inepte[6]. Par exemple, Tegmark invoque le concept de mesure sur l'espace des structures mathématiques possibles, ce à quoi personne n'a encore pu donner de sens mathématique défini.

Mais l'humour et la fantaisie ne doivent pas être nécessairement négligés en ces affaires. Martin Rees, cité plus haut, a comparé le multivers à un grand magasin de vêtements : si le choix est suffisamment grand, nul ne sera surpris de trouver quelque chose qui lui va. En ce sens, nous aurions trouvé notre propre Univers. Pour ma part, je conclurai cette discussion en renvoyant le lecteur à Fontenelle. Délivrant en charmante compagnie ses *Entretiens sur la pluralité des mondes*, il hésitait à jurer que « cela fût vrai » tout en disant aimer à le tenir pour vrai pour le plaisir qu'il avait à le croire. Et que lui répondit la Marquise ? Eh bien, « puisque votre folie est si agréable, donnez-la-moi. Je croirai sur les étoiles tout ce que vous voudrez, pourvu que j'y trouve du plaisir » !

---

6. Lire par exemple une critique très virulente par Peter Woit, *Our Mathematical Universe*, http://www.math.columbia.edu/~woit/wordpress/?p = 6551.

CHAPITRE 12

Les causets

Parmi les diverses pistes proposées dans la recherche d'une théorie de la gravité quantique, celle des ensembles causaux – en anglais, *causal sets*, et, en abrégé, « causets » – se distingue par sa relative simplicité logique en incorporant dans ses principes fondateurs l'idée même d'une discrétisation (c'est-à-dire une structure discontinue) de l'espace-temps et par le fait que les événements de cet espace-temps discrétisé sont reliés entre eux par des relations contraintes par les lois de la causalité.

L'article fondateur de cette approche a été publié en 1987 dans la revue spécialisée *Physical Review Lett*ers sous le titre évocateur « Space-Time as a causal set » (L'espace-temps comme ensemble causal) par Luca Bombelli, Joohan Lee, David Meyer et Rafael Sorkin, alors chercheurs à l'Université de Syracuse aux États-Unis. Depuis lors, quelques dizaines de physiciens théoriciens l'ont considérablement développée, Rafael Sorkin en restant le principal promoteur. Dans ce court résumé je suivrai d'assez près la présentation vulgarisée qu'il en a faite[1].

---

1. Rafael Sorkin, « Geometry from order : Causal sets », *Einstein Online*, 2006, 02 (1007), p. 5. Pour les lecteurs que ne découragent pas les aspects plus techniques, je conseille la lecture du très complet et très récent article de revue de Sumati Surya, « The causal set approach to quantum gravity », 2019 (https://arxiv.org/abs/1903.11544), qui a en outre l'intérêt de présenter les derniers développements de cette théorie encore en construction.

Comme nous le verrons, la théorie des causets a donné naissance à un formalisme mathématique appelé « dynamique de croissance séquentielle », dans lequel le temps joue le rôle d'un processus actif de devenir qui se manifeste par la naissance continuelle de nouveaux éléments de l'ensemble causal.

Bien que la théorie demeure à un stade de développement incomplet – à l'instar de toutes les autres approches en gravité quantique décrites dans ce livre –, il a été possible d'en tirer d'intéressantes conséquences phénoménologiques. La prédiction à mon sens la plus prometteuse concerne le calcul de la valeur de la constante cosmologique et de ses fluctuations, qui est en accord avec la valeur déduite des observations sur l'accélération de l'expansion cosmique, contrairement au désaccord abyssal émergeant de la théorie quantique des champs (voir chapitre 5).

De Zénon aux causets

Le concept d'« ensemble causal » repose sur certaines hypothèses de base qui ont elles-mêmes une longue histoire. L'idée que l'espace puisse être discret (au sens de discontinu) remonte au moins à Zénon d'Élée, ce philosophe grec du Ve siècle avant notre ère, célèbre pour avoir énoncé des paradoxes semblant s'opposer à la croyance en la continuité du mouvement : selon Zénon, Achille ne rejoint jamais la tortue dans sa course, ni la flèche n'atteint sa cible, parce que le mobile doit atteindre le milieu de la distance pour arriver au but, et auparavant le milieu du milieu, et auparavant le milieu du milieu du milieu, ainsi de suite.

Si les paradoxes de Zénon ont été par la suite résolus grâce aux avancées mathématiques sur les séries infinies mais convergentes[2],

2. Voir par exemple Jean-Pierre Luminet, Marc Lachièze-Rey, *De l'infini*, *op. cit.*, § 3.2.

l'idée d'une discrétisation des mouvements, et corrélativement de l'espace qui en permet le déploiement, a été reprise de façon bien plus profonde et plus argumentée par l'un des plus grands mathématiciens de l'histoire : Bernhard Riemann. Dans son exposé de 1854 qui a donné naissance à la géométrie des espaces courbes, Riemann écrit : « La question de la validité des présupposés de la géométrie de l'infiniment petit est intimement liée à la question des relations métriques de l'espace à son niveau le plus fondamental. Pour une variété discrète, le principe de ses relations métriques est déjà contenu dans le concept même de variété, alors que pour une variété continue, elle doit venir de quelque chose d'autre. Par conséquent, ou bien la réalité qui sous-tend l'espace physique doit former une variété discrète, ou bien la base de ses relations métriques doit être cherchée en dehors. »

Cela peut sembler obscur en première lecture, mais en substance Riemann se demande quel type de structure de l'espace permet de définir des entités mesurables comme la distance, l'aire, le volume, les angles – ce qu'il appelle les « relations métriques » –, et il souligne le contraste entre le cas où la structure de l'espace est continue et celui où elle est discrète. Dans un espace continu, comme celui de la géométrie euclidienne ordinaire ou dans les espaces-temps non euclidiens utilisés en relativité générale, entre deux points quelconques il existe toujours une infinité d'autres points, et n'importe quel volume peut être indéfiniment subdivisé en volumes plus petits. Dans un espace discret, en revanche, toute région finie est composée d'un nombre fini d'éléments ou « blocs de construction » non ponctuels, de sorte que le processus de subdivision d'un volume ne peut pas se poursuivre au-delà du bloc élémentaire.

Riemann pointe alors du doigt la propriété d'un espace discret de contenir une information métrique construite dès le départ : compter par exemple les éléments qui composent une région donnée de l'espace fournit une mesure naturelle du volume de cette région. Dans un espace continu, au contraire, le comptage des éléments aboutit à un nombre infini, de sorte que l'origine des relations métriques doit être expliquée d'une autre manière.

Un siècle plus tard exactement, dans une lettre de 1954 adressée à un certain H. S. Joachim, Albert Einstein, qui avait adopté le concept riemannien d'espace courbe continu pour sa théorie de la relativité générale (en considérant cette fois l'espace-temps, et non plus simplement l'espace), s'est aussi demandé si l'hypothèse de continuité persisterait en descendant aux échelles spatiales de plus en plus petites : « Il me semble que l'alternative continu-discontinu est un vrai dilemme, en ce sens qu'il n'y a pas de compromis possible entre les deux. Dans un discontinuum[3], il ne peut y avoir d'espace et de temps, seulement des nombres. Il sera particulièrement difficile de tirer d'un tel schéma quelque chose ressemblant à un quasi-ordre spatio-temporel. Je ne peux me représenter à quoi ressemblerait le cadre axiomatique d'une telle physique, mais je tiens pour tout à fait possible que les développements futurs [de la physique] y conduisent. »

On trouve dans ces citations les réquisits essentiels de la théorie des causets :

1. l'espace-temps n'est pas la réalité ultime ;
2. une variété discrète (discontinue) en est la base ;
3. les relations métriques sont inhérentes à la variété discrète elle-même ;
4. l'ordre temporel des événements de l'espace-temps se déduit de la structure sous-jacente.

Contrairement à ce que craignait Einstein, le réquisit 4 est naturellement satisfait dès lors que la structure sous-jacente est un causet, parce qu'un causet incorpore dans sa définition même une relation d'ordre. En fait, le causet *est* cette relation d'ordre.

3. Einstein appelle ici « discontinuum » ce que Riemann appelait variété discrète, de même qu'il qualifiait les variétés continues de « continuum ».

Plus précisément, un causet est un ensemble discret d'éléments – les blocs de construction de l'espace-temps de base, ou « événements élémentaires ». Mais, alors que, dans un continuum, l'espace-temps est mathématiquement décrit par un réseau complexe de relations métriques entre les points-événements portant l'information sur la contiguïté, la continuité, les distances et les durées, pour les éléments d'un causet, la seule information de type relationnel dont on dispose est un ordre partiel (ou quasi-ordre). « Partiel » en ce sens que pour *certaines* paires (x, y) d'éléments, *mais pas pour toutes*, nous pouvons dire que x précède y, ou que x suit y.

Sur le plan de la physique, on peut concevoir cet ordre comme une contrepartie microscopique des relations temporelles « d'avant » et « d'après » que nous utilisons à l'échelle macroscopique, où nous pouvons dire que certains événements se déroulent après certains autres. Dans la succession des phénomènes et des événements selon laquelle un événement est ultérieur à un autre événement si ce dernier exerce sur le premier une influence de cause à effet, on reconnaît bien sûr la notion fondamentale de causalité (voir aussi chapitre 7).

La géométrie de l'ordre et du nombre

La structure des causets suffit à elle seule à reproduire avec un haut degré d'approximation tout ce que nous entendons habituellement par « géométrie de l'espace-temps ».

Sans entrer dans les détails, on peut résumer cette propriété par la formule :

Ordre + Nombre = Géométrie

Pour comprendre d'où sort cette équation remarquable de simplicité, il faut en premier lieu préciser que, selon la relativité générale, la géométrie locale de l'espace-temps (ou de façon équivalente le champ gravitationnel) peut être définie par 10 nombres qui doivent être spécifiés en chaque point. Saisir la géométrie revient donc à connaître ces dix nombres.

Neuf d'entre eux peuvent être reconstruits à partir de la connaissance de la façon dont la lumière se propage à travers l'espace-temps, pour la simple raison que la géométrie de l'espace-temps gouverne la propagation de la lumière. Une représentation particulièrement « éclairante » de la façon dont la lumière se propage dans l'espace-temps fait appel aux « cônes de lumière ». Imaginons un point de l'espace et un éclair de lumière émis en ce point. Dans l'espace vide de toute matière, le front de l'onde lumineuse est une sphère parfaite centrée sur le point d'émission, et cette sphère croît au cours du temps à la vitesse de la lumière. Supprimons maintenant deux dimensions d'espace pour pouvoir représenter l'onde sur une feuille de papier, dans un diagramme d'espace-temps où l'axe vertical représente le temps et l'axe horizontal l'une des directions spatiales. La sphère lumineuse en expansion dans le temps devient un cône, dont le sommet représente le lieu et l'instant – c'est-à-dire l'événement – où l'éclair a été émis, le cône lui-même décrivant l'histoire de l'éclair lumineux.

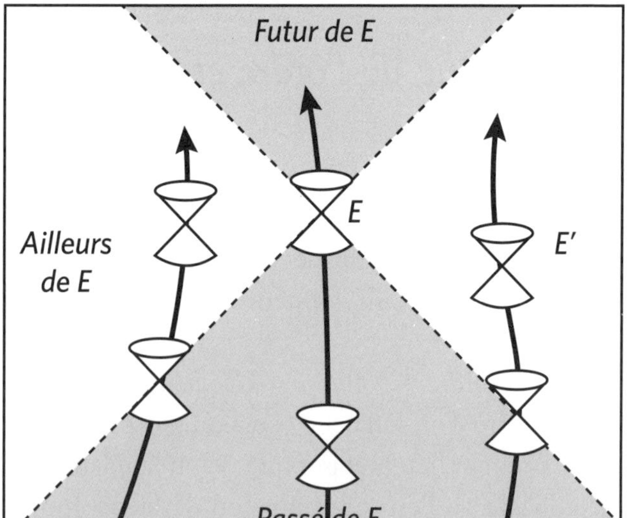

En un événement donné E, le cône de lumière est constitué de deux nappes, l'une appartenant au passé de l'événement, l'autre à son futur. Ces nappes sont balayées par l'ensemble des trajectoires des rayons lumineux passant par l'événement, ceux qui y parviennent en provenance du passé aussi bien que ceux qui sont émis vers le futur.

Le postulat fondamental de la relativité exige qu'aucune particule matérielle ne puisse dépasser la vitesse de la lumière dans le vide, constante absolue indépendante de tout mouvement. Cela signifie qu'en une seconde une particule quelconque ne peut parcourir que des distances inférieures à 300 000 kilomètres et que la lumière parcourt exactement cette distance. Sur le diagramme d'espace-temps, cette propriété se traduit par le fait que toute particule matérielle a une ligne d'univers (nom donné à une trajectoire d'espace-temps) située à l'intérieur du cône de lumière et qu'à la limite les signaux lumineux sont les lignes droites qui tissent le cône.

En chaque événement E, le cône de lumière divise ainsi l'espace-temps en trois régions distinctes :

- le futur de E, nappe supérieure du cône de lumière contenant tous les événements qui peuvent être influencés par un signal lumineux issu de E ;
- le passé de E, nappe inférieure du cône de lumière contenant tous les événements qui ont pu influencer E ;
- l'Ailleurs, extérieur du cône dans lequel aucun événement ne peut être la cause ou la conséquence de quoi que ce soit se produisant en E, parce que toute influence devrait avoir voyagé plus vite que la lumière.

Une telle structure causale est exactement ce qui est codé dans l'ordre partiel des éléments d'un causet : l'affirmation « l'événement A précède B » équivaut à dire que « B est dans le cône de lumière futur de l'événement A », « l'événement A vient après B » signifie que « B est dans le cône de lumière passé de A ». Et, si aucun ordre ne peut être défini entre A et B, cela revient à dire que, par rapport au cône de lumière de A, B est situé dans l'Ailleurs, et *vice versa*. Si l'on connaît quels événements précèdent temporellement certains autres, au sens où ils peuvent avoir une influence causale sur eux, on connaît les cônes de lumière, et inversement. Pour revenir à la question de base, si l'on connaît l'ordre causal entre les événements, on connaît les cônes de lumière et les neuf nombres nécessaires pour décrire la géométrie de l'espace-temps.

L'information manquante, à savoir celle concernant le volume d'espace-temps, vient par comptage : le volume spatio-temporel d'une région n'est autre que le nombre d'éléments du causet composant cette région.

Finalement, dans l'équation « Ordre + Nombre = Géométrie », l'ordre porte les 9/10 de l'information, et le nombre en porte 1/10. Mais cela ne fait sens que si le causet est discrétisé. S'il était continu, chaque région de l'espace-temps serait composée d'un nombre infini d'éléments et leur comptage n'aurait aucun sens.

Pour donner une idée quantitative des nombres mis en jeu dans ce type de construction, observons qu'une région de l'espace-temps dont le volume spatial est un centimètre cube, et l'extension temporelle une seconde, est composée d'environ 10^{139} éléments, nombre inimaginablement grand, mais néanmoins fini. Cela expliquerait pourquoi nous n'aurions pas encore remarqué au laboratoire la granularité de l'espace-temps.

La croissance séquentielle

Le type de relation d'ordre temporel qui définit un causet s'assimile à un réseau de relations ancestrales tel que, lorsqu'un élément *a* précède un élément *b*, on dit que *b* est un ancêtre de *a*. Il est donc naturel de décrire un causet comme un arbre généalogique généralisé, qu'on appelle en mathématiques un diagramme de Hasse. La figure ci-après illustre un causet très simple – appelons-le C – composé de

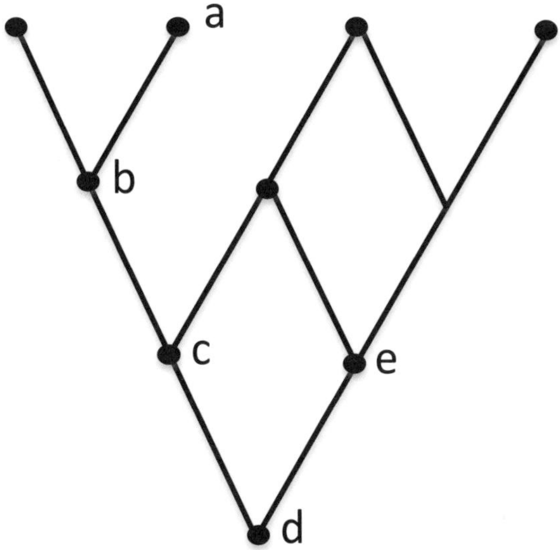

seulement 10 éléments construits de cette manière. Dans ce causet, les ancêtres de l'élément *a* sont les éléments *b*, *c* et *d* : en effet, *a* se produit après chacun des événements *b*, *c* et *d* (le temps s'écoule vers le haut, tout comme il le fait dans les diagrammes d'espace-temps usuels, mais en sens inverse de la façon dont les arbres généalogiques sont souvent dessinés).

Cela n'est toutefois qu'une « cinématique sans dynamique », décrivant ce qu'est le causet C, et comment il se relie à l'espace-temps, mais non comment il se développe. La théorie complète des causets offre un schéma *dynamique*, faisant apparaître ce développement comme un processus de croissance dans lequel chaque élément naît à un certain instant.

Par exemple, le causet C décrit ci-dessus est construit à partir d'une succession de naissances ; la croissance démarre de rien, puis chaque élément qui apparaît naît avec un ensemble bien défini d'ancêtres immédiats ou de « parents », reliés dans le diagramme de Hasse par des segments rectilignes. La temporalité interne au causet est respectée dans la mesure où un élément ne peut naître avant aucun de ses ancêtres. Mais, surtout, l'ordre dans lequel les éléments naissent n'est pas unique. Le causet C peut avoir grandi de plusieurs manières différentes, ce qui est illustré sans la série de diagrammes ci-dessous, où l'on montre en parallèle deux séquences de croissances différentes aboutissant au même causet final. Si le temps n'a pas de signification physique autre que de représenter les relations causales elles-mêmes, les deux séquences ne sont pas distinctes sur le plan physique, et ne sont que deux façons de représenter le même processus.

L'équivalence entre les séquences de croissance est, dans l'ensemble discret des causets, l'exact correspondant de ce qu'on appelle « principe de covariance générale » dans l'espace-temps continu ordinaire, c'est-à-dire le postulat selon lequel toutes les façons (en nombre infini) de choisir des coordonnées pour étiqueter

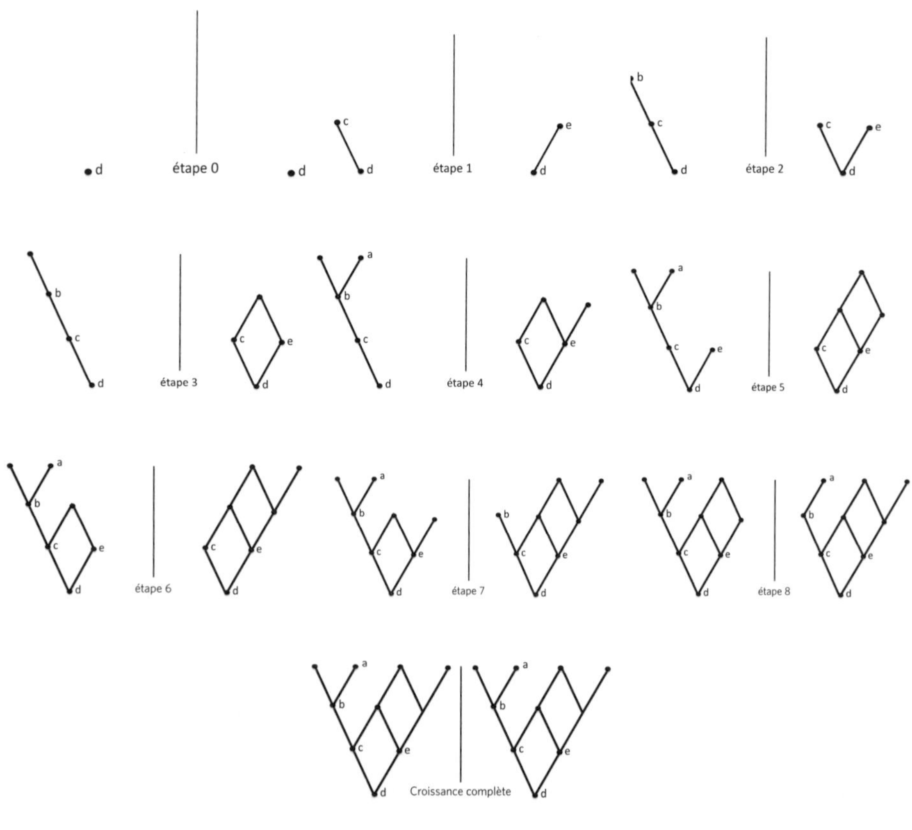

les événements de l'espace-temps sont équivalentes. Dans un continuum, le principe de covariance conduit de façon plus ou moins unique aux équations d'Einstein pour l'espace-temps. Dans les causets, il conduit à une famille de dynamiques appelées « modèles à croissance séquentielle classique » (CSC). Comme l'adjectif « classique » l'indique, ces modèles n'incorporent pas les principes de la théorie quantique. Mais les développements récents de la théorie laissent espérer le franchissement de cette dernière étape, pour aboutir à une version pleinement quantique (CSQ) des modèles CSC. On aura alors une théorie de la gravité quantique ayant pris son envol.

Conséquences et applications

Bien que représentant un stade préliminaire d'une théorie quantique complète, les modèles CSC ont d'ores et déjà permis de tirer certaines conclusions phénoménologiques. L'une des premières, déjà mentionnée en introduction du chapitre, concerne la valeur de la constante cosmologique – dont le calcul en théorie quantique des champs, je le rappelle, conduit à un faramineux désaccord.

La figure suivante montre le résultat d'une simulation d'ordinateur effectuée dans le cadre des modèles CSC. De gauche à droite, l'axe horizontal retrace l'expansion de l'Univers en échelle logarithmique (autrement dit, la valeur –6 indique le moment de l'histoire cosmique où chaque région de l'Univers ne mesurait qu'un millionième (10^{-6}) de sa taille présente). L'axe vertical indique la densité d'énergie en échelle logarithmique (par exemple la valeur 20 indique une densité 10^{20} fois supérieure à la valeur de la densité d'énergie actuellement associée à la constante cosmologique). La courbe épaisse montre la valeur absolue de la densité d'énergie associée aux fluctuations quantiques de la constante cosmologique, la ligne droite en petits pointillés, celle de la matière froide, et la ligne droite en larges pointillés, celle du rayonnement électromagnétique. Comme on peut s'y attendre, la matière et le rayonnement chutent de la gauche vers la droite à mesure que l'Univers se dilate.

Il faut noter le fait que la densité associée à la constante cosmologique est comparable à la densité d'énergie totale (somme de la matière et du rayonnement). En fait, dans l'Univers primordial, la densité d'énergie radiative était plus grande que celle de la matière et du même ordre que celle de la constante cosmologique, de sorte que la ligne en larges pointillés se confond avec la courbe épaisse. Aux stades ultérieurs, c'est la densité de matière qui domine, et sa courbe se confond avec celle de la constante cosmologique.

Jusqu'à la fin des années 1990, les cosmologistes étaient quasiment unanimes à exclure la constante cosmologique de leurs modèles sans même prendre la peine de le préciser[4]. Tout a changé quand les observations de supernovæ ont commencé à indiquer que la gravité, à l'époque cosmologique présente, cessait d'être attractive à très grande distance (chapitre 5). Ce comportement peut être

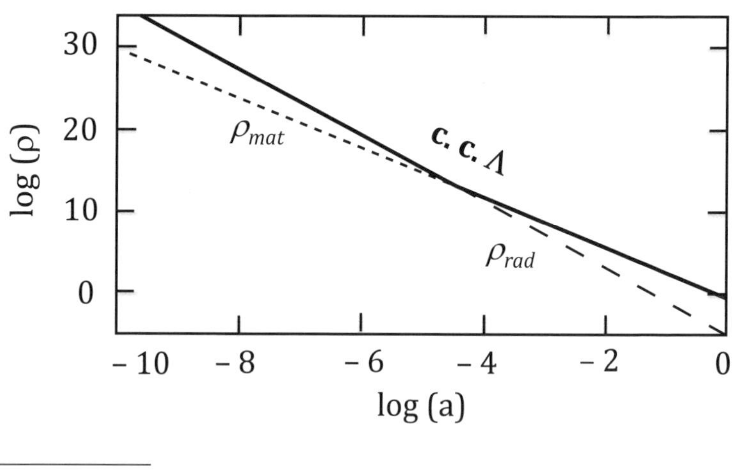

4. Ce n'était pas mon cas ! L'étude détaillée des travaux de Georges Lemaître, largement négligés par le monde anglo-saxon de l'époque, m'avait vite rallié à son point de vue sur l'importance fondamentale de la constante cosmologique. En 1981 et en 1987, j'avais publié, dans la revue européenne *Astronomy and Astrophysics* et dans un ouvrage collectif sur la cosmologie, des diagrammes représentant les différents modèles de Friedmann-Lemaître en fonction de la constante cosmologique.

attribué à une constante cosmologique qui a précisément l'ordre de grandeur prévu par la théorie des causets. Cet ordre de grandeur est en accord avec ceux de la densité d'énergie de la matière et du rayonnement actuels.

Mais, comme on peut le voir sur la figure, la même égalité approchée aurait tenu tout au long de l'histoire de l'Univers, résolvant ainsi ce que les cosmologistes appellent l'énigme de la coïncidence : « Pourquoi juste maintenant ? »

Une autre prédiction de la théorie des causets est qu'en raison de la structure discrète dans laquelle elles se meuvent les particules doivent en principe faire de petites embardées tout au long de leur route, et le faire d'une manière aléatoire qui a une description mathématique précise, analogue au mouvement brownien qui s'applique à une molécule diffusant à travers un fluide.

Les modèles de croissance dont on dispose jusqu'ici suggèrent aussi une explication possible à la taille et à la grande uniformité du cosmos observable. Selon eux, ce que nous appelons Big Bang ne serait pas le début de l'Univers, mais marquerait seulement le commencement le plus récent d'une longue série de cycles d'expansion cosmique. Dans chaque cycle, le cosmos se dilaterait pour atteindre une taille toujours plus grande, et le fait qu'il soit aujourd'hui si étendu (90 milliards d'années-lumière de diamètre pour sa partie observable) ne ferait que refléter le grand nombre de cycles qui auraient précédé le nôtre.

Le développement actuel de la théorie des causets suggère aussi la nécessité de modifier la théorie quantique des champs, en introduisant une sorte d'action à distance à portée limitée, s'exerçant à des distances restant certes extrêmement petites, mais néanmoins beaucoup plus grandes que la fameuse longueur de Planck (environ 10^{-33} centimètre) habituellement associée aux effets de la gravité quantique.

Un modèle expliquant que l'horizon d'un trou noir est composé de blocs de construction discrets (dérivés directement des éléments du causet) émerge aussi naturellement de la cinématique des causets.

Revenons pour finir à une conséquence philosophique des modèles CSC. On lit souvent dans les manuels que le principe de covariance générale[5] (voire sa restriction à la relativité restreinte, que l'on appelle invariance de Lorentz) oblige à abandonner le concept de « devenir » et à considérer l'espace-temps comme statique, tout le passé et tout l'avenir étant rassemblés en un tableau d'où le temps est absent. Dans d'autres approches de la gravité quantique comme la théorie des boucles (chapitre 8), le temps pourrait également perdre sa pertinence physique[6]. La dynamique CSC apporte un contre-exemple à ces croyances. Elle offre un processus actif de croissance dans lequel « les choses se produisent réellement », tout en respectant le principe de covariance générale. De cette manière, elle montre que le concept d'un « Maintenant » peut être retrouvé en physique sans pour autant payer le prix d'un retour à la simultanéité absolue qui prévalait dans les théories prérelativistes.

5. Qui est, je le rappelle, l'équivalence des systèmes de coordonnées pour étiqueter les événements de l'espace-temps.
6. La disparition du temps est le cheval de bataille de Carlo Rovelli, l'un des initiateurs de la gravité quantique à boucles. Voir son livre *Et si le temps n'existait pas ?* (Dunod, 2014).

CHAPITRE 13

Les triangulations dynamiques causales

Du triangle au simplexe

Au début des années 1960, le théoricien italien Tullio Regge a proposé une nouvelle manière d'étudier les variétés[1] spatio-temporelles courbes utilisées en relativité générale en les décomposant en morceaux linéarisés selon une technique dite de triangulation, donnant ainsi naissance à ce que l'on a appelé « calcul de Regge ».

En géométrie, une triangulation est une partition d'un objet (espace, espace-temps, etc.) en un ensemble de « simplexes ». Le nom de triangulation vient du fait que, pour les surfaces, la partition – on dit aussi le maillage – est composée de triangles. Un simplexe est l'analogue multidimensionnel du triangle. En trois dimensions, c'est un tétraèdre (ou pyramide), en quatre dimensions, c'est un 4-simplexe, parfois nommé pentatope par analogie avec les solides platoniciens, et ainsi de suite quel que soit le nombre de dimensions. Par construction, un simplexe est géométriquement

1. Une variété est un espace sur lequel on peut effectuer les opérations habituelles du calcul différentiel et intégral.

« plat », c'est-à-dire que ses faces sont planes – de courbure nulle. Mais, tout comme le fait de coller des triangles au niveau de leurs arêtes crée une approximation d'une surface courbe, le collage de 4-simplexes le long de leurs « faces » (qui sont des tétraèdres tridimensionnels, donc) engendre une discrétisation fine de l'espace-temps.

La courbure d'une surface peut s'écrire en fonction d'un « déficit angulaire » : si les sommets des triangles ont un déficit angulaire positif, la courbure est localement positive ; si le déficit angulaire est négatif, la courbure est localement négative. Il en va de même pour les espaces-temps courbes de la relativité générale, où les 4-simplexes remplacent les triangles usuels. Le calcul des déficits angulaires se fait directement à partir de la variation de longueur des arêtes des simplexes, et le tenseur de Riemann, qui contient toutes les informations sur la courbure, peut être plus facilement dérivé. Le calcul de Regge a trouvé sa principale application dans le domaine de la relativité numérique, pour simuler par exemple la collision de deux trous noirs.

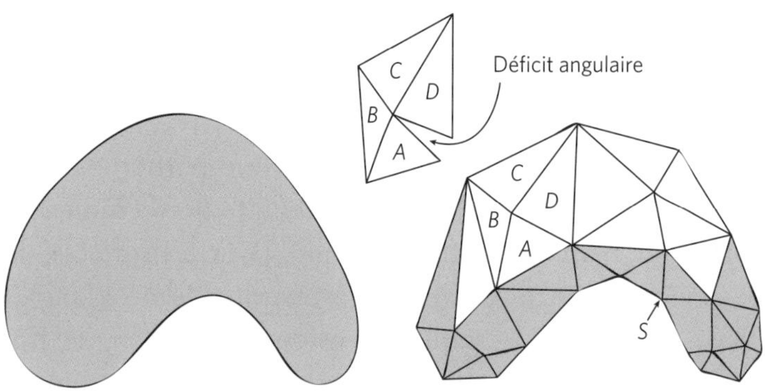

Une surface continue à courbure variable peut être représentée de façon aussi approchée que l'on souhaite par un polyèdre constitué d'un grand nombre de triangles de petite taille au sein desquels la géométrie est euclidienne. La courbure de la surface se traduit par le déficit angulaire à chaque vertex. Dans la figure, le déficit angulaire au vertex des triangles ABCD est positif, indiquant une région localement sphérique. Pris au vertex S, il serait négatif, indiquant une région localement hyperbolique

L'utilisation de maillages pour effectuer des calculs numériques sur des espaces courbes est relativement ancienne. Elle est notamment courante en aéronautique pour faciliter les calculs de profils d'ailes d'avion et les optimiser par rapport aux flux des couches d'air qu'elles doivent traverser (vitesse, turbulences, etc.). En 1976, durant mon service militaire effectué en tant que scientifique du contingent, j'ai travaillé à mi-temps au laboratoire d'analyse numérique de l'École polytechnique pour participer à la mise au point d'un programme de maillage automatique des surfaces en vue d'applications aéronautiques. Ce programme baptisé Modulef, achevé en 1985, est un logiciel libre toujours disponible sur le site de l'Institut national de recherche dédié aux sciences du numérique (Inria).

Mais revenons aux théories de la gravitation quantique qui nous occupent dans ce livre, plus particulièrement celles qui supposent une discrétisation de l'espace-temps de fond. Les développements du calcul de Regge ont été appliqués à la fin des années 1990 dans une nouvelle approche intitulée « triangulation dynamique causale » (en abrégé TDC). Jan Ambjörn, physicien danois à l'Institut Niels-Bohr de Copenhague, et Renate Loll, professeur de physique théorique à l'Université de Nimègue aux Pays-Bas, sont considérés comme les principaux fondateurs de cette approche[2].

C'est lors d'une conférence qui s'est tenue en 2005 à Potsdam, consacrée aux théories de la gravité quantique alternatives à l'hégémonique théorie des cordes, que la TDC a pour la première fois fait l'objet de discussions en profondeur. Toutes proportions gardées[3], elle a engendré un intérêt certain dans le monde de la physique théorique en offrant une bonne description semi-classique de la gravité quantique. Au niveau macroscopique, c'est-à-dire non quantique, la TDC reproduit l'espace-temps quadridimensionnel familier,

2. Pour un exposé plus technique des fondements de la théorie, voir Renate Loll, « Discrete approaches to quantum gravity in four dimensions », *Living Reviews in Relativity*, 1998, 1, article 13.
3. L'article le plus connu sur le sujet comporte 500 citations, contre plus de 10 000 pour celui de Maldacena sur la conjecture holographique en théorie des cordes…

mais, aux très hautes énergies et aux très courtes distances de l'ordre de la longueur de Planck, elle révèle de façon surprenante une structure fractale de l'espace (tranches de l'espace-temps à temps constant) dont la dimension est proche de 2 au lieu de 3, comme je le préciserai plus bas. Ce résultat rejoint celui d'autres approches théoriques comme la gravité à sécurité asymptotique (chapitre 14). Un bref article donnant un aperçu de la théorie TDC est paru en 2008 dans la revue de vulgarisation *Scientific American*, dont je reprends ci-dessous quelques éléments[4].

Intégrales de chemin

Selon la conception de John Wheeler donnée en préambule de ce livre, près de l'échelle de Planck la structure de l'espace-temps serait analogue à une « écume » turbulente, constamment changeante en raison de fluctuations quantiques et topologiques. Une des difficultés majeures de cette « géométrodynamique quantique » est de décrire comment l'écume microscopique de l'espace-temps peut évoluer et se concrétiser à l'échelle macroscopique en un univers quadridimensionnel semblable à celui dans lequel nous vivons aujourd'hui. La théorie TDC tente d'y parvenir en adaptant le calcul de Regge à l'espace-temps quantique. Son nom même de « triangulation dynamique causale » vient de ce que la théorie utilise un processus de triangulation de l'espace qui varie de façon dynamique et suit des règles déterministes respectant la causalité.

Les tentatives antérieures pour expliquer la structure quantique de l'espace-temps n'ont eu qu'un succès limité. Elles étaient fondées sur la « gravité quantique euclidienne », programme de

4. Jan Ambjörn, Jerzy Jurkiewicz, Renate Loll, « The self-organizing quantum universe », *Scientific American*, juillet 2008, p. 42-49.

recherche lancé à la fin des années 1960 et popularisé plus tard par le livre à succès de Stephen Hawking *Une brève histoire du temps*. Ce programme repose sur un principe fondamental de la mécanique quantique : la superposition. Tout objet, qu'il soit classique ou quantique, se trouve dans un certain état, caractérisé par exemple par sa position et sa vitesse. Mais, alors que l'état d'un objet classique peut être décrit par un ensemble unique de nombres, celui d'un objet quantique est beaucoup plus riche. Il est la somme, ou la superposition, de tous les états classiques possibles. Une boule de billard classique se déplace le long d'une trajectoire unique avec une position et une vitesse précises à chaque instant. Or cela n'est pas une bonne description de la façon dont un électron, beaucoup plus petit, se déplace. Son mouvement est décrit par les lois quantiques, ce qui implique qu'il peut se trouver simultanément dans un large éventail de positions et de vitesses. Lorsque l'électron se déplace d'un point A à un point B en l'absence de toute force externe, il ne suit pas simplement le trajet direct entre A et B, mais il emprunte simultanément toutes les routes disponibles.

Cette façon d'envisager toutes les trajectoires, ou chemins, que peut prendre l'électron ou toute autre particule quantique pour aller de A à B se traduit par une prescription mathématique formulée en 1942 par Richard Feynman : l'intégrale de chemin, moyenne pondérée de tous les trajets possibles. Cette prescription permet de calculer la probabilité de trouver l'électron dans une plage particulière de positions et de vitesses éloignée du chemin rectiligne auquel on s'attendrait si l'électron suivait les lois de la mécanique classique. Les déviations par rapport à une trajectoire unique et déterminée sont les fluctuations quantiques. Plus la taille d'un système physique est petite, plus les fluctuations quantiques sont importantes.

L'échec de la gravité quantique euclidienne

La gravité quantique euclidienne a tenté d'appliquer le principe de superposition à l'Univers entier. Nous avons vu au chapitre 2 que la cosmologie quantique, initiée dans les années 1960 par John Wheeler et Bryce DeWitt, et développée ultérieurement par Jim Hartle, Stephen Hawking et quelques autres, abordait la gravité quantique de manière similaire, en considérant le très vaste ensemble de toutes les géométries possibles pour l'espace-temps, ces géométries jouant le rôle des chemins. Le calcul des intégrales de chemin à partir de cet ensemble est extrêmement difficile, ne serait-ce que pour simplement identifier tous les chemins, c'est-à-dire toutes les géométries possibles.

Les théoriciens ont commencé à explorer les effets de superposition de formes d'espace-temps que la relativité classique ne sait pas gérer – en particulier, celles qui sont très courbées sur de petites échelles de distance, proches de la longueur de Planck. Ce régime dit « non perturbatif » est en grande partie inaccessible avec les calculs analytiques effectués « à la main ». La gravitation quantique euclidienne a donc fait un grand saut technique au cours des années 1980-1990 avec le développement de puissantes simulations informatiques. Il s'agit au départ de remplacer des géométries continues par des approximations discontinues. On peut décrire une ligne courbe de manière approchée comme une succession de petits segments, ce qui permet de retrouver la courbe elle-même en faisant tendre la longueur des segments vers 0. On peut de même trianguler une surface en la remplaçant par une juxtaposition de petits triangles ajustés sur elle et très généralement « trianguler » un espace de dimension quelconque à l'aide d'un maillage approprié.

Les simulations de la gravité quantique euclidienne quantifient ainsi une approximation discrète de la géométrie continue de l'espace-temps en la décomposant en minuscules blocs de construction. Une telle procédure présente l'avantage de ramener certaines questions difficiles à des calculs qui peuvent être effectués concrètement sur ordinateur. Les simulations utilisent les simplexes comme blocs de construction à quatre dimensions. Malheureusement, elles produisent soit des univers « monstres » ayant un nombre infini de dimensions, soit au contraire des univers « minimalistes » ayant à peine deux dimensions. Il leur manque clairement un ingrédient important. Cet ingrédient s'est révélé être la causalité.

La causalité signifie que l'espace-temps possède une structure permettant de distinguer sans ambiguïté la cause et l'effet. Le concept fait partie intégrante des théories classiques de la relativité restreinte et générale. Or la gravité quantique euclidienne ne prend pas en compte la causalité. Les univers qu'elle produit n'ont pas de structure permettant de placer les événements dans un ordre spécifique. Dans sa tentative de cosmologie quantique euclidienne intitulée « univers sans bord », Hawking a déclaré que « le temps est imaginaire », tant au sens courant du terme qu'au sens mathématique. Son espoir était que la causalité émergerait comme une propriété à grande échelle des fluctuations quantiques qui, prises individuellement, ne portaient pas l'empreinte d'une structure causale. Les simulations informatiques ont anéanti cet espoir.

L'une des conséquences de cet échec est de nature à décevoir quelque peu les amateurs de science-fiction. Nombre de romans, de films et de séries télévisées du genre mettent en effet en scène des trous de ver, fines poignées attachées à l'univers qui constitueraient des raccourcis pour voyager entre des régions de l'espace-temps normalement très éloignées. Ce qui rend les trous de ver si passionnants est qu'ils offrent la possibilité théorique de voyager dans le temps, y compris le passé. Bien que les trous de ver n'aient jamais été observés à l'échelle astrophysique, les physiciens ont supposé qu'ils pourraient en trouver une justification dans les théories en construction de la gravité quantique. Au vu des résultats négatifs des simulations informatiques, la viabilité des trous de ver est devenue extrêmement improbable…

La causalité à la rescousse

L'amélioration essentielle que la triangulation dynamique a apportée à la gravité quantique euclidienne a été d'incorporer dès le départ une structure causale de l'espace-temps. Ce dernier, de dimension 4, est considéré comme une succession de tranches spatiales indexées par une variable temporelle discrétisée t. Chaque tranche spatiale est décomposée en simplexes réguliers de dimension 3 (des tétraèdres), et la connexion entre les tranches est réalisée par une variété linéaire par morceaux de 4-simplexes (des pentatopes). Au lieu d'une variété lisse, on obtient un réseau de nœuds de triangulation, où l'espace est localement plat au sein de chaque simplexe mais globalement courbé, semblable en cela aux faces individuelles et à la surface d'un dôme géodésique, comme les architectes le savent bien[5]. Les faces planes qui définissent chaque simplexe peuvent représenter soit une étendue spatiale, soit une étendue temporelle, selon la façon dont elles résident sur une tranche temporelle donnée, ou bien connecter un vertex au temps t à un autre vertex au temps $t + 1$.

Par rapport aux anciennes tentatives de triangulation, le développement crucial de la théorie TDC, dû à Ambjörn et ses collaborateurs au début des années 2000, a été d'ajouter la contrainte que le réseau de simplexes doive évoluer de façon à préserver la causalité. On assigne d'abord à chaque simplexe une flèche de temps allant du passé au futur. On applique ensuite les règles de collage causales :

---

5. Voir par exemple la célèbre *Biosphère* créée par Richard Buckminster Fuller pour l'Exposition universelle de Montréal en 1967.

deux simplexes ne peuvent être collés ensemble que si leurs flèches pointent dans la même direction. Les simplexes doivent partager la même notion d'un temps qui se déploie de manière constante dans le sens des flèches, et ne reste jamais immobile ni ne revient en arrière. L'espace conserve sa forme générale à mesure que le temps avance, il ne peut pas se diviser en morceaux déconnectés ni créer de trous de ver.

Ce processus préserve la causalité, propriété qui manquait dans les théories précédentes de triangulation. Suffisamment simple pour être simulé sur un ordinateur, il permet de calculer l'intégrale de chemin de façon non perturbative, en faisant la somme de toutes les configurations permises des simplexes, et, par correspondance, de toutes les géométries spatiales possibles.

En 2004, l'ordinateur a effectué les premiers calculs de l'évolution d'une grande superposition causale de 4-simplexes. L'espace-temps à grande échelle qui en a résulté avait bel et bien les quatre dimensions (plus précisément $4{,}02 \pm 0{,}1$) qui servent de toile de fond à notre monde physique. C'était la première fois qu'une théorie déduisait le nombre de dimensions observé de notre Univers à partir de principes premiers.

En résumé, si l'on considère l'espace-temps vide comme une substance immatérielle composée d'un très grand nombre de minuscules blocs de construction, et qu'on laisse ensuite ces blocs microscopiques interagir les uns avec les autres selon les règles simples dictées par la gravité et la théorie quantique, ils s'organisent spontanément en un tout collectif qui ressemble à l'Univers aujourd'hui observé.

Des mécanismes similaires d'assemblage et d'organisation s'observent dans les domaines de la physique, de la biologie et d'autres domaines scientifiques. Le comportement de grands groupes d'oiseaux, tels les étourneaux dont j'observe souvent les vols depuis la fenêtre de mon appartement à Marseille, en est une belle illustration. Les oiseaux individuels n'interagissent qu'avec un petit nombre d'oiseaux proches ; aucun chef ne leur dit quoi faire.

Pourtant, le groupe se forme et se déplace dans son ensemble. Il possède des propriétés collectives, dites « émergentes », qui ne sont pas évidentes dans le comportement individuel de chaque oiseau.

Une remarque importante concernant la construction en théorie TDC est que, si l'on pouvait examiner l'espace-temps réel avec un microscope ultrapuissant, on ne verrait pas de petits « triangles ». Ce ne sont que des approximations. La seule information pertinente sur le plan physique provient du comportement collectif des blocs de construction, lorsque chacun d'entre eux se réduit à une taille nulle. La limite ne dépend donc pas du fait que les blocs soient au départ triangulaires, carrés, pentagonaux ou un mélange de ces diverses formes.

Une telle insensibilité à un large éventail de détails microscopiques se retrouve notamment en mécanique statistique, étude du mouvement moléculaire dans les gaz et les fluides : diverses substances fluides se comportent presque de la même manière quelle que soit leur composition détaillée. Plus généralement, cette forme d'« universalité » est associée aux systèmes possédant de nombreuses parties en interaction, et dont certaines propriétés n'apparaissent qu'à une échelle beaucoup plus grande que celle de leurs constituants individuels. L'analogue pour un vol groupé d'étourneaux est que la couleur, la taille, l'envergure de l'aile et l'âge de chaque oiseau ne jouent aucun rôle dans la détermination du comportement en vol du groupe.

Constante cosmologique et espace fractal

L'étape suivante de la théorie TDC a consisté à étudier la forme de l'espace-temps à très grande échelle et à vérifier son accord avec la réalité, c'est-à-dire les solutions cosmologiques de la relativité générale. Ce test est très difficile à passer dans les modèles non perturbatifs de la gravité quantique, qui ne supposent pas une forme par défaut particulière pour l'espace-temps. En fait, il est si difficile que la plupart des approches en gravitation quantique – y compris la théorie des cordes – ne sont pas suffisamment avancées pour le réussir. La théorie TDC y parvient à condition d'inclure dès le départ des simulations la fameuse constante cosmologique, cette « substance » invisible et immatérielle qui imprègne l'espace même en l'absence totale d'autres formes de matière et d'énergie. On l'a vu au chapitre 5, cette exigence est en accord avec l'observation de l'accélération cosmique et son interprétation en termes d'énergie noire. De plus, l'espace-temps émergent possède la géométrie de De Sitter, qui est la solution exacte des équations d'Einstein pour un univers ne contenant que la constante cosmologique.

Il est vraiment remarquable qu'en assemblant des blocs de construction microscopiques de manière essentiellement aléatoire, sans tenir compte d'aucune symétrie ni d'aucune structure géométrique privilégiée, les simulations aboutissent à un espace-temps qui a la structure très symétrique de l'univers de De Sitter. En outre, cette géométrie classique de De Sitter reste valide jusqu'à une échelle d'environ 10^{-33} centimètre, bien que les fluctuations quantiques deviennent à ce niveau de plus en plus importantes.

Le fait que l'on puisse faire confiance à l'approximation classique de De Sitter à des distances aussi courtes est plutôt étonnant. Cela a des implications importantes pour l'Univers, à la fois très tôt dans son histoire et très loin dans son avenir. À ces deux extrêmes, l'Univers est effectivement dominé par le vide quantique. Au début, les fluctuations quantiques gravitationnelles étaient si énormes que la matière ne jouait aucun rôle. Dans quelques milliards d'années, si l'expansion accélérée de l'Univers se poursuit à un rythme exponentiel (comme on l'a vu, cela dépend de l'équation d'état de l'énergie noire), la matière sera tellement diluée qu'elle ne jouera à nouveau plus aucun rôle. La théorie TDC peut expliquer la structure de l'Univers dans ces deux cas extrêmes.

Une fois ce test classique franchi avec succès, les chercheurs en TDC sont passés à un autre type de calculs pour sonder la structure vraiment quantique de l'espace-temps, que la théorie classique d'Einstein et la solution de De Sitter ne parviennent pas à capturer. Pour ce faire, une simulation numérique révélatrice consiste à reproduire un processus de diffusion. En termes simples, il s'agit de laisser « tomber » dans la superposition d'univers l'analogue d'une goutte d'encre et d'observer comment elle se propage et s'éparpille sous l'effet des fluctuations quantiques. La mesure de la taille du nuage d'encre après un certain temps permet de déterminer le nombre de dimensions de l'espace. Le résultat est surprenant : ce nombre dépend de l'échelle. Si l'on observe la diffusion durant un court laps de temps, l'espace-temps semble avoir un nombre de dimensions différent de celui que l'on obtient en laissant agir la diffusion durant une plus longue période. Il est difficile d'imaginer comment l'espace-temps peut ainsi changer « en douceur » de dimension en fonction de la résolution du microscope. Il semblerait qu'un très petit objet « expérimente » l'espace-temps d'une manière profondément différente de celle d'un gros objet. Pour l'objet microscopique, l'Univers ressemblerait à une fractale.

Le concept de fractale (à partir du latin *fractus* qui signifie irrégulier, brisé) a été forgé au début des années 1970 par Benoît Mandelbrot pour décrire rigoureusement certaines courbes mathématiques dont la longueur dépend de l'unité de mesure (la « résolution ») choisie : plus l'unité est petite, plus les détails mesurables sont petits, et plus la longueur augmente[6]. En affinant sans limite la résolution, la longueur devient infinie. En toute rigueur mathématique, un espace fractal est construit à partir d'un emboîtement infini de structures identiques à elles-mêmes, mais sur des échelles différentes. C'est donc un genre d'espace bizarre où le concept de

6. La courbe de von Koch est l'une des premières fractales à avoir été décrite en 1904 par le mathématicien suédois Helge von Koch. Elle a une dimension fractale non entière, égale à 1,26.

taille n'existe tout simplement pas. Par une propriété d'invariance appelée autosimilitude, il est identique à lui-même sur toutes les échelles.

C'est ainsi que les simulations numériques sur la diffusion ont montré qu'au niveau de la longueur de Planck les fluctuations quantiques de l'espace-temps deviennent si fortes que les notions classiques et intuitives de la géométrie s'effondrent complètement. Le nombre de dimensions passe de la valeur classique quatre à une valeur d'environ deux. Le fait qu'elle ne soit pas *exactement* égale à deux dénote la nature fractale de l'espace[7]. Néanmoins, l'espace-temps reste continu et ne possède pas de trous de ver microscopiques. Il n'est donc pas aussi turbulent que l'écume d'espace-temps jadis imaginée par John Wheeler et bien d'autres physiciens. Aux échelles encore plus fines, encore à l'étude, il se pourrait que l'Univers se répète à chaque niveau plus fin, et ainsi de suite à l'infini.

Une théorie relationnelle de l'espace et du temps

La théorie TDC renvoie à une conception « relationnelle » de la réalité, jadis prônée par Leibniz. Contemporain de Newton, Leibniz s'était insurgé contre les concepts d'espace et de temps en tant qu'entités absolues. Il soutenait que l'espace n'était qu'un système de relations idéalisées entre les corps, adapté à notre entendement,

7. La théorie de la « relativité d'échelle », développée par le physicien français (et mon ancien voisin de bureau à l'observatoire de Meudon) Laurent Nottale, prédit également une structure fractale de l'espace avec une dimension tendant vers 2 aux très petites distances. La théorie de Nottale, qui vise à unifier la physique quantique et la relativité d'Einstein en introduisant explicitement l'échelle d'observation dans les équations de la physique, reste peu connue, et elle est sujette à d'importantes contestations. C'est la raison pour laquelle je ne lui consacre pas ici un chapitre particulier, malgré l'originalité de l'idée.

et qui n'avait donc pas d'existence propre, comme le concevait Isaac Newton. Deux siècles plus tard, le philosophe Ernst Mach a repris ces idées, et c'est en partie sous son influence qu'Einstein a bâti l'édifice de la relativité générale, où espace, temps, matière et lumière sont inextricablement liés. Comme il l'avait souligné à l'époque, la conception relationnelle sous-tend sa théorie, même si cette dernière n'est que rarement formulée d'une manière qui la fasse apparaître explicitement.

Dans la physique actuelle, les approches en gravitation quantique qui revendiquent la fidélité à cette propriété essentielle de la relativité générale sont dites « indépendantes du fond » (voir chapitre 1). La théorie des triangulations dynamiques causales en fait partie, à l'instar de la gravité quantique à boucles ou des causets. Cela signifie qu'elle ne présuppose pas une scène préexistante – un espace dimensionnel –, mais qu'elle tente plutôt de montrer comment la « fabrique » de l'espace-temps lui-même évolue.

La théorie TDC présente d'autres similitudes avec la gravité quantique à boucles (LQG) et sa formulation en termes de « mousse de spins » (chapitre 8). Il y a cependant des différences importantes. Les mousses de spins de la LQG utilisent différents degrés de liberté et différents lagrangiens[8]. En TDC, la distance entre deux points quelconques dans une triangulation donnée peut être calculée avec exactitude, ce qui n'est en général pas vrai pour les mousses de spins et la gravité quantique à boucles.

Une autre approche en gravité quantique, qui est reliée de près à la TDC, est celle des ensembles causaux, ou causets. Les deux théories tentent de modéliser l'espace-temps par une structure causale discrétisée. La principale différence tient dans le fait que l'approche des causets est relativement générale, alors que la TDC suppose une relation spécifique entre le réseau des événements

8. En physique, le lagrangien d'un système est une fonction des variables dynamiques qui permet d'écrire de manière concise les équations du mouvement du système. Le nom vient du mathématicien français Joseph-Louis Lagrange, qui a établi les principes du procédé en 1788.

spatio-temporels et la géométrie. En conséquence, le lagrangien de la TDC est contraint par des présupposés de façon qu'elle puisse être écrite et analysée explicitement, tandis qu'en théorie des causets il y a plus de liberté sur la façon dont on peut écrire une action.

Comme toute théorie candidate à la gravitation quantique, le Saint-Graal est de prédire des conséquences observables dérivées de la structure quantique microscopique. C'est le critère ultime pour décider si l'on a une théorie correcte de la gravité quantique. L'avenir dira si la théorie TDC y parvient.

CHAPITRE 14

La gravité à sécurité asymptotique

Pour commencer ce nouveau chapitre, je rappellerai une fois de plus qu'au niveau classique la gravité est décrite par les équations du champ d'Einstein de la relativité générale, lesquelles combinent la géométrie de l'espace-temps, encodée dans la métrique, avec le contenu matériel inscrit dans le tenseur impulsion-énergie. D'un autre côté, la nature quantique de la matière se manifeste dans l'électrodynamique quantique, théorie proposée dans les années 1920 par Paul Dirac et qui a transformé avec succès l'électromagnétisme en une théorie quantique. L'électrodynamique quantique est devenue depuis l'une des théories physiques confirmées expérimentalement avec la plus haute précision.

Encouragés par ce succès, les physiciens ont vite forgé des théories sur le même modèle pour décrire les autres interactions. Ils ont obtenu le « modèle standard », qui rend compte avec succès des interactions électromagnétique, nucléaire forte et nucléaire faible entre les particules.

Dans les années 1960, Richard Feynman et Bryce DeWitt ont logiquement entrepris de quantifier la gravité en utilisant les mêmes techniques qui avaient si bien réussi jusqu'alors[1]. Malheureusement,

1. Les interactions du modèle standard se décrivent dans le cadre de l'espace-temps plat de la relativité restreinte, dépourvu de gravité.

les techniques connues, dites de « renormalisation perturbative », ont abouti à une théorie qui, extrapolée aux énergies élevées, conduisait à un nombre infini de quantités infinies appelées « divergences », inadmissibles pour les physiciens.

Selon le point de vue traditionnel, la renormalisation s'effectue *via* l'introduction de contre-termes censés annuler les quantités divergentes qui apparaissent dans les diagrammes de Feynman, représentations graphiques des équations mathématiques décrivant les interactions de particules. Or, en appliquant cette méthode à la gravité, les contre-termes requis pour éliminer toutes les divergences prolifèrent en nombre infini. La raison est la suivante. La gravité est par définition sensible à la masse, donc aussi à l'énergie (d'après le fameux $E = mc^2$). Le graviton, particule médiatrice de la gravité, doit donc interagir avec lui-même, ce qui crée de nouveaux gravitons, qui à leur tour interagissent, et ainsi de suite… Comme on l'a vu, en faisant la somme de toutes les contributions, il apparaît des valeurs d'énergie infinies qui ne peuvent être éliminées.

Comme les énergies sont proportionnelles aux fréquences, les physiciens appellent les hautes énergies l'« ultraviolet » ou plus simplement UV. Une théorie qui s'effondre aux hautes énergies est « incomplète UV ». C'est le cas de la gravité quantifiée de la façon habituelle, c'est-à-dire « perturbative ». Tout au plus est-elle susceptible de fournir une théorie effective de la gravité à basse énergie, c'est-à-dire en champ gravitationnel faible, mais elle ne peut en aucun cas représenter le fonctionnement réel de la nature.

L'échec de la renormalisation perturbative de la gravité a lancé les théoriciens dans une sorte de fuite en avant. Ils ont d'abord tenté d'employer des techniques alternatives de renormalisation pour soigner le problème des divergences en régime de forte gravité, mais toutes engendraient leurs propres inconvénients. Ils sont ensuite passés à des théories de gravité au-delà du modèle standard. La théorie des cordes, la gravitation quantique à boucles, la triangulation dynamique causale et quelques autres ont été conçues dans ce but.

Jusqu'à présent, aucune de ces théories ne bénéficie de la moindre preuve expérimentale. Chacune présente des avantages et des inconvénients mathématiques. C'est alors qu'une vieille rivale a rattrapé son retard : la gravité à sécurité asymptotique, dite aussi gravité asymptotiquement sûre.

L'idée générale de sécurité asymptotique, applicable d'ailleurs à toute forme d'interaction fondamentale et pas seulement à la gravité, a été proposée en 1978 par Steven Weinberg qui, seulement un an plus tard, partageait le prix Nobel avec Sheldon Glashow et Abdus Salam pour l'unification des forces électromagnétique et nucléaire faible. Adepte convaincu et brillant praticien de la théorie quantique des champs, Weinberg a suggéré que les problèmes liés à la quantification de la gravité ne sonnaient pas forcément le glas de la théorie, arguant que, si une théorie fonctionne bien à basse énergie mais s'effondre dans l'UV lorsqu'elle est renormalisée de façon perturbative, mieux vaut développer de nouvelles techniques de « renormalisation non perturbative » sans pour autant sortir du cadre de la théorie quantique des champs.

Cette vision du monde physique plutôt conservatrice de Weinberg rejoint celle qu'il avait déjà manifestée à l'égard de la relativité générale et de la cosmologie qui en découle. En 1972, il avait publié une savante monographie intitulée *Gravitation and Cosmology*, qui a servi de guide aux étudiants de l'époque. N'étant pas à proprement parler un spécialiste de la relativité générale, il l'abordait toutefois d'une manière très classique, sans nécessairement en saisir l'esprit profond. Les deux monographies sur la gravitation relativiste publiées en 1973, l'une par Hawking et Ellis, l'autre par Misner, Thorne et Wheeler, ont montré les limites de l'ouvrage de Weinberg, et sont vite devenues les nouvelles « bibles » de tous les étudiants et chercheurs en relativité générale. En 2008, alors âgé de 75 ans et devenu entre-temps une sorte de gourou très influent de la physique théorique, Weinberg a réactualisé sous le même titre son ouvrage de 1972 afin de prendre en compte les développements considérables de la relativité générale et de la cosmologie.

Or, dès la page 9, sur la base d'une argumentation brève et erronée, il écartait abruptement les centaines de travaux portant sur la topologie cosmique – cette discipline relativement nouvelle traitant de la forme globale de l'espace en introduisant des modèles d'univers multiconnexes[2] –, déclarant ces derniers « mal fondés ». La communauté de chercheurs travaillant dans le domaine s'est aussitôt alarmée de voir paraître un ouvrage présentant la topologie cosmique comme nulle et non avenue, ce qui, de par le prestigieux statut de son auteur, pouvait influencer négativement toute une nouvelle génération d'étudiants. Au cours d'échanges fournis par courriers électroniques, nous nous sommes demandé comment signaler diplomatiquement à Weinberg qu'il avait fait preuve d'une certaine fermeture d'esprit sur les développements récents de la cosmologie, et comment lui suggérer de modifier son propos lors d'une édition ultérieure. C'est ainsi qu'en juin 2008 je lui ai adressé dans ce sens un courriel assez développé, rappelant les enjeux de la topologie cosmique et les centaines de travaux qui en avaient résulté. Steven Weinberg m'a répondu brièvement (je traduis en français) qu'il était « bien sûr mathématiquement possible d'avoir un univers multiconnexe, mais que la question était de savoir si cela était physiquement plausible », ajoutant qu'il pensait « avoir clarifié cette question dans [son] livre, mais peut-être pas » !

Après cette digression révélatrice d'un certain esprit conservateur, reprenons le fil de notre discussion sur l'argumentation de Weinberg relative à la sécurité asymptotique.

Dans les théories quantiques, toutes les interactions dépendent de l'énergie à laquelle elles se produisent. Ce changement peut être quantifié en calculant comment un paramètre mesurant l'intensité de la force, connu sous le nom de « constante de couplage », dépend de l'énergie. La force nucléaire forte par exemple, décrite par la chromodynamique quantique, est de faible intensité aux très courtes distances, mais devient de plus en plus intense à mesure que

2. Voir par exemple Jean-Pierre Luminet, *L'Univers chiffonné*, *op. cit.*

les particules sur lesquelles elles s'exercent (les quarks) se séparent. Cette propriété étrange, dite de « liberté asymptotique », signifie que l'interaction forte a le comportement inverse de l'interaction électromagnétique ou de la gravitation. En effet, dans le cas de ces interactions familières, la force diminue avec la distance entre les objets en interaction, ce qui donne les fameuses lois en $1/r^2$. Au contraire, l'interaction forte augmente d'intensité avec la distance. Inversement, plus les quarks sont proches les uns des autres, moins ils interagissent, ce qui signifie que deux quarks infiniment proches n'interagissent plus du tout entre eux : ils sont asymptotiquement libres. Ce comportement peut être comparé à celui de deux billes jointes par un ressort ; plus les billes sont éloignées l'une de l'autre, plus le ressort tente de les rapprocher, alors que, si les deux billes sont l'une contre l'autre, le ressort n'agit plus. La découverte de la liberté asymptotique pour l'interaction forte a valu un prix Nobel en 2004 à Frank Wilczek, David Gross et David Politzer.

Une théorie asymptotiquement libre se comporte bien dans l'UV. La quantification de la gravité n'est pas de ce type, mais, comme l'a observé Weinberg, un critère plus faible suffirait pour qu'elle fonctionne aux hautes énergies : en utilisant seulement un nombre fini de paramètres. Cela est contraire à la situation à laquelle on est confronté avec la renormalisation perturbative, qui nécessite un nombre infini de paramètres non spécifiables. En outre, aucun de ces paramètres ne doit devenir lui-même infini. Ces deux exigences – que le nombre de paramètres soit fini et que les paramètres eux-mêmes soient finis – rendent la théorie « asymptotiquement sûre ». En termes plus simples, la gravité serait asymptotiquement sûre si sa théorie à haute énergie se comportait aussi bien qu'à basse énergie. En soi, ce n'était donc pas vraiment une idée nouvelle.

Faute d'outils mathématiques adéquats, l'idée de sécurité asymptotique en gravité quantique fut délaissée durant quelques années. Ce n'est qu'à la fin des années 1990, grâce aux recherches de Christof Wetterich, physicien à l'Université de Heidelberg, et Martin Reuter, physicien à l'Université de Mayence, que la situation s'est améliorée avec la découverte de nouvelles méthodes de renormalisation pour les calculs au-delà de la théorie des perturbations. Leurs travaux ont fourni le formalisme mathématique nécessaire pour calculer ce qui se passe avec la théorie quantique de la gravité aux énergies supérieures. La stratégie du programme consiste à partir de la théorie à basse énergie et à utiliser ces nouvelles méthodes mathématiques pour extrapoler à haute énergie sans faire apparaître de divergences.

Personne n'a pu prouver que la gravité est asymptotiquement sûre. Le problème majeur de cette approche est que les calculs complets doivent être effectués dans un espace théorique de dimension infinie. Pour que les calculs soient réalisables, les chercheurs étudient donc une infime partie de cet espace, de sorte que les résultats obtenus ne fournissent qu'un niveau de compréhension limité. Même si ces calculs sont compatibles avec la sécurité asymptotique, la situation reste peu concluante.

Les chercheurs impliqués dans cette approche avancent cependant plusieurs arguments indépendants pour la soutenir. D'abord, des études sur les théories gravitationnelles dans des espaces-temps de dimension inférieure, qui sont beaucoup plus simples à réaliser, montrent que, dans ces cas, la gravité est asymptotiquement sûre. Ensuite, les calculs approchés appuient cette possibilité. Enfin, la méthode générale appliquée à certaines théories plus simples et non gravitationnelles se révèle fiable.

Bien des questions restent toutefois en suspens. Par exemple, la sécurité asymptotique limite le nombre de particules fondamentales pouvant exister. Cette contrainte met la théorie en contradiction avec certaines approches poursuivies pour la Grande Unification. La version la plus simple de la supersymétrie n'est pas asymptotiquement sûre. En outre, elle a été écartée par les expériences au LHC, de même que d'autres extensions du modèle standard. Ce n'est donc pas forcément un mauvais point pour la sécurité asymptotique.

Une autre étude a récemment montré que la sécurité asymptotique contraignait également les masses des particules, notamment celles des quarks. L'existence des quarks, prédite en 1964 par le physicien Murray Gell-Mann dans le cadre de la théorie de l'interaction nucléaire forte qui traite de la cohésion des noyaux atomiques, a vite été confirmée expérimentalement, ce qui a valu à Gell-Mann (décédé en 2019) le prix Nobel de physique 1969. Les quarks sont les constituants élémentaires de la matière ordinaire, dont les protons et les neutrons sont les spécimens les plus connus. Il existe six espèces différentes de quarks, dites « saveurs », dont deux seulement participent à la constitution des protons et des neutrons : le quark *u* (*up* : vers le haut) dit aussi quark top, et le quark *d* (*down* : vers le bas) dit aussi quark bottom. Le proton est composé d'un triplet *uud* et le neutron, d'un triplet *udd*. La sécurité asymptotique implique que la différence de masse entre le quark top et le quark bottom ne doit pas dépasser une certaine valeur. Ces masses sont connues expérimentalement avec une précision du pour cent depuis une dizaine d'années, et leur écart est compatible avec la sécurité asymptotique.

Finalement, les calculs effectués dans le cadre de cette théorie reposent sur des approximations qui pourraient ne pas être entièrement justifiées, mais les résultats démontrent le pouvoir de la méthode. La conséquence la plus importante est qu'aux énergies extrêmement élevées où toutes les interactions pourraient être unifiées – énergies généralement considérées comme expérimentalement inaccessibles – la physique resterait intimement liée à celle qui règne aux basses énergies. De ce fait, les physiciens qui ne travaillent pas eux-mêmes sur une théorie de gravité asymptotiquement sûre qualifient l'approche de « décevante », parce que avec elle il n'y aurait rien de nouveau à apprendre sur la gravité quantique. Il suffirait juste de faire encore et toujours plus de théorie quantique des champs, c'est-à-dire, comme on dit en anglais, faire du « *business as usual* ».

Un tel jugement négatif est sans doute un peu rude. En effet, non seulement la sécurité asymptotique établit un lien entre les basses énergies testables expérimentalement et les inaccessibles hautes énergies, mais elle n'entre pas en conflit avec d'autres méthodes de quantification de la gravité. L'extrapolation de la règle en dehors du domaine où elle a été validée, élément central de la sécurité asymptotique, n'exclut pas qu'une description plus fondamentale de l'espace-temps émerge à haute énergie.

Certains de ses calculs approchés suggèrent que l'espace-temps effectif aurait des propriétés de type fractal aux échelles microscopiques, rejoignant ainsi la théorie des triangulations dynamiques causales (chapitre 13). La gravité à sécurité asymptotique a aussi en commun de nombreuses propriétés séduisantes de la théorie des cordes : elle quantifie la gravité, se réduit à la relativité générale dans la limite de basse énergie et ne diverge pas dans l'ultraviolet. En outre, elle bat la théorie des cordes sur au moins un point : elle ne nécessite pas l'ajout de nouvelles particules ou de paramètres arbitraires dont on n'a pas la moindre preuve d'existence.

Par ailleurs, une étude de 2019 aborde le statut des trous noirs dans la théorie de gravité à sécurité asymptotique. Elle assure d'une part que les fluctuations quantiques asymptotiquement sûres peuvent résoudre le problème de la singularité centrale, d'autre part que les trous noirs correspondants ne possèdent pas nécessairement un horizon des événements. En comparant la taille de leur ombre calculée dans le cadre de la gravité à sécurité asymptotique à l'image du trou noir supermassif M87* obtenue en 2019 par l'Event Horizon Telescope, les chercheurs ont déduit une contrainte sur la valeur d'un certain paramètre libre dont dépend leur théorie.

Loin d'être décevante, la sécurité asymptotique a donc ses adeptes, lesquels estiment que cette théorie pourrait nous permettre de connecter enfin l'Univers connu au comportement quantique de l'espace-temps.

CHAPITRE 15

La gravité émergente

« Les tiges émergent des trous noirs au-dessous. Les fleurs nagent comme des poissons de lumière sur les eaux vertes. »

Virginia WOOLF, *Les Vagues*.

L'émergence

Concept devenu fondamental dans la science du XXIe siècle, l'émergence se manifeste lorsque des systèmes simples interagissent en nombre suffisant pour faire apparaître un certain niveau de complexité qu'il était difficile de prévoir en analysant ces systèmes pris séparément. Cette propriété se retrouve dans des domaines aussi divers que la physique, la biologie, l'écologie, la socioéconomie, la linguistique, bref, dans tous les systèmes dynamiques qui comportent des rétroactions.

L'une des vertus évidentes de l'émergence, c'est de formaliser en langage moderne la vague et vieille idée selon laquelle « le tout est plus que la somme de ses parties », approche très riche qui prend le contre-pied du réductionnisme – position philosophique souvent présentée de façon péjorative, mais qui a néanmoins représenté une phase nécessaire dans le développement des sciences.

Dans la conception matérialiste du monde aujourd'hui adoptée par la plupart des physiciens, l'amour, les émotions, la pensée, la création artistique, l'inspiration, tout le monde intérieur que nous ressentons, y compris le sens et le but que l'on peut donner à sa propre vie, résultent naturellement d'innombrables interactions entre des particules élémentaires. Cela peut sembler à première vue désenchanté, mais rien ne vient contredire cette option philosophique, étayée en outre par certains développements de la science.

Les physiciens pensent avoir atteint un haut degré de compréhension de toutes les interactions fondamentales qui peuvent se produire, sur les échelles allant des particules élémentaires jusqu'à la taille de l'Univers observable. Selon eux, la « magie » que beaucoup d'entre nous peuvent ressentir devant le monde n'est pas engendrée par des forces extérieures qui agissent sur nous de façon ésotérique. Nos vies et nos destinées ne sont pas gouvernées par des énergies mystiques, le mouvement des planètes ou des entités surnaturelles. La magie de la vie provient de l'émergence. La spiritualité elle-même, qui *a priori* semble radicalement opposée au matérialisme, peut être considérée comme une propriété émergente, construite à partir de blocs élémentaires bien matériels.

C'est le nombre inimaginablement grand des interactions entre les éléments d'un système qui rend possible l'impression subjective de magie. Décrire l'amour romantique par l'échange mutuel d'ocytocine – cette hormone essentielle à l'épanouissement et au développement de l'être humain – ne rend pas trivial ce qui est sans doute la plus haute manifestation de l'activité humaine, ne serait-ce que parce qu'elle met en jeu la danse concertée de plus de molécules qu'il n'y a d'étoiles dans l'Univers observable. Ce nombre dépasse tous les standards astronomiques : il y a environ 100 000 milliards d'atomes dans chaque cellule humaine et 100 000 milliards de cellules dans chaque être humain. En outre, le nombre d'interactions possibles augmente exponentiellement avec le nombre d'atomes. Dans cette conception, ce sont les propriétés émergentes de ce gigantesque ensemble d'entités interagissantes qui constituent nos pensées, nos aspirations, nos émotions.

En principe, il serait possible d'utiliser un ordinateur suffisamment puissant pour simuler les interactions de cette myriade d'atomes, et reproduire toutes nos perceptions, expériences et émotions. Mais simuler n'est pas comprendre. Cela signifie seulement que l'on a identifié un nombre suffisant de parties d'un système complexe et de leurs interactions pour en reproduire quelques apparences. C'est l'une des raisons pour lesquelles les monts et merveilles (ou les cauchemars, selon le point de vue) que nous promettent aujourd'hui les chantres de l'intelligence artificielle sont un leurre.

Cela constitue à la fois le triomphe et la tragédie de la plus ancienne et la plus efficace méthode utilisée jusqu'alors en sciences : l'analyse, c'est-à-dire comprendre une chose en tant que simple somme de ses parties et de leurs interactions. On a beaucoup appris et bénéficié de cette méthode réductionniste, mais on a aussi découvert ses limites. Quand le nombre de parties d'un système devient gigantesque, à l'instar des atomes constituant un corps humain, l'analyse réductionniste échoue à comprendre l'ensemble, comme on le constate couramment en médecine. Pourtant, le système émerge bel et bien de ses parties et de leurs interactions, *via* un empilement hiérarchisé de « strates » correspondant chacune à un certain niveau de compréhension scientifique. Ce sont les rétroactions qui existent entre les strates qui rendent l'analyse réductionniste inopérante.

Les strates émergentes du monde correspondent grossièrement à une certaine hiérarchie entre les principales disciplines de la science. La physique atomique émerge de la physique des particules et de la théorie quantique des champs, la chimie émerge de la physique atomique, la biochimie de la chimie, la biologie de la biochimie, les neurosciences de la biologie, les sciences cognitives des neurosciences, la psychologie des sciences cognitives, la sociologie de la psychologie, l'économie de la sociologie, et ainsi de suite.

La séquence hiérarchique de strates, de la plus profonde à la plus élevée, n'est ni exacte ni linéaire. Mais le schéma général d'émergence dans une séquence donnée est clair : à chaque strate d'ordre supérieur, un nouveau comportement et de nouvelles propriétés surgissent des interactions entre les entités constituantes de la strate inférieure. Les ondes acoustiques proviennent d'effets collectifs dans les molécules de l'air : elles émergent des interactions moléculaires appelées forces de Van der Waals, qui elles-mêmes émergent de l'électrodynamique quantique.

Très généralement, il est efficace de commencer à décrire une entité à l'aide de principes issus de la même strate de compréhension, qui joue le rôle d'une certaine « échelle de résolution ». Par exemple, les propriétés chimiques des ensembles moléculaires, comme l'acidité, relèvent d'une certaine strate de la hiérarchie, et peuvent en première approximation être décrites et modélisées à partir des principes dérivés de cette même strate. On peut affiner la compréhension en faisant appel aux principes de la strate immédiatement sous-jacente, en l'occurrence celle de la physique atomique. Mais il est inutile de descendre deux strates plus bas et d'utiliser les principes de la physique des particules pour comprendre l'acidité.

Dans la hiérarchie des strates, chaque saut vers une strate supérieure s'accompagne généralement d'un accroissement de la complexité, et les complexités se composent entre elles. En termes thermodynamiques, les compositions de la complexité et l'activité qui en émerge à un niveau supérieur requièrent une source d'énergie disponible pour la nourrir, et un espace pour absorber la chaleur résultante. Si la source d'énergie disparaît, ou si la chaleur ne peut être évacuée, la complexité décroît, ce qui se traduit par une augmentation d'entropie, c'est-à-dire une perte d'information.

Au sein d'un environnement viable, à chaque niveau supérieur d'émergence, la complexité et le comportement sont modelés par l'évolution à travers la sélection naturelle. Dans cette conception, les aspirations humaines, le sens que l'on donne à la vie, les projets que l'on y fait existent en tant qu'aspects émergents de la psychologie favorisés par la sélection naturelle. L'émergence exclut tout recours à une influence surnaturelle ; elle suffit à créer le mystère de la vie et de la conscience à partir des blocs de construction de la matière inanimée. Chaque fois que l'on a acquis une certaine compréhension des phénomènes à un certain niveau de la hiérarchie, on a tendance à oublier les niveaux inférieurs qui en sont la source profonde. Mais ils sont bel et bien là. Toutes les entités de nos mondes intérieur et extérieur ne sont que des structures émergentes issues de nombreuses strates sous-jacentes, chacune reposant sur un fondement scientifique compréhensible.

Il en résulte une importante question : existe-t-il un niveau fondamental ultime dans la hiérarchie, et, si oui, sommes-nous près de le connaître ? La relativité générale et le modèle standard des particules sont actuellement les descriptions de la nature les plus fondamentales dont nous disposons. Tout ce qui n'est pas contenu dans ces deux piliers de la physique du XXe siècle peut être considéré comme émergent. Même si cela heurte beaucoup de sensibilités et d'idéologies, à ce stade de nos connaissances il en est ainsi des cellules vivantes, du cerveau, du libre arbitre, etc., qui tous découlent fondamentalement du fait que nous sommes constitués d'un nombre gigantesque de particules interagissant selon les quatre forces connues de la nature.

La question qui se pose ensuite est de savoir si ces deux théories émergent elles-mêmes de quelque chose de plus profond. Nombre de physiciens théoriciens d'aujourd'hui pensent que oui.

La gravité entropique

Concentrons-nous maintenant sur la gravité, sujet de ce livre. Toute théorie dans laquelle la relativité générale est dérivée d'une théorie plus fondamentale offre un exemple de « gravité émergente ».

Ce terme générique est suffisamment vague pour rassembler un grand nombre de théories dans lesquelles la gravité n'est pas une interaction fondamentale.

Le problème majeur qui se pose avec ce type de théories est que, dès lors que l'on tente d'obtenir la gravité comme un phénomène émergeant d'une hypothétique « étoffe » sous-jacente, cette dernière définit un référentiel privilégié. Or cela viole l'invariance de Lorentz[1], soit l'équivalence entre *tous* les référentiels, un des postulats de base de la relativité que nous savons pourtant être vérifié expérimentalement à une très haute précision.

Une exception toutefois est la « gravité entropique », brillante idée avancée en 1995 par le physicien américain Ted Jacobson. Inspiré par les travaux de Jacob Bekenstein et Stephen Hawking sur l'entropie des trous noirs (voir chapitre 2), Jacobson a approfondi le lien très étroit entre la gravité et la thermodynamique. Il a prouvé que les équations du champ d'Einstein décrivant la gravité relativiste pouvaient être déduites de considérations thermodynamiques, combinées avec le principe d'équivalence selon lequel les effets d'une accélération sont identiques à ceux d'un champ gravitationnel.

C'est un résultat profond. La thermodynamique montre que les propriétés d'un système physique constitué d'un grand nombre de petits éléments peuvent être comprises indépendamment des détails des constituants fondamentaux. Si la gravité lui ressemble, elle pourrait ne pas être non plus une force fondamentale, mais apparaître comme la simple résultante d'un grand nombre de petits corps en interaction.

Quels seraient ces petits corps en interaction ? Les petites boucles élastiques en vibration censées décrire les gravitons – quanta de l'interaction gravitationnelle – dans la théorie des cordes, diront certains. Mais il y a une quantité d'autres tentatives pour expliquer

1. Selon laquelle une quantité physique doit garder la même valeur dans tous les référentiels inertiels.

les gravitons en termes de « quasi-particules » qui émergent d'unités plus fondamentales dont l'espace-temps serait fait.

L'idée a fait son chemin. La gravité émergente est revenue sur le devant de la scène en 2010, quand Erik Verlinde, expert en théorie des cordes à l'Université d'Amsterdam, a repris le concept de gravité entropique. De même que la température résulte du mouvement de particules microscopiques, la gravité émergerait des variations des bits d'information fondamentaux encodés dans la structure intime de l'espace-temps.

La proposition n'était pas nouvelle, contrairement à ce qui est souvent présenté. Dans les années 2000, le chercheur sino-américain Xiao-Gang Wen avait avancé un modèle dans lequel l'espace-temps, la matière, les cellules vivantes, les neurones et toutes choses sont constitués de « qubits ».

Contrairement à un bit classique qui se trouve soit dans l'état « 0 », soit dans l'état « 1 », un qubit est dans une superposition quantique des états « 0 » et « 1 », pondérés par des coefficients. En termes mathématiques, cela se décrit par une fonction d'onde. Lorsqu'on mesure l'état du qubit, sa fonction d'onde est « réduite », la superposition d'états disparaît et le qubit observé prend, de façon aléatoire – avec des probabilités liées aux coefficients de la fonction d'onde – la valeur « 0 » ou la valeur « 1 », comme on s'y attend pour un objet usuel.

Un élément essentiel de la théorie est la possibilité que les qubits soient intriqués. Deux qubits forment un système intriqué lorsque leurs fonctions d'onde sont liées, et ce même si les qubits sont éloignés l'un de l'autre. Que se passe-t-il lors de la mesure dans un système intriqué ? Considérons un système intriqué formé de deux qubits dont les états sont toujours opposés quand on les mesure (si l'un vaut « 0 », l'autre vaut « 1 »). Ainsi, si initialement deux qubits intriqués sont des superpositions indéterminées des états « 0 » et « 1 », et que l'on mesure l'état du premier qubit, sa fonction d'onde est réduite et l'on obtient une valeur de façon aléatoire. Instantanément, l'état de l'autre qubit prend l'état opposé, même si les qubits sont trop distants l'un de l'autre pour avoir eu le temps d'échanger une quelconque information, même à la vitesse de la lumière.

Dans son article de 2011 intitulé « On the origin of gravity and the laws of Newton », Verlinde a montré comment la fameuse seconde loi de Newton, qui décrit comment les pommes tombent des arbres et les satellites restent en orbite, peut se dériver de ces blocs de construction microscopiques sous-jacents. Dans une généralisation relativiste, il a montré que l'intrication de qubits voisins dans un réseau donne naissance à un espace-temps plat. La présence de matière perturbe la structure d'intrication et produit des défauts qui courbent l'espace-temps. La gravité émergerait ainsi et conduirait à des prédictions légèrement différentes de celles de la relativité générale. La théorie peut donc être testée.

Gravité émergente et univers sombre

Dans un article ultérieur de 2016, Erik Verlinde a développé ses idées en y ajoutant certaines considérations issues de la théorie des cordes, comme le principe holographique introduit par son tuteur et prix Nobel 1999 Gerard 't Hooft. Selon ce principe, toute l'information contenue dans l'Univers entier est inscrite sur une sphère imaginaire géante qui l'entoure (voir chapitre 10). Verlinde argumente que cette idée n'est pas tout à fait correcte. Selon lui, une partie de l'information est contenue dans l'espace lui-même. En étudiant les effets de cette information additionnelle sur la matière ordinaire, Verlinde est parvenu à une étonnante conclusion. Alors que la gravité peut être codée en utilisant l'information sur la sphère imaginaire qui enveloppe l'Univers, l'effet de cette information additionnelle dans la texture même de l'espace reproduit une forme d'énergie sombre, comme celle que l'on pense être responsable de l'accélération de l'expansion de l'Univers (chapitre 5). L'énergie sombre serait ainsi une énergie thermique associée aux intrications de qubits à grande distance. La présence de matière perturberait ces intrications, rendant inopérante l'énergie sombre dans les régions où de la matière est présente. En revanche, dans ces zones, l'énergie sombre se rétablit en exerçant une force sur la matière, qui serait équivalente à une force d'attraction gravitationnelle supplémentaire, celle que l'on attribue d'ordinaire à la matière noire non baryonique. Dans ce modèle, la matière noire ne serait donc qu'une illusion résultant de la dynamique liant l'énergie sombre et la matière baryonique ordinaire.

Verlinde a calculé que cet effet commencerait à être perceptible à l'échelle des galaxies et influerait sur la courbe de rotation des galaxies spirales, au point d'expliquer, sans avoir recours aux hypothétiques particules de matière noire exotique, pourquoi les régions externes des galaxies, dont notre propre Voie lactée, tournent beaucoup plus vite autour du centre qu'elles le feraient sous l'influence de la matière ordinaire constituée d'étoiles et de gaz interstellaire.

À première vue, la théorie de Verlinde présente des traits analogues aux théories de gravité modifiée comme la théorie MOND, introduite de façon *ad hoc* par Mordehai Milgrom en 1983 (voir chapitre 4). Toutefois, alors que MOND doit adapter les paramètres de la théorie pour s'accorder aux observations, la théorie de Verlinde repose sur des principes premiers. L'idée est donc plus séduisante. Il reste cependant beaucoup à faire, notamment mettre la théorie à l'épreuve des tests observationnels.

Une première étape semble avoir été franchie par Margot Brouwer et ses collègues de l'Université de Leyde aux Pays-Bas. Ils ont étudié trente mille galaxies qui déforment l'image des galaxies situées à l'arrière-plan par effet de lentille gravitationnelle faible, comme le prédit la relativité générale. Cet effet est habituellement interprété comme la déformation de l'espace-temps – et donc de la trajectoire des rayons lumineux émis par les sources d'arrière-plan – due à la matière noire non baryonique entourant ces galaxies.

Les chercheurs ont comparé la mesure de la masse des galaxies qui servent de lentille avec les prédictions de la théorie de gravité émergente de Verlinde sur la déformation des galaxies d'arrière-plan, et ont trouvé un bon accord entre les observations et les calculs.

Si la théorie encore en construction de Verlinde s'est avérée valable sur le plan mathématique et sur celui de l'observation des courbes de rotation des galaxies spirales, la prochaine étape consiste à construire une théorie capable de décrire l'évolution de l'Univers primordial. Actuellement, les modèles qui incorporent la matière noire prédisent correctement les variations de température observées dans le rayonnement de fond cosmologique. Ces fluctuations sont la marque des conditions qui régnaient 400 000 ans après le Big Bang. Leur spectre indique comment le plasma primordial oscillait sous l'effet de la contraction imposée par la force gravitationnelle et de la répulsion engendrée par la pression des photons.

C'est avec l'hypothèse de la matière noire que l'on décrit le mieux ces « oscillations acoustiques de baryons » mesurées par diverses expériences, notamment par le satellite *Planck*. La théorie MOND et ses variantes relativistes échouent à les reproduire. Erik Verlinde pense que sa théorie peut y parvenir, mais, à l'heure actuelle, il n'a pas développé un modèle dynamique prenant en compte l'évolution de l'Univers. Sa description restitue correctement les conditions actuelles, où la densité d'énergie du cosmos est dominée par l'énergie sombre, mais ce n'était pas le cas à l'époque de l'émission du rayonnement de fond cosmologique.

La matière noire est-elle une illusion du fait que la gravité serait émergente ? Malgré l'enthousiasme que l'idée a déclenché dans une partie de la communauté astrophysique et les coups de projecteur médiatiques sur son auteur, la question est très loin d'être tranchée.

CHAPITRE 16

La géométrie non commutative

« Un enfant de 5 ans comprendrait ça ! Allez me chercher un enfant de 5 ans ! »

Groucho MARX.

Du nombre à l'opérateur

Les approches en gravité quantique précédemment décrites mettaient en jeu soit un espace-temps de fond lisse et continu (théorie des cordes et des branes, gravité à sécurité asymptotique), soit un espace-temps de fond discontinu, discrétisé de diverses manières selon les modèles (gravité quantique à boucles, causets, triangulations dynamiques causales, gravité émergente). On peut se demander s'il n'y aurait pas une sorte de compromis entre le continu et le discontinu. La notion d'« espace flou » répond à la question, et offre peut-être aujourd'hui la voie la plus effective pour unifier gravitation et physique quantique grâce à la géométrie non commutative.

Un espace flou n'est pas un espace au sens de la géométrie ordinaire. Ce n'est ni une variété différentielle continue, ni un réseau discret où tous les points sont isolés les uns des autres. Il ne comporte pas vraiment de « points » ; le continu a disparu sans que l'on puisse proprement parler de discontinu. Mathématiquement, la meilleure façon d'exprimer ses propriétés fait appel à une « algèbre non commutative ». Pour mieux le comprendre, un petit retour en arrière sur l'histoire des mathématiques s'impose ici.

Au XVIIe siècle, René Descartes a introduit la géométrie analytique. Celle-ci permet d'associer les points dans le plan ou dans l'espace à des couples ou à des triplets de nombres, les « coordonnées », et de calculer les valeurs de « fonctions » qui assignent à chaque point un nombre, par exemple l'une de ses coordonnées, ou bien une grandeur physique. Ainsi, la fonction température associe à chaque point de l'atmosphère un nombre qui exprime, en degrés, la température en ce point. Quand la fonction prend une seule valeur numérique en chaque point, elle définit un champ scalaire. On rencontre beaucoup de ces champs en physique : les champs de pression, de température, de potentiel, de densité, etc. Un autre type de fonctions associe à chaque point de l'espace physique non plus un scalaire mais une grandeur à trois composantes, par exemple un vecteur force auquel serait soumise une particule ponctuelle placée en ce point. Les champs vectoriels sont tout aussi nombreux que les champs scalaires : les champs électriques, les champs de vitesses dans un fluide, etc.

Par définition, toutes les fonctions à valeurs numériques sont commutatives, c'est-à-dire que la multiplication de deux fonctions ne dépend pas de l'ordre dans lequel on les prend, de la même façon que la multiplication de 2 par 3 donne le même résultat que la multiplication de 3 par 2. On en vient ainsi à considérer que les fonctions sont elles-mêmes des sortes de nombres, que l'on peut additionner et multiplier comme les nombres réels.

En cherchant les solutions des équations du troisième degré, les mathématiciens italiens du XVIe siècle avaient découvert de nouveaux nombres faisant intervenir des racines carrées de nombres négatifs. Qualifiés d'« imaginaires » par Descartes, ils furent rebaptisés « nombres complexes » par Carl Friedrich Gauss. Au début du

XIXe siècle, ce dernier réussit à montrer que les nombres complexes pouvaient s'interpréter comme des points du plan, alors que les nombres réels sont associés aux points d'une droite.

Son contemporain William Rowan Hamilton chercha alors s'il existait de nouveaux nombres représentant cette fois les points de l'espace tridimensionnel. Il découvrit les « quaternions », qui présentaient toutefois une nouvelle propriété étonnante : leur produit n'était plus commutatif. Si Q_1 et Q_2 sont des quaternions, le produit $Q_1 \times Q_2$ n'est pas égal au produit $Q_2 \times Q_1$. Le même genre de propriété émergeait également de calculs développés à la même époque par Arthur Cayley sur des tableaux de nombres appelés « matrices ». Ces dernières, comme tout étudiant en mathématiques élémentaires peut aujourd'hui le constater, peuvent s'additionner ou se multiplier comme de nouveaux nombres, mais en général leur produit ne commute pas : il dépend de l'ordre dans lequel on les place.

Les recherches ultérieures ont permis de construire différents systèmes de nombres dits « hypercomplexes » comme les quaternions, les octonions ou encore les sédénions, qui peuvent être manipulés dans des calculs et des équations à la manière des nombres réels, mais qui en diffèrent par certains aspects. Pour mieux comprendre ces aspects, les mathématiciens ont forgé la notion abstraite d'algèbre, qui permet de classifier et de caractériser les différents systèmes constitués de nombres, de fonctions et plus généralement d'êtres mathématiques appelés « opérateurs ».

Un opérateur est une procédure qui associe à chaque point ou objet d'un espace de départ un autre objet appartenant à un espace d'arrivée (éventuellement, le même que l'espace de départ). Par exemple, une rotation d'un angle donné autour d'un axe donné est un opérateur de l'espace dans lui-même, qui agit sur un point, un triangle ou un vecteur pour le transformer en un autre point, triangle ou vecteur. En général, et contrairement aux fonctions, les produits d'opérateurs ne commutent pas. Ce n'est pas forcément intuitif, mais un simple dessin permet de vérifier facilement que, dans le plan ordinaire, une rotation de 30 degrés autour de l'axe des x suivie d'une rotation de 60 degrés autour de l'axe des y ne donne pas le même résultat si on inverse l'ordre dans lequel on les effectue. De fait, les entités géométriques que sont les rotations peuvent s'exprimer à l'aide des entités algébriques que sont les matrices, ce qui permet de retrouver leur propriété générale de non-commutativité.

Pour en revenir à la notion initialement introduite d'« espace flou », on peut considérer qu'elle est associée à une propriété de non-commutativité dans la mesure où ses « coordonnées » ne sont plus des fonctions mais des opérateurs. Sa formalisation mathématique en termes de la géométrie non commutative a été essentiellement développée par le Français Alain Connes[1]. Comme Riemann au XIXe siècle, il a introduit une nouvelle généralisation de la géométrie où l'on peut définir l'équivalent du calcul différentiel et intégral classique utilisé pour mesurer les longueurs, les surfaces et les volumes, et où la géométrie riemannienne usuelle n'apparaît plus que comme un cas particulier.

Il s'agit là d'un véritable changement de paradigme dans notre façon de concevoir l'espace. Particulièrement abstraite et difficile d'accès, la géométrie non commutative est peu médiatisée. L'article qui lui est consacré sur l'encyclopédie en ligne Wikipédia se réduit à quelques lignes. Aussi ne puis-je ici qu'essayer de faire comprendre intuitivement de quoi il s'agit et de résumer les conséquences que l'on peut en tirer pour la physique fondamentale[2].

---

1. Médaille Fields 1982, aujourd'hui professeur au Collège de France.
2. Je reprends quelques éléments d'un article de mon ami Dominique Lambert paru en 1997 dans la *Revue des questions scientifiques*, et d'un autre de Laurent Sacco paru en 2016 sur le site Futura-Sciences.

Géométrie et physique

> « La géométrie qu'on enseigne dans les écoles depuis les Grecs est en train de perdre son autonomie dans la hiérarchie des sciences, et d'être annexée par la physique. »
>
> Bertrand Russell.

Il est naturel de se demander si la géométrie non commutative a des applications en physique, tout comme la géométrie analytique de Descartes avait permis le développement de la mécanique classique newtonienne et de l'électromagnétisme, puis comme, plus tard, l'avènement des géométries non euclidiennes et des espaces riemanniens avait trouvé sa plus puissante application dans la théorie gravitationnelle d'Einstein.

Du point de vue mathématique, l'espace de la relativité générale est une variété riemannienne, c'est-à-dire une généralisation de la notion de surface courbe[3]. Même si la description d'une variété riemannienne est un peu plus compliquée que celle d'un espace euclidien sans courbure, l'ingrédient de base pour construire la géométrie riemannienne ou la géométrie euclidienne est le même, à savoir un espace fait de points. Les points sont des entités mathématiques délicates à manipuler car ils n'ont pas d'extension ; pourtant, leur accumulation produit des courbes, des surfaces, des volumes ou des variétés à un nombre quelconque de dimensions formant un « continuum ». On sait toutes les difficultés philosophiques et mathématiques que le continu et la divisibilité à l'infini qui en découle ont suscitées depuis l'Antiquité et les fameux paradoxes de Zénon[4].

3. Plus précisément, la relativité générale fait intervenir un espace-temps, variété pseudo-riemannienne dont la partie spatiale à trois dimensions est riemannienne.
4. Jean-Pierre Luminet, Marc Lachièze-Rey, *De l'infini*, *op. cit.*

Un problème important qui est apparu plus tard avec la notion de point est celui de singularité. Comme dit maintes fois dans ce livre, une singularité traduit l'apparition de grandeurs infinies, ou tout au moins de situations où certaines notions physiques perdent leur sens. La mécanique classique connaît bien ce genre de problème : les forces électriques ou gravitationnelles, dont l'intensité varie en $1/r^2$, deviennent infinies en $r = 0$. L'association du concept physique de charge avec le concept géométrique de point conduit donc à une singularité. En relativité générale, ce type de situation apparaît au Big Bang, où la densité de matière-énergie et la température deviennent infinies en même temps que la courbure locale de l'espace-temps. Il en va de même pour les trous noirs, qui possèdent en leur centre une singularité essentielle.

Georges Lemaître, répondant à une question qui lui avait été posée par Einstein, a été le premier à démontrer en 1933 que des déformations dans la structure géométrique de l'Univers (des anisotropies) ne parviennent pas à éliminer la singularité cosmologique initiale. Celle-ci n'est donc pas liée au fait que l'Univers se trouve dans l'état de symétrie tout à fait exceptionnel d'homogénéité et d'isotropie que nous lui connaissons grâce aux mesures du rayonnement de fond. Nous l'avons vu en détail au chapitre 2, dans les années 1965-1970, utilisant des techniques topologiques avancées, Hawking et Penrose ont démontré que, sous certaines hypothèses portant entre autres sur la positivité de l'énergie et la structure causale de l'espace-temps, celui-ci devait nécessairement comporter des singularités gravitationnelles.

Puisque les singularités, de quelque nature qu'elles soient, proviennent du fait que l'on peut admettre des grandeurs strictement ponctuelles, on peut se demander si elles ne seraient pas éliminées en abandonnant l'identification classique de l'espace-temps avec un continuum formé de points. L'idée n'est pas neuve. En 1931, Élie Cartan préconisait d'abandonner la notion de point matériel pour résoudre certains problèmes de la théorie unitaire des champs[5], sur laquelle travaillaient ardemment les physiciens théoriciens de l'époque comme Hermann Weyl, Albert Einstein ou encore Theodor Kaluza. Cartan écrivit : « Le point matériel était une abstraction mathématique dont nous avions pris l'habitude et à laquelle nous avions fini par attribuer une réalité physique. C'est encore une illusion que nous devons abandonner si la théorie unitaire du champ arrive à s'établir. »

On ne peut cependant avancer plus loin dans cette voie sans quitter le cadre de la relativité générale. Celle-ci offre une bonne description de l'Univers à grande échelle, mais certainement pas du comportement à très petite échelle des particules élémentaires. Pour cela, il faut une théorie à la structure mathématique complètement différente : la théorie quantique des champs. Son formalisme est essentiellement linéaire et se construit à partir d'un espace possédant un grand nombre de dimensions (éventuellement infini), sur lequel agissent des opérateurs représentant les quantités physiques observables.

Pour le comprendre, il faut se souvenir que la mécanique analytique classique décrit le mouvement de N points matériels, qu'il s'agisse des planètes autour du Soleil ou des électrons autour de noyaux, à l'aide de 3N coordonnées de position **X** et 3N coordonnées d'impulsion **P**. Ces coordonnées permettent de construire un espace géométrique à 6N dimensions appelé « espace des phases », qui peut être courbe comme l'est une sphère ou un tore, et dans lequel les équations de la mécanique permettent de décrire de façon très efficace les mouvements de ces points.

Dans la décennie 1920, Werner Heisenberg d'abord puis Max Born, Pascual Jordan et Wolfgang Pauli ont montré que la stabilité des atomes et l'existence de leurs raies spectrales s'expliquaient si l'on remplaçait les coordonnées classiques par des matrices, dont les produits ne commutent pas forcément. Erwin Schrödinger a

5. En l'occurrence le mariage entre la relativité générale et l'électromagnétisme, les deux interactions nucléaires forte et faible n'ayant pas encore été découvertes.

ensuite établi que ces matrices pouvaient être construites à partir d'opérateurs, dont les produits ne commutent pas toujours. Enfin en 1932, le mathématicien John von Neumann a élaboré de nouvelles algèbres d'opérateurs (qui portent son nom) et posé les fondements mathématiques de la mécanique quantique dans un ouvrage au titre éponyme. Il a démontré que les quantités physiques traditionnelles comme la position, l'impulsion ou l'énergie devaient être remplacées par des opérateurs dans ces algèbres.

La physique quantique était dès lors réductible aux mathématiques de certains opérateurs. Mais, contrairement aux fonctions qui servent à décrire les observables classiques aussi bien en mécanique newtonienne qu'en relativité générale, les opérateurs qui décrivent les observables quantiques ne commutent plus nécessairement. Le fameux principe d'incertitude de Heisenberg selon lequel on ne peut déterminer à la fois la position et la vitesse d'une particule équivaut à la non-commutativité des deux opérateurs **X** et **P** correspondants : techniquement, $\mathbf{XP} \neq \mathbf{PX}$.

En empêchant une localisation trop précise, la mécanique quantique introduit donc une sorte de « flou » dans la description de l'espace des phases, même si l'espace des positions lui-même, au sens habituel du terme, reste indemne. Vu à notre échelle macroscopique, un espace flou ressemble cependant à un espace ordinaire. Dans la vie de tous les jours, tant qu'on n'exige pas une précision trop importante, la nature quantique du monde n'est en effet guère apparente, la différence ne se manifestant qu'aux très petites échelles.

Les résultats de mesures que l'on peut obtenir dans une expérience mettant en jeu les grandeurs quantiques observables sont les valeurs propres des opérateurs correspondants, valeurs qui forment un ensemble de nombres généralement discontinu. La mécanique quantique introduit ainsi des quantités discrètes pour des grandeurs qui étaient continues en physique classique. Heisenberg avait suggéré dès les années 1930 que la théorie impliquait peut-être une structure discontinue de l'espace lui-même, associée à une longueur minimale. L'espace serait alors une sorte de cristal ne nous apparaissant continu qu'à grande échelle. Mais, comme je l'ai déjà mentionné dans les chapitres traitant de la gravité quantique à boucles (chapitre 8), des causets (chapitre 12) et de la gravité émergente (chapitre 15), introduire directement une structure discrète de l'espace viole l'invariance de Lorentz et entre en conflit avec la relativité restreinte.

En 1947, le physicien Hartland Snyder, bien connu pour ses travaux pionniers sur la physique des trous noirs avec Robert Oppenheimer, a montré que le problème pouvait être surmonté en introduisant des coordonnées d'espace-temps décrites par des opérateurs satisfaisant à une algèbre non commutative et à une relation d'incertitude similaire à celle à laquelle obéissent les coordonnées **X** et **P** de la mécanique quantique. Il pensait de cette façon introduire une longueur minimale pour l'espace-temps, capable de résoudre les problèmes de divergences rencontrées à l'époque en électrodynamique quantique. Ces divergences sont liées au fait que des énergies de plus en plus élevées sondent des distances de plus en plus courtes, et tendent vers l'infini lorsque la distance s'annule en un point. Une distance minimale agit donc comme une coupure pour les valeurs hautes des énergies et permet, en principe, de régulariser les divergences. Mais ce programme n'a pas abouti à l'époque, et c'est une autre solution, la renormalisation maintes fois mentionnée dans les chapitres précédents, qui a été mise en pratique pour résoudre le problème des divergences en théorie quantique des champs.

Si maintenant nous voulons une théorie unifiée de l'Univers, nous devons relier la relativité générale à la théorie quantique des champs. Cependant, la quantification de la gravitation fait à son tour apparaître des grandeurs physiques qui prennent des valeurs infinies, que l'on ne peut pas éliminer par les procédures standards de la renormalisation. Pour éliminer ces divergences ainsi que les singularités gravitationnelles, on peut, comme Cartan, renoncer à la notion de point matériel, ou comme Snyder introduire une longueur minimale pour l'espace-temps. J'ai résumé dans ce livre une demi-douzaine de tentatives diverses faites dans ce sens, mais à l'heure actuelle il n'existe toujours pas de théorie de gravitation quantique tout à fait satisfaisante – le lecteur parvenu jusqu'ici l'aura sans doute compris !

À bien y réfléchir, si l'on veut élaborer une théorie où la gravitation obéit aux lois quantiques, les relations d'incertitude de Heisenberg doivent être appliquées à la gravitation, autrement dit, la courbure de l'espace en un point ne peut plus être complètement déterminée. Dès lors que l'on mesure une coordonnée en un point de l'espace-temps, on modifie la courbure, donc les autres coordonnées. Ainsi, si l'on mesure les coordonnées d'un objet dans un certain ordre, par exemple x, y, z, et qu'ensuite on les mesure dans un ordre différent comme z, x, y, on n'obtient pas le même résultat : la mesure des coordonnées ne commute pas. Pour décrire cet état de fait, on en revient donc à la géométrie non commutative et à ses opérateurs.

Nous sommes aujourd'hui à l'aube d'un changement important en physique théorique. Ce changement, dont la justification avait été pressentie, entre autres, par Cartan, Lemaître et Snyder, a été amorcé grâce aux travaux d'Alain Connes. Il s'agit de remplacer la géométrie usuelle servant de base à toutes les théories physiques basées sur le concept d'espace-temps (géométrie où les coordonnées spatio-temporelles commutent entre elles) par une géométrie non commutative, fournissant un cadre englobant objets à la fois géométriques continus et discrets. Sa description ne peut plus se faire au moyen de techniques classiques, mais on peut y généraliser les outils de la géométrie différentielle, de la topologie et de la théorie de la mesure.

Le modèle standard non commutatif

Alain Connes et ses collaborateurs ont entrepris de reconstruire l'ensemble de la physique fondamentale dans le cadre de la géométrie non commutative. Le « modèle standard non commutatif » a été élaboré en trois étapes, non encore achevées.

Dans la première, Connes a montré avec le physicien américain John Lott qu'à partir des équations de la géométrie non commutative il était possible d'engendrer automatiquement le champ de Brout-Englert-Higgs (en abrégé BEH) et le mécanisme de brisure de symétrie qui donne une masse aux bosons du modèle électrofaible, alors que, dans le modèle standard des particules (chapitre 3), on est obligé de les postuler et de les introduire « à la main ».

L'idée que le champ BEH puisse s'interpréter de manière géométrique pour peu qu'on élargisse la notion de géométrie à un cadre non commutatif était déjà dans l'air, mais il revient à Connes d'avoir incorporé cette idée de manière systématique dans une théorie mathématique plus vaste et d'avoir su l'appliquer explicitement au cas du modèle standard des particules. Ce dernier contient, en plus du champ BEH, des champs de jauge décrivant à l'aide des équations de Yang-Mills les interactions électromagnétique, forte et faible, ainsi que le mécanisme d'oscillation des neutrinos qui permet d'incorporer des neutrinos massifs, et les divers couplages entre les champs de matière et le champ BEH. En utilisant les outils qui permettent de construire l'analogue non commutatif de la géométrie courbe de Riemann, Connes a montré que tous ces aspects complexes du modèle standard des particules émergeaient quasi miraculeusement de sa nouvelle géométrie.

Derrière cette reconstruction se trouve une théorie qui ressemble à celle que le physicien autrichien Theodor Kaluza et le Suédois Oscar Klein avaient développée dans les années 1920 pour unifier la gravitation et l'électromagnétisme. Dans leur modèle, la description de l'électromagnétisme nécessitait l'introduction d'une cinquième dimension. Cette dernière n'était toutefois pas « orthogonale » à notre espace-temps quadridimensionnel. Les quatre cosinus directeurs des « angles » fait par la cinquième dimension avec nos dimensions usuelles dépendaient du point de l'espace-temps, et formaient les quatre composantes du potentiel-vecteur du champ électromagnétique. Du point de vue de cette théorie, les particules chargées se mouvaient dans un espace-temps pentadimensionnel, tandis que nous, êtres humains, ne percevions que la projection de ce mouvement dans l'espace-temps quadridimensionnel. Cela peut être illustré par l'analogie avec le mouvement de l'ombre d'un avion à la surface de la Terre. Le mouvement de l'ombre dépend non seulement de la trajectoire de l'avion, mais aussi de la position du Soleil dans le ciel. Donc, même si la trajectoire de l'avion est rectiligne, le mouvement de son ombre ne l'est pas. Il en allait de même dans la théorie de Kaluza-Klein : la projection du mouvement varie selon les points de l'espace-temps, et l'« ombre » de la charge ne se meut pas selon une ligne droite. Cette déviation géodésique était interprétée comme un effet des forces électriques et magnétiques. Le modèle de Kaluza-Klein, abandonné pour l'électromagnétisme, a été repris et généralisé dans les théories modernes de la physique des particules, en particulier dans la théorie des supercordes, où, comme nous l'avons vu au chapitre 9, le nombre de dimensions supplémentaires atteint six ou même davantage. Ces dimensions supplémentaires sont différentes des dimensions spatiales usuelles en ce sens qu'elles sont compactifiées, c'est-à-dire qu'elles prennent la forme d'un cercle dans le plan, d'un rayon de courbure pouvant être aussi petit que 10^{-33} centimètre.

Pour en revenir à la reconstruction du modèle standard des particules dans le cadre de la géométrie non commutative, elle diffère du modèle de Kaluza-Klein dans le sens où, au lieu d'ajouter en chaque point de l'espace-temps une dimension spatiale supplémentaire continue, par exemple un cercle, on considère qu'il existe en réalité deux points formant un ensemble discret. Ces points sont d'une certaine manière éloignés, mais il n'existe pas d'espace entre les deux. On retrouve ici l'idée d'« espace flou ». Cet ensemble de points est décrit par une algèbre qui implique la présence d'une géométrie non commutative modifiant les champs de Yang-Mills, de sorte que le champ BEH apparaît comme une manifestation naturelle de ces champs.

Dans une deuxième étape, en autorisant l'espace courbe de Riemann à posséder en chaque point une structure additionnelle non commutative, Alain Connes et son collègue libanais Ali Chamseddine ont montré que le modèle standard des particules pouvait être engendré de manière identique à la gravitation. Techniquement parlant, il existe une formule d'« action » universelle qui, appliquée uniquement à la partie commutative de la géométrie, donne les équations de la relativité générale avec en sus des termes de type « gravité conforme de Weyl ». Mais, appliquée à la partie non commutative, elle donne en plus les équations du modèle standard des particules, y compris celles du champ BEH.

Dès 1918, Hermann Weyl avait été le premier à tenter d'étendre la géométrie riemannienne de façon à incorporer l'électromagnétisme et la gravitation dans un formalisme unifié. Il avait utilisé pour ce faire des connexions non métriques dites « conformes », sa motivation physique prolongeant le vœu exprimé en 1915 par son mentor David Hilbert : traiter *toutes* les forces de la Nature (et pas seulement la gravitation) comme des manifestations de la structure géométrique d'un espace-temps généralisé. En 1924, Alexandre Friedmann a publié un livre de vulgarisation sur la relativité générale « à l'usage des philosophes », intitulé *L'Univers comme espace et temps*[6]. Le découvreur des premiers modèles cosmologiques dynamiques y accorde une place privilégiée à l'approche de Weyl. Tout en reconnaissant que la théorie n'était en aucune façon prouvée par l'expérience, le physicien russe laisse transparaître une certaine

6. Pour une traduction française et une analyse, voir Jean-Pierre Luminet, *Alexandre Friedmann et Georges Lemaître. Essais de cosmologie*, Seuil, « Sources du savoir », 1997.

préférence pour cette approche par rapport à celle d'Einstein, plus modeste car purement gravitationnelle. La théorie de Weyl s'est avérée plus tard un échec sous sa forme originelle. Néanmoins elle était belle, et, par son aspect mathématique, elle a joué un rôle essentiel dans l'élaboration ultérieure des théories de jauge modernes, à la base du modèle standard des particules.

On entrevoit ici combien l'application de la géométrie non commutative à la physique de l'espace-temps rassemble comme cas particuliers toutes les tentatives passées de théorie unitaire : abandon du point selon Cartan, abandon de la commutativité des coordonnées selon Snyder, ajout de connexions non métriques selon Weyl, avatars de dimensions supplémentaires selon Kaluza-Klein, etc.

Le modèle standard non commutatif n'implique toutefois pas l'introduction d'un espace-temps à plus de quatre dimensions comme dans les théories de Kaluza-Klein pour expliquer les groupes de jauge. Il décrit juste d'une autre façon les points de l'espace-temps et l'algèbre des fonctions qui peuvent exister en chaque point de cet espace-temps. Tout se passe comme si en chaque « point » de l'espace non commutatif on avait deux feuillets d'espace-temps à quatre dimensions. Dans le langage que les mathématiciens utilisaient pour décrire la géométrie des espaces-temps de Kaluza-Klein, ce nouvel espace est le produit $\mathbf{M} \times \mathbf{F}$ d'un espace riemannien $\mathbf{M}$ continu et décrit par une géométrie commutative par, en chacun de ses points, un espace supplémentaire $\mathbf{F}$ fini et discrétisé, décrit par une géométrie non commutative.

Cela présente d'ailleurs plusieurs avantages par rapport aux modèles de Kaluza-Klein et à ceux issus de la théorie des cordes. Avec eux, on ne sait pas expliquer ce qui fixe la taille des dimensions supplémentaires ni la façon dont elles sont compactifiées, par exemple sous forme d'hypersphères ou d'hypertores. Ils n'expliquent pas non plus comment ces dimensions supplémentaires sont apparemment stables, et non en train de s'effondrer à la façon des étoiles donnant des trous noirs, ou au contraire en train de se dilater comme les trois dimensions de l'espace usuel. Par construction, la géométrie non commutative élimine ces problèmes.

La dernière étape enfin, en cours d'élaboration, consiste à étudier les implications de la géométrie non commutative pour la quantification de la gravitation et la cosmologie primordiale.

En dehors du régime pur de gravitation quantique, le modèle de géométrie quasi commutative de Connes et Chamseddine a été appliqué à la cosmologie primordiale par Matilde Marcolli[7], au California Institute of Technology et au Perimeter Institute de Toronto, ou encore Mairi Sakellariadou à l'Université de Londres. Comme la théorie de la gravitation d'Einstein est légèrement modifiée en raison de termes supplémentaires de type gravité conforme de Weyl, les chercheurs en ont tiré des implications concernant la théorie de l'inflation. Cette brève phase de dilatation exponentielle du jeune Univers, sujette à controverse (voir chapitre 6), semble devoir se produire dans le cadre de la géométrie non commutative, mais sans présenter les inconvénients du modèle habituel : il n'y aurait plus besoin d'introduire des champs d'énergie *ad hoc* et arbitraires ; il s'agirait d'une conséquence naturelle du couplage entre la géométrie et le champ de Brout-Englert-Higgs.

Mais, surtout, Connes et ses collègues explorent l'idée que, dans une phase très primitive de l'Univers, la *totalité* de l'espace-temps puisse être décrite par une algèbre non commutative. La partie de l'espace-temps que nous percevons aujourd'hui, décrite par une géométrie commutative sur un espace riemannien, ne serait née qu'après que le jeune cosmos s'est refroidi lors d'une transition de phase, analogue à celle faisant passer un gaz à l'état liquide. On retrouve l'idée que l'espace et le temps sont peut-être des concepts dont la pertinence n'apparaît qu'à un certain moment de l'histoire cosmologique. Dans son *Hypothèse de l'atome primitif* de 1948, Georges Lemaître n'attribuait de sens à l'espace et au temps qu'après

7. À qui l'on doit aussi un beau livre sur l'art et la science, *Lumen Naturae*, Springer, 2017.

la désintégration initiale de son « atome primitif ». Avant cette désintégration, l'Univers était condensé dans un seul quantum non descriptible en termes d'espace-temps.

Par ailleurs, en plein régime de gravitation quantique, donc entièrement non commutatif, l'espace-temps pourrait se réduire à une collection discrète de volumes de la taille de Planck. On retrouve alors une description similaire à la géométrie utilisée dans le cadre de la gravitation quantique à boucles, notamment lorsqu'on l'applique à la surface des trous noirs et à la résolution du paradoxe de l'information.

Pour conclure ce chapitre un peu ardu, j'invite le lecteur soucieux d'aller plus loin à suivre cette recommandation de Carl Friedrich Gauss, sans qui les mathématiques ne seraient pas devenues ce fabuleux et très sophistiqué outil pour décrire le monde : « Les charmes enchanteurs de la mathématique ne se décèlent dans toute leur beauté qu'à ceux qui ont le courage de l'approfondir. »

ÉPILOGUE

Un avant Big Bang ?

« Celui qui pose cette question : “Avant le commencement du temps, y a-t-il eu quelque chose ?” alors que le mot avant implique l’idée de temps, fait exactement comme s’il demandait : “Dans le temps qui a précédé le commencement du temps, quelque chose a-t-il existé ?”. »

Guillaume D’AUVERGNE, *De Universo* (XIIIe siècle).

On considère généralement le Big Bang comme le début de toute chose, et l’on s’interdit de penser à ce qui a pu se passer avant. Si l’on s’en tient en effet à la relativité générale classique et aux solutions cosmologiques de Friedmann-Lemaître utilisées dans le modèle standard, la question d’un « avant Big Bang » n’a tout simplement pas de sens. Dans cette théorie, le Big Bang implique que le temps lui-même a commencé simultanément avec l’espace, la matière et l’énergie voilà 13,8 milliards d’années.

Jusqu’au début de ce siècle, la question, fréquemment posée dans les conférences de vulgarisation sur le Big Bang, embarrassait l’orateur. Il devait généralement rétorquer qu’imaginer une époque antérieure au Big Bang revient à chercher un instant avant que le temps lui-même n'existe. Cette réponse ne satisfaisait évidemment personne. Pour ma part, je me référais plaisamment à la question similaire posée jadis à saint Augustin (bien que dans un autre contexte) : « Que faisait Dieu avant la création du monde ? », et dont la réponse, sans doute apocryphe, aurait été : « Il préparait l'Enfer pour ceux qui posent la question ! »

Cette façon de voir s'est heureusement modifiée. D'une part les cosmologistes modernes ne craignent plus l'enfer, d'autre part ils tentent de trouver des solutions qui viendraient de la physique quantique. De la même façon que la théorie quantique avait résolu le problème de la singularité du modèle planétaire d'atome de Rutherford, pourquoi, en l'incorporant dans la relativité générale, n'éliminerait-elle pas aussi la singularité marquant le début du temps ? Les singularités embarrassent les physiciens parce qu'elles sont associées à des valeurs infinies de grandeurs physiques ou géométriques, comme la température, la densité d'énergie ou la courbure de l'espace.

Dès les débuts de la cosmologie relativiste et le premier modèle d'« atome primitif » élaboré par Georges Lemaître en 1931, on soupçonnait que le scénario classique cessait d'être correct lorsque le très jeune Univers était soumis aux lois de la physique quantique. Mais, pendant des décennies, les chercheurs n'ont eu rien d'autre à proposer. Ce n'est qu'à partir des années 1990 qu'ils ont entrevu comment les approches en gravitation quantique pouvaient faire disparaître la singularité originelle. C'est même devenu, pour certaines d'entre elles mais pas toutes, l'un de leurs objectifs principaux. Rien n'empêche dès lors d'imaginer que l'Univers ait pu exister avant le Big Bang, ce dernier n'étant plus une singularité, mais une transition violente entre deux états différents de l'Univers.

La volonté de prendre en compte ce qui pourrait s'être passé « avant l'origine » n'est que le dernier en date des revirements intellectuels qui se sont succédé durant des millénaires. Les philosophes et théologiens de toutes les cultures et de toutes les religions ont été confrontés à la question du commencement du temps. Notre arbre généalogique remonte-t-il éternellement dans le passé, ou prend-il racine à un moment donné ? Aristote défendait l'absence de commencement en invoquant le principe selon lequel rien ne peut surgir de rien : si l'Univers ne peut naître *ex nihilo*, il doit avoir toujours existé, et le temps doit s'étendre indéfiniment dans le passé comme dans le futur.

Les théologiens chrétiens ont défendu le point de vue inverse. Selon eux, Dieu, existant en dehors de l'espace et du temps, les a créés en même temps que les autres aspects du monde. Que faisait-il avant ? Il n'y avait tout simplement pas d'avant… La théorie de la relativité générale a conduit les cosmologistes à une conclusion semblable, bien que fondée sur des arguments autrement rationnels, à savoir que l'extrapolation dans le passé des modèles de Friedmann-Lemaître bute inéluctablement sur un temps zéro.

Les théories de gravitation quantique donneraient plutôt raison à Aristote en faisant disparaître la singularité. Malheureusement, elles ne permettent pas de résoudre de façon fiable les équations décrivant l'Univers aux abords immédiats du Big Bang. Par exemple, les calculs en théorie des cordes ne sont possibles qu'à basse énergie, c'est-à-dire lorsque les cordes n'interagissent que faiblement entre elles. Or c'est précisément au Big Bang que les cordes sont extrêmement enchevêtrées et interagissent de la façon la plus forte… Les mêmes difficultés se rencontrent dans les autres théories.

Malgré tout, divers modèles au-delà de la relativité générale se risquent à décrire certains aspects d'un « avant Big Bang ».

L'Univers pré-Big Bang

J'ai mentionné à la fin du chapitre 6 les « cosmologies à rebond », qui au demeurant ne s'inscrivent pas forcément dans le cadre de la gravitation quantique. Il en va de même pour la théorie d'Einstein-Cartan, fondée sur une géométrie avec torsion qui fait que les théorèmes classiques de Hawking-Penrose sur l'occurrence inévitable de singularités ne s'appliquent plus. De fait, la torsion permet aux particules fermioniques d'être spatialement étendues et non pas ponctuelles, ce qui évite la formation de singularités en les remplaçant par un rebond.

Rappelons-nous aussi (chapitre 8) que la théorie de la gravitation quantique à boucles, en postulant des valeurs maximales finies pour la courbure et les quantités physiques associées, remplace également la singularité du Big Bang par un grand rebond, avant lequel l'Univers préexistait et subissait une contraction rapide.

La théorie des cordes est quant à elle tellement flexible qu'elle admet plusieurs « scénarios » d'avant Big Bang. Le premier a été proposé en 1992 par Gabriele Veneziano et Maurizio Gasperini. Leur approche exploite l'une des propriétés les plus déconcertantes de la théorie des cordes appelée « dualité » : on peut caractériser l'état énergétique dans lequel se trouve l'Univers à un moment donné en fonction de sa taille de deux façons différentes, mais reliées l'une à l'autre par une symétrie particulière, la dualité. Du point de vue énergétique, un univers R fois plus grand que l'échelle de Planck (10^{-33} centimètre) est indiscernable d'un univers 1/R fois plus petit. Il n'y a dès lors plus d'obstacle à admettre que l'Univers ait pu être de plus en plus petit au fur et à mesure que l'on recule dans le temps, et à extrapoler au-delà du Big Bang. Il ne devient pas de plus en plus chaud ni de plus en plus dense : la dualité assure au contraire qu'on peut le décrire comme un univers de plus en plus grand et de plus en plus froid. En conséquence, l'Univers d'avant Big Bang serait une image miroir de l'univers postérieur.

Reprenons dans ce contexte son histoire dans un temps passé très antérieur aux 14 milliards d'années de notre Big Bang traditionnel, disons 50 milliards. L'Univers est une vaste étendue glacée presque vide, parcourue par quelques champs d'énergie. Ces champs fluctuent dans des proportions diverses en vertu du principe d'incertitude quantique ; avec le temps, les forces d'interaction gagnent en intensité dans certaines régions, et la matière commence à s'agréger, s'accumulant aux dépens des zones voisines. Ces grumeaux se trouvent soudain portés au-delà d'un point de non-retour et s'engagent dans un processus irréversible d'effondrement : des trous noirs se forment. La matière piégée à l'intérieur s'isole, l'Univers s'est scindé en morceaux déconnectés. Au sein de chaque trou noir, la densité de matière devient toujours plus élevée. L'espace s'écroule subitement sur lui-même en une « déflation » (image miroir de l'inflation), accompagnée d'une fulgurante montée de la température. Toute l'énergie se trouve concentrée en un volume microscopique. Lorsque la densité, la température et la courbure atteignent les valeurs maximales permises par la théorie des cordes, ces quantités « rebondissent » et commencent à décroître. Le Big Bang n'est autre que le moment où se produit ce renversement. À partir de là, l'histoire devient celle de l'expansion décrite par la cosmologie standard.

Au chapitre 9, j'ai évoqué un tout autre scénario issu d'une extension de la théorie des cordes : le modèle ekpyrotique. Rappelant le modèle de l'éternel retour prôné par les philosophes stoïciens de l'Antiquité, il propose un cycle sans fin d'embrasements de l'Univers suivis de développements à l'identique de nouveaux univers. Le Big Bang serait un échange d'énergie monumental qui se produirait lorsque deux branes tridimensionnelles entrent en contact. Notre 3-brane univers, flottant dans le superunivers constitué de dimensions supplémentaires, aurait déjà subi plus d'un Big Bang, et cet événement se renouvellerait.

Si séduisants soient-ils, tous ces modèles évoquent davantage des spéculations métaphysiques que des théories physiques, car ils ne reposent sur aucun calcul fiable. Les cosmologistes cherchent néanmoins des conséquences observables qui permettraient de trancher entre eux. De l'univers antérieur pourraient subsister des ondes gravitationnelles, dont la répartition en hautes et basses fréquences différerait selon les modèles. Les observations des détecteurs gravitationnels Virgo et LIGO au sol et du futur LISA dans l'espace pourraient aider à les départager, même si l'on n'y croit guère.

Il semble en tout cas que, quelle que soit l'approche utilisée pour tenter d'unifier la relativité générale et la physique quantique, le Big Bang *stricto sensu* soit éliminé en tant que singularité, et que soit retrouvée l'éternité du temps passé, éliminant ainsi la problématique notion théologique de « cause première ».

La cosmologie conforme cyclique de Penrose

> « Les recherches insensées sont parentes de découvertes imprévues. »
>
> Paul VALÉRY,
> au sujet du *Eureka* d'Edgar Poe.

Je finirai cet ouvrage avec la théorie cosmologique sans doute la plus extravagante de toutes celles que j'ai exposées ici[1]. Je vais lui consacrer de façon exceptionnelle quelques pages, non pas parce que j'y crois, mais parce qu'elle émane de l'un des esprits les plus puissants que j'aie jamais rencontrés et qui montre encore aujourd'hui, à l'âge de 88 ans, une exceptionnelle créativité ; je veux parler de Roger Penrose, plusieurs fois mentionné dans les divers chapitres de ce livre.

Sir Roger Penrose[2] a profondément contribué au renouveau de la relativité générale pendant les années 1960 et 1970, en faisant usage des concepts et méthodes de la géométrie algébrique et de la topologie différentielle. On lui doit le premier théorème sur les singularités concernant la physique des trous noirs, et, en collaboration

---

1. Dans cette section, je suis en partie les présentations faites par Laurent Sacco sur le site Futura-Sciences.
2. En 1994, il a été anobli par la reine d'Angleterre pour services rendus à la science. Pareil honneur à l'égard d'un scientifique n'arrive jamais en France !

avec Stephen Hawking, il a démontré le second théorème relatif cette fois à la cosmologie relativiste.

Mais il a bien d'autres cordes à son arc. En 1958, discutant avec son père de psychologue et griffonnant de petits dessins sur une feuille de papier, le jeune Roger a trouvé un motif étrange ressemblant à première vue à un triangle, mais cependant impossible à construire dans l'espace normal tridimensionnel. Après avoir publié un article dans un journal de psychologie décrivant son « triangle de Penrose » et quelques autres figures impossibles du même type, il a été contacté en retour par l'artiste néerlandais Maurits Cornelis Escher : ce dernier dessinait depuis longtemps des figures impossibles sans savoir qu'il s'agissait de choses mathématiques nouvelles et étonnantes. À la suite de fructueux échanges mutuels, Escher s'est inspiré des travaux de Penrose dans ses deux célèbres estampes intitulées *Chute d'eau*, qui utilise le triangle de Penrose, et *Montée et descente*, qui montre un escalier impossible que l'on peut monter et descendre indéfiniment, tout en restant sur le même plan[3].

Penrose est également célèbre pour sa découverte en 1974 de pavages constitués de deux formes (par exemple des pentagones et des losanges), ayant la propriété de couvrir intégralement un plan de manière non périodique. Cela ne semblait qu'un joli divertissement mathématique jusqu'à la découverte, en 1984, des quasi-cristaux, étranges matériaux présentant une structure fortement ordonnée comme celle des cristaux, mais non périodique. Dans les années 1990, lors d'un dîner chez notre ami commun Brandon Carter (dont Penrose avait été le mentor quinze ans avant que Carter devienne à son tour mon propre directeur de thèse !), j'ai eu l'occasion de discuter avec lui sur sa collaboration avec Escher, les pavages non périodiques et plus généralement les relations entre la science, l'art et la géométrie. Penrose m'avait montré des diapositives de certains pavages non périodiques qu'il avait brevetés et qui sont aujourd'hui

---

3. Voir le chapitre intitulé « Espaces parallèles en science et dans les arts visuels » dans mon ouvrage *Illuminations, op. cit.*

utilisés par des entreprises de carrelage, ajoutant avec un humour tout britannique que finalement on pouvait gagner de l'argent avec des découvertes mathématiques, ce qui est plutôt rare !

Adepte de la conception platonicienne des mathématiques en vertu de laquelle la beauté et l'élégance des lois seraient signes de vérité, Roger Penrose s'est aussi interrogé sur les connexions entre la conscience humaine et les lois de la physique. Il pense (et je partage cette opinion) que les ordinateurs fonctionnent comme des machines de Turing en termes d'algorithmes, et sont fondamentalement incapables de modéliser l'intelligence et la conscience, qui ne sont qu'en partie algorithmiques. Penrose n'exclut pas la possibilité d'une intelligence artificielle fondée sur des processus quantiques, car, selon lui, ce sont des processus quantiques, et notamment la réduction du paquet d'ondes (qui est fondamentalement indéterministe), qui entrent en jeu dans le phénomène de la conscience. Il a ainsi proposé des solutions biologiques permettant à des phénomènes de superposition quantique de prendre place dans le cerveau, ce qui a fait hurler tous les chercheurs en sciences cognitives – c'est le prix à payer pour l'originalité !

Mais venons-en à la cosmologie qui nous occupe ici, et ce qui précède n'était pas superflu car nous verrons que tout est lié dans l'esprit de Penrose. Il s'est bien évidemment attaqué au formidable problème que constitue l'unification des concepts de la physique quantique avec ceux de la physique relativiste. Il a pour cela proposé en 1967 sa théorie des « twisteurs » et, en 1971, celle des réseaux de spins. La première a été intensivement appliquée à la théorie des cordes dans le cadre de la correspondance AdS/CFT (chapitre 10), la seconde est à la base de la gravitation quantique à boucles (chapitre 8). Nous l'avons vu, ces deux théories sont des candidates sérieuses au titre de théorie quantique de la gravitation et pourraient résoudre la question : « Qu'y avait-il avant le Big Bang ? »

Penrose ne cache pas qu'il ne croit pas beaucoup à la théorie des cordes et à ses dimensions spatiales supplémentaires. Il ne se satisfait pas non plus de la théorie de l'inflation. Si cette dernière a effectivement passé victorieusement plusieurs tests grâce aux mesures du rayonnement fossile effectuées par les télescopes *WMAP* et *Planck*, elle n'est aucunement démontrée et à ce titre elle ne devrait pas faire partie du modèle standard de la cosmologie, malgré le souhait des nombreux physiciens qui l'ont promue. Penrose a toujours trouvé fallacieuses les solutions apportées par la théorie de l'inflation aux problèmes, vrais ou faux, du modèle cosmologique standard, notamment parce qu'elle ne résout pas l'énigme de l'état initial très particulier de l'Univers, en lien avec le second principe de la thermodynamique.

La question du statut du second principe de la thermodynamique en cosmologie relativiste est ancienne. Elle remonte aux travaux du physicien américain Richard Tolman, fondés sur les premiers modèles d'univers dynamiques découverts en 1922 par Alexandre Friedmann.

Normalement, le modèle « fermé » de Friedmann commence et s'achève dans une singularité, mais son auteur avait suggéré la possibilité d'une solution cycloïdale dans laquelle l'univers fermé se dilate et se contracte successivement un grand nombre de fois. Si l'on accepte certaines équations d'état « exotiques » de la matière, on obtient effectivement une solution où le rayon de l'espace oscille entre une valeur minimale (état de compression maximale) et une valeur maximale (état de compression minimale).

À la fin de son ouvrage ultime de 1924 déjà cité, *L'Univers comme espace et temps*, Friedmann présente, bien que de façon fort brève, les solutions d'« univers variables » qu'il avait découvertes et publiées sous forme technique deux ans auparavant. Il écrit notamment : « Le type d'univers variable engendre une famille beaucoup plus générale de modèles : dans certains cas, le rayon de courbure de l'Univers part d'une certaine valeur et augmente constamment au cours du temps ; dans d'autres cas, le rayon de courbure varie de façon périodique, l'Univers se contractant en un point de volume nul, puis, à partir de ce point, augmente de rayon jusqu'à une certaine valeur maximale, puis diminue à nouveau pour redevenir un point, et ainsi de suite. » Et le cosmologiste russe ajoute que « cela n'est pas sans rappeler certaines conceptions mythologiques des hindous relatives aux “cycles d'existence” ».

Les concepts d'univers cycliques ou oscillatoires sont assez fréquents dans diverses mythologies. Chez les Hindous, chaque cycle d'univers est un « kalpa » ou « jour de Brahmâ », qui dure 4 320 millions d'années. Vishnu, qui contrôle l'Univers, a une vie de cent « années cosmiques », chacune contenant 360 kalpas. Après 36 000 cycles correspondant à environ 150 trillions d'années terrestres, le monde arrive à sa fin et seul survit l'Esprit. Après une période de temps indéterminée, un nouveau monde et un nouveau Vishnu émergent, et le cycle reprend. À noter que la durée du jour de Brahmâ est très proche de l'âge attribué à notre planète et au Système solaire (4,56 milliards d'années), et du même ordre de grandeur que l'âge de l'Univers dans la cosmologie moderne !

Cette étrange réminiscence de la cosmologie hindouiste chez Alexandre Friedmann ne tenait cependant pas compte du second principe de la thermodynamique. Au début des années 1930, Richard Tolman s'est intéressé au modèle cyclique de Friedmann, l'Univers passant par des phases successives de contraction et d'expansion, et cela de toute éternité, sans commencement ni fin[4]. Selon Tolman, les singularités initiale et finale devaient être remplacées par des configurations d'univers très petites et très denses, du type de « l'atome primitif » que Lemaître venait de proposer. Toutefois, ses travaux le conduisirent à montrer en 1934 que l'idée devait échouer à cause du second principe de la thermodynamique. Celui-ci établit que l'entropie d'un système fermé – ce qui est le cas de l'univers clos – ne peut qu'augmenter au cours du temps. D'après les calculs de Tolman, chaque début d'un nouveau cycle d'univers devait donc s'accompagner d'un accroissement de l'entropie de la matière et du rayonnement qu'il contenait précédemment. Or l'entropie de notre Univers actuel est finie et finalement assez faible, ce qui ne cadre pas avec l'hypothèse d'un nombre très grand, voire infini, de cycles antérieurs au nôtre.

---

4. Ce type de solution avait été joliment baptisé « univers-phénix » par Georges Lemaître en 1933.

On sait aujourd'hui que l'Univers est en expansion accélérée du fait de son contenu prédominant en énergie sombre répulsive. Il semble que sa géométrie soit très proche d'être euclidienne, même si les dernières analyses du télescope *Planck* tendent à favoriser un espace de courbure légèrement positive. Dans tous les cas, si l'énergie sombre est bien décrite par une constante cosmologique ou un champ variable de quintessence la gardant toujours répulsive, notre Univers poursuivra son expansion accélérée pour l'éternité. Cela ferme apparemment la porte à un univers cyclique. Notre Univers n'aurait qu'une seule vie, certes éternelle mais vouée inexorablement à la décrépitude, toutes les structures complexes dans notre Univers étant amenées à disparaître une fois épuisées les sources d'énergie présentes dans les étoiles et sous d'autres formes.

Roger Penrose rejette cette idée. La théorie qu'il propose depuis 2010 s'appelle la cosmologie conforme cyclique (en abrégé CCC) et, selon l'expression bien connue de Niels Bohr, elle est suffisamment folle pour être peut-être exacte !

Pour comprendre la CCC, faisons au préalable un petit détour par la notion de transformation conforme, terme qui en géométrie s'applique généralement à une transformation qui conserve les angles au lieu de conserver les longueurs (ce qui est le cas des translations ou des rotations, qui ne sont donc pas conformes). Dans les années 1960, Penrose avait déjà montré comment des diagrammes d'un espace-temps infini, décrivant tous les événements de l'Univers à une date donnée, pouvaient, à l'aide d'une transformation conforme, être mis en correspondance exacte avec un simple carré de taille finie. À sa suite, Brandon Carter avait utilisé cette technique pour la description complète des trous noirs. Les diagrammes de Penrose-Carter permettent ainsi de représenter très efficacement, sur une feuille, les propriétés causales d'un trou noir ou d'un modèle cosmologique, y compris leurs éventuels infinis temporel et spatial[5].

5. Voir le chapitre intitulé « Jeux de cartes » dans mon ouvrage *Le Destin de l'Univers, op. cit.*

A *priori*, il s'agit là d'une astuce mathématique pour représenter de façon finie des propriétés de l'espace-temps qui se déroulent à l'infini. Déjà à la fin du XIXe siècle, Henri Poincaré avait conçu une représentation conforme du plan hyperbolique infini sous forme d'un disque fini à l'intérieur duquel s'inscrit la totalité de l'espace hyperbolique. Maurits Cornelis Escher, encore lui, avait réalisé à la fin des années 1950 une série d'estampes intitulées *Limite circulaire*, dans lesquelles il utilisait la représentation conforme de Poincaré.

Avec son modèle de cosmologie conforme cyclique, Roger Penrose s'est mis à jouer de façon similaire avec les équations de la relativité générale, mais, au lieu de considérer les transformations conformes comme un outil mathématique à vocation pédagogique ou artistique, il s'est convaincu que l'équivalence conforme entre un état d'expansion infinie de l'Univers et un état primordial fini était une réalité physique !

Cela n'a rien d'évident, car il faut pour cela que les phases initiale et finale de l'Univers soient décrites par un contenu en particules de masse nulle, sans quoi la symétrie conforme est perdue. En ce qui concerne la phase initiale, les choses se présentent plutôt bien. On pense que, lorsque la température était suffisamment élevée, le champ de Higgs responsable aujourd'hui de la masse des particules avait une valeur nulle, ce qui *de facto* annulait celle des autres particules. Et même sans ce champ, les énergies cinétiques des particules juste après le Big Bang étaient si élevées qu'elles dominaient très largement celles associées à leurs masses. Tout se passait donc comme si l'ensemble des particules contenues dans le très jeune cosmos était effectivement sans masse.

Pour le futur lointain de l'Univers, la question est plus problématique. Aucune indication ne laisse supposer que les masses des électrons ou des quarks s'annuleront un jour et que l'Univers ne sera plus constitué que de particules sans masse. On peut toutefois invoquer des scénarios incertains comme la désintégration des protons, l'évaporation quantique des trous noirs ou encore une mer de microtrous noirs virtuels avalant les particules de matière pour les recracher sous forme de photons et convertir à la longue tout le contenu matériel de l'Univers en lumière. Certains mécanismes présents dans les théories des cordes avec dimensions spatiales supplémentaires permettent aussi aux masses des particules d'évoluer dans le temps pour devenir finalement nulles.

Supposons donc que cette condition soit vérifiée dans un futur très lointain (pas nécessairement infini). Rappelons-nous alors que, dans la théorie de la relativité, le temps n'existe pas pour les particules de masse nulle voyageant à la vitesse de la lumière ; même le mot éternité n'a aucun sens pour elles. Penrose pense que, tout comme les photons ne voient pas le temps passer, la géométrie de l'espace-temps ne se souviendrait plus du temps qui s'écoule, seule compterait sa structure conforme. La métrique, qui permet ordinairement de donner un sens aux intervalles de temps et d'espace, s'efface devant les propriétés conformes. Il devient alors mathématiquement possible de connecter l'espace-temps final avec sa phase initiale d'expansion, et cela sans avoir de problème lié à la singularité cosmologique qui normalement interdirait de le faire.

Appliquée à un espace-temps à quatre dimensions, la même idée permet de considérer un univers euclidien infini dans le temps et l'espace comme équivalent à un univers hypersphérique fini, qui se dilate et se contracte en une perpétuelle alternance, de façon analogue aux Big Bang et aux Big Crunch des univers-phénix. Notre Univers serait donc cyclique, renaissant sans cesse pour une nouvelle aventure après une période que Penrose appelle un « éon ». Ce terme, qui vient du grec ancien, signifiait initialement « vie » ou « être » avant d'évoluer progressivement vers l'idée de « quasi-éternité ».

Dans la cosmologie conforme cyclique, l'Univers vit une succession d'éons. L'ère précédente, antérieure au Big Bang, ressemblait à celle que nous connaissons : des galaxies regroupées en amas occupaient l'espace, arborant en leur cœur des trous noirs des milliards de fois plus massifs que le Soleil. Sous l'effet de la gravité, plusieurs d'entre eux se sont attirés, mis en orbite mutuelle, pour enfin fusionner en une valse ultime. Leur coalescence a dégagé une énergie colossale sous forme d'ondes gravitationnelles. Ces ondes se sont propagées de façon sphérique dans l'espace-temps en le déformant au passage. Non seulement elles auraient envahi le cosmos de l'éon précédent, mais elles auraient laissé leur empreinte dans le rayonnement de fond de notre propre éon, sous forme de zones annulaires où les fluctuations de température seraient moindres. Le Big Bang ne serait ainsi pas le début de toute chose, et la phase d'inflation traditionnellement invoquée n'aurait jamais eu lieu.

En novembre 2010, Penrose et l'astronome arménien Vahé Gurzadyan ont posté un article sur Internet qui a fait sensation : ils prétendaient avoir repéré des anomalies dans les fluctuations de température du rayonnement fossile enregistrées par le télescope spatial *WMAP*, se présentant sous la forme des cercles prévus par la théorie CCC.

Compte tenu de la haute réputation de Penrose, le débat s'est vite enflammé. Les spécialistes de l'analyse du rayonnement fossile ont à juste titre fait remarquer que, dans une carte aussi complexe que celle des anisotropies de température, on peut trouver tous les motifs possibles et imaginables sans que cela signifie quoi que ce soit d'autre qu'un pur hasard statistique. Une équipe canadienne s'est même amusée à chercher des triangles équilatéraux concentriques au lieu de cercles, et elle les a trouvés !

En outre, malgré le bond de géant réalisé grâce à la mission Planck, qui a donné en 2013 une cartographie bien plus précise des fluctuations de température du rayonnement fossile ainsi que des fluctuations de sa polarisation, absolument rien n'est venu confirmer les analyses de Penrose et Gurzadyan. Comme quoi, l'élégance du modèle CCC ne suffit pas à en assurer la vérité…

Nullement découragé et toujours aussi inventif, Roger Penrose a alors présenté une nouvelle piste pour tester sa théorie. La symétrie conforme de ses équations suppose l'existence d'un champ d'énergie analogue à celui qui est associé au boson de Brout-Englert-Higgs dans le modèle standard des particules. Ce champ décrit des particules originellement sans masse, mais qui deviendraient massives après le Big Bang. Lié étroitement à la gravitation, l'ordre de grandeur naturel de la masse de ces particules serait de l'ordre de la masse de Planck, soit environ 10^{-5} gramme. Penrose suggère que ces particules sont des candidates naturelles au titre de la matière noire non baryonique. Sensibles à la seule force de gravité, elles seraient très difficiles à détecter, tout comme les WIMP du modèle standard (chapitre 4), et, pire encore, impossibles à recréer artificiellement dans les accélérateurs terrestres, car bien trop lourdes.

Penrose a baptisé ces nouvelles particules des « érébons », en référence à Erebos (en français, Érèbe), divinité infernale de la mythologie grecque née du Chaos, personnifiant les ténèbres et l'obscurité des Enfers. Il suppose que les érébons sont instables et qu'ils peuvent se désintégrer en se transformant en ondes gravitationnelles sphériques. Ces érébons ne se désintégrant pas tous en même temps, les ondes émises se combineraient pour former un bruit de fond dit stochastique, c'est-à-dire fluctuant en intensité et en fréquences de façon aléatoire, comme le ferait une population de petits cailloux lancés au hasard, dans le temps et dans l'espace, à la surface d'une mare.

Encore faudrait-il que ces ondes aient une amplitude suffisante pour entrer dans la gamme de fréquences des détecteurs et qu'elles se produisent suffisamment souvent. Le problème est qu'il n'existe aucune prédiction précise sur les caractéristiques des ondes gravitationnelles produites par la désintégration des très hypothétiques érébons. Leurs amplitudes et leurs fréquences, ou encore le nombre de sources par unité de temps en fonction de la distance ou de la position sur la voûte céleste, ne sont pas du tout connues.

Qu'à cela ne tienne. En juin 2017, une équipe de chercheurs basée au Danemark a déclaré avoir trouvé un résultat bizarre en analysant les signaux captés par les détecteurs d'ondes gravitationnelles lors des trois premiers événements baptisés GW150914, GW151226 et GW170104, c'est-à-dire détectés respectivement le 14 septembre 2015, le 26 décembre 2015 puis le 4 janvier 2017. Ces signaux ont fait l'objet d'études poussées par les membres des collaborations LIGO aux États-Unis et Virgo en Europe, et sont interprétés comme le passage sur Terre des ondes produites par la fusion de trous noirs stellaires dans des systèmes binaires. Mais, selon les chercheurs danois, les données collectées contiendraient une composante additionnelle restée jusque-là inaperçue, qui révélerait un bruit de fond d'ondes gravitationnelles. Roger Penrose a bondi sur l'occasion et fait l'hypothèse qu'il s'agissait du bruit stochastique produit par la désintégration de ses érébons.

Pour les chercheurs de LIGO-Virgo, la composante additionnelle trouvée par leurs collègues danois provient d'une erreur liée à une mauvaise compréhension des données publiques délivrées par la collaboration. Et quand bien même une telle composante existerait, si elle était due à des ondes gravitationnelles liées à la désintégration d'érébons, elle devrait se retrouver dans l'ensemble des données et non seulement durant l'observation des trois premiers événements. Il est infiniment peu probable qu'une onde gravitationnelle engendrée par la désintégration aléatoire d'un érébon passe par hasard et très précisément en même temps que l'onde gravitationnelle produite par la fusion de deux trous noirs, jamais avant ni après. Une corrélation des bruits de fond liée aux érébons devrait aussi se voir dans les recherches effectuées par les divers détecteurs LIGO, Virgo et maintenant KAGRA au Japon. Or, si de nouvelles fusions de trous noirs binaires ont été détectées depuis 2017, aucun bruit de fond autre que celui des instruments ne s'est manifesté.

À l'heure actuelle, j'ignore si Sir Roger Penrose trouvera une nouvelle idée pour prouver sa conception platonicienne du monde… Quoi qu'il en soit, ce type de recherches provocatrices et probablement vouées à l'échec est intéressant, car il permet d'expliquer aux étudiants et aux jeunes chercheurs la nécessité de penser en dehors des modèles standards, ne serait-ce que pour tester la robustesse de ces derniers. Et puis surtout, comme l'écrivit le poète Novalis : « Il en va des théories comme de la pêche : seul celui qui lance risque d'attraper quelque chose ! »

Ce sera la conclusion de ce livre.

Bibliographie sélective

OUVRAGES CITÉS

Aristote, *Métaphysique*, Garnier-Flammarion, 2008.

Cartwright, Nancy, *The Dappled World* (*Le Monde moucheté*), Cambridge University Press, 1999.

Cassou-Noguès, Pierre, *Les Démons de Gödel*, Seuil, 2007.

Collectif sous la dir. de Roger Balian, Jean Audouze et David N. Schramm, *Physical Cosmology*, North-Holland Pub, 1980.

Einstein, Albert, *Œuvres choisies*, Seuil 1989-1993, t. V, p. 100.

Greene, Brian, *L'Univers élégant*, Gallimard, 2005.

Hawking, Stephen, *Une brève histoire du temps*, Paris, Flammarion, 1989.

Hawking, Stephen et Ellis, George, *The Large Scale Structure of Space-Time*, Cambridge University Press, 1973.

Hossenfelder, Sabine, *Lost in Maths. Comment la beauté égare la physique*, tr. fr. Les Belles Lettres, 2019.

Klein, Étienne et Perry-Salkow, Jacques, *Anagrammes renversantes ou le Sens caché du monde*, Flammarion, 2011.

Leibniz, Gottfried Wilhelm, *Essais de Théodicée*, 1710.

Lewis, David, *On the Plurality of Worlds*, 1986 ; tr. fr. *De la pluralité des mondes*, Éditions de l'éclat, 2007.

Luminet, Jean-Pierre, *Alexandre Friedmann et Georges Lemaître. Essais de cosmologie*, Seuil, « Sources du savoir », 1997.

Luminet, Jean-Pierre, *Illuminations. Cosmos et esthétique*, Odile Jacob, 2011.

Luminet, Jean-Pierre, *L'Invention du Big Bang*, Seuil, « Points Sciences », 2e éd., 2014.

Luminet, Jean-Pierre, *L'Univers chiffonné*, Gallimard, « Folio essais », 2e éd., 2005.

Luminet, Jean-Pierre, *Le Destin de l'Univers. Trous noirs et énergie sombre*, Fayard, 2006.
Luminet, Jean-Pierre et Lachièze-Rey, Marc, *De l'infini*, Dunod, 2017.
Marcolli, Matilde, *Lumen Naturae*, Springer, 2017.
Misner, Charles, Thorne, Kip et Wheeler, John Archibald, *Gravitation*, Freeman & Company, 1973.
Popper, Karl, *La Logique de la découverte scientifique*, 1934 ; tr. fr. Payot, 2007.
Réda, Jacques, *La Physique amusante*, Gallimard, 2009.
Rovelli, Carlo, *Et si le temps n'existait pas ?*, Dunod, 2014.
Smolin, Lee, *Rien ne va plus en physique*, Seuil, 2010.
Susskind, Leonard, *Le Paysage cosmique*, Gallimard, 2007.
Valéry, Paul, *Œuvres*, t. II, Gallimard, « Bibliothèque de la pléiade », 1960, p. 1508.
Verlet, Loup, *Chimères et Paradoxes*, Éditions du Cerf, 2007.
Woit, Peter, *Not Even Wrong : The Failure of String Theory*, Basic Books, 2007 ; tr. fr. *Même pas fausse !*, Dunod, 2007.

COMPLÉMENTS

Audouze, Jean, Cassé, Michel et Carrière, Jean-Claude, *Du nouveau dans l'invisible*, Odile Jacob, 2017.
Barrau, Aurélien, *Des univers multiples*, Dunod, « Ekho », 3e éd., 2020.
Cassé, Michel, *Du vide et de l'éternité*, Odile Jacob, 2014.
Cohen-Tannoudji, Gilles et Spiro, Michel, *Le Boson et le Chapeau mexicain*, Gallimard, « Folio essais », 2013.
Connes, Alain, *Géométrie non commutative*, Dunod, 2005.
Damour, Thibaut, *Si Einstein m'était conté*, Le Cherche Midi, 2005.
Elbaz, David, *À la recherche de l'univers invisible*, Odile Jacob, 2016.
Gambini, Rodolfo et Pullin, Jorge, *Loop Quantum Gravity for Everyone*, World Scientific, 2020.
Gunzig, Edgar, *Que faisiez-vous avant le Big Bang ?*, Odile Jacob, 2008.
Harrison, Edward, *Le Noir de la nuit*, Seuil, « Points Sciences », 1998.
Klein, Étienne, *Sous l'atome, les particules*, Flammarion, 2016.
Klein, Étienne, *Discours sur l'origine de l'Univers*, Flammarion, 2010.
Lachièze-Rey, Marc, *Initiation à la cosmologie*, Dunod, 5e éd., 2020.
Lachièze-Rey, Marc, *Voyager dans le temps. La physique moderne et la temporalité*, Seuil, « Sciences ouvertes », 2013.
Penrose, Roger, *À la découverte des lois de l'Univers*, Odile Jacob, 2007.
Penrose, Roger, *La Nouvelle Physique de l'Univers*, Odile Jacob, 2018.
Reeves, Hubert, *Les Secrets de l'Univers*, Robert Laffont, « Bouquins », 2016.
Rovelli, Carlo, *Par-delà le visible. La réalité du monde physique et la gravité quantique*, Odile Jacob, 2015.

Rovelli, Carlo et Brune, Élisa, *Qu'est-ce que le temps ? Qu'est-ce que l'espace ?*, Bernard Gilson éditeur, 2006.
Smolin, Lee, *La Révolution inachevée d'Einstein*, Dunod, 2019.
Uzan, Jean-Philippe, *Big Bang*, Flammarion, 2018.
Vanucci, François, *Le Vrai Roman des particules élémentaires*, Dunod, 2010.

Index des noms propres

Index des termes

Table

DU MÊME AUTEUR

Chez Odile Jacob :

Bonnes Nouvelles des étoiles, avec Élisa Brune, 2009.

Illuminations. Cosmos et esthétique, 2011.

Chez d'autres éditeurs :

Les Trous noirs, Seuil, « Points Sciences », 1992.

Noir Soleil (poèmes), Le Cherche Midi, 1993.

Les Poètes et l'Univers, Le Cherche Midi, 1996 ; rééd. 2012.

Figures du ciel, avec Marc Lachièze-Rey, Seuil-BNF, 1998.

Éclipses. Les rendez-vous célestes, avec Serge Brunier, Bordas, 1999.

Le Rendez-vous de Vénus (roman), Lattès, 1999 ; Le Livre de poche, 2001.

L'Univers chiffonné, Fayard, 2001 ; 2e édition Gallimard, « Folio essais », 2005.

Le Feu du ciel, Le Cherche Midi, 2002 ; poche sous le titre *Astéroïde*, Seuil, « Points Sciences », 2005.

Le Bâton d'Euclide (roman), Lattès, 2002 ; Le Livre de poche, 2005.

L'Invention du Big Bang, Seuil, « Points Sciences », 2004.

Itinéraire céleste (poèmes), Le Cherche Midi, 2004.

De l'infini, avec Marc Lachièze-Rey, Dunod, 2005 ; Seuil, « Points Sciences », 2009.

Le Destin de l'Univers. Trous noirs et énergie sombre, Fayard, 2006 ; Gallimard, « Folio essais », 2010.

Le Secret de Copernic (roman), Lattès, 2006 ; Le Livre de poche, 2008.

La Discorde céleste (roman), Lattès, 2008 ; Le Livre de poche, 2009.

L'Œil de Galilée (roman), Lattès, 2009 ; Le Livre de poche, 2010.

La Perruque de Newton (roman), Lattès, 2010 ; Le Livre de poche, 2011.

La Nature des choses (poèmes), Le Cherche Midi, 2012.

Astéroïdes : la Terre en danger, Le Cherche Midi, 2012.

Un trou énorme dans le ciel (poèmes), Bruno Doucey, 2014.

Ulugh Beg : l'astronome de Samarcande (roman), Lattès, 2015 ; Le Livre de poche, 2018.

L'Univers en 100 questions, Tallandier, 2015.

De l'infini, avec Marc Lachièze-Rey, Dunod, 2e édition augmentée, 2016.

Dialogues sous le ciel étoilé, avec Iolande Cadrin-Rossignol et Hubert Reeves, Robert Laffont, 2016.

Chroniques de l'espace, Le Cherche Midi-France Inter, 2019.

Indicateur de la ligne du ciel (poèmes), Le Cherche Midi, 2020.

Cet ouvrage a été composé
en Electra et en Whitney
par Nord Compo
à Villeneuve-d'Ascq (Nord).

N° d'édition : 7381-3971-2 – N° d'impression : 122067743
Dépôt légal : octobre 2020

Imprimé en France par Présence Graphique